Andrea Mori

Lezioni di
MATEMATICA
DISCRETA
per il Corso di Studi in Informatica

(Seconda Edizione)

ISBN-9798861545273

Indice

Prefazione

Queste note sono intese per un corso introduttivo alla Matematica Discreta per il corso di studi in Informatica di otto crediti o 54 ore di lezione frontale equivalenti. Sono basate sull'esperienza dell'autore nel corso omonimo dell'Università di Torino negli anni accademici 2016–17 e 2017–18.

Andrea Mori

Torino, Settembre 2018

Prefazione alla 2^a Edizione

Nel corso dell'estate 2023 il testo delle Lezioni è stato revisionato, correggendo alcuni errori e migliorando alcuni passaggi. Sono stati aggiunti alcuni diagrammi nella speranza che aiutino la comprensione intuitiva di concetti ed anche alcuni esercizi nei vari capitoli, in parte già proposti nelle prove d'esame degli ultimi anni. Inoltre, venendo incontro alle richieste degli studenti, è stata aggiunta un'appendice con le soluzioni degli esercizi.

Andrea Mori

Torino, Settembre 2023

Introduzione

Che cos'è la matematica discreta? La matematica discreta è lo studio di oggetti e strutture matematiche che sono fondamentalmente discrete, ovvero, nel *jargon* matematico, che non richiedono la nozione di continuità. Rientrano in questo ambito gli insiemi finiti, gli insiemi numerabili tra cui spiccano l'insieme dei numeri interi ed i suoi derivati algebrici. La matematica discreta trova applicazione in numerose branche della scienza moderna, sia teorica che applicata. Fra queste possiamo citare, in ordine sparso, l'algebra, parte della teoria dei numeri e della teoria della probabilità, la statistica, la logica, l'informatica teorica, la combinatorica, la teoria dei grafi, la teoria degli insiemi, la crittografia, la ricerca operativa, alcuni capitoli della geometria e della topologia.

Questo corso offre un'introduzione ad alcune nozioni e metodologie fondamentali della matematica discreta che sono uno strumento fondamentale per tutte le discipline elencate sopra. Il punto di vista adottato è quello matematico e quindi si pone una certa attenzione a chei vari enti siano introdotti in modo formalmente corretto e i vari enunciati siano accuratamente dimostrati. Da un punto di vista dell'acquisizione di una cultura scientifica è fondamentale che lo studente comprenda e faccia propria la necessità dimostrativa che vada al di là del mero esempio. D'altronde è didatticamente importante che i concetti astratti trovino supporto in un'adeguata casistica di esempi e si è fatto uno sforzo di corredare ogni nuova definizione con un congruo numero di esempi illustrativi. Sempre mantenendo l'attenzione al punto di vista didattico si è scelto di esporre prima teorie particolari (aritmetica e permutazioni) di quella generale (gruppi) nella speranza che ciò aiuti lo studente a superare più agevolmente il salto d'astrazione che rappresenta senza dubbio la difficoltà concettuale maggiore nell'apprendimento della matematica di livello universitario.

Complessivamente il materiale contenuto in queste note, anche escludendo le appendici, è leggermente maggiore di quello che si può ragionevolmente pensare di esporre in un corso di 6 crediti, ma si è scelto di includerlo comunque per ragioni di completezza e nella comvinzione che le note possano servire allo studente anche come referenza futura.

Le note sono scritte presupponendo nel lettore una conoscenza della matematica elementare di base che è usualmente ottenuta nella scuola dell'obbligo e in quella superiore. In particolare si suppone che il lettore abbia conoscenza pratica–anche se non formalmente corretta–dei numeri interi, razionali e reali e delle operazioni definite su esse. Parte delle note è dedicata alla costruzione formalmente corretta nel linguaggio della teoria degli insiemi di questi enti.

Ogni capitolo ad eccezione delle appendici, è seguito da un numero di esercizi di varia difficoltà: alcuni richiedono il semplice utilizzo meccanico delle nozioni e dei risultati esposti nel capitolo stesso, altri richiedono uno sforzo di comprensione ed una creatività maggiore per raggiungere la soluzione. Alcuni degli esercizi sono stati selezionati tra quelli proposti alle prove d'esame.

Delineiamo il contenuto dei vari capitoli.

Nei primi due capitoli si espongono i concetti base ed alcune tecniche della teoria ingenua degli insiemi. Ciò costituisce il linguaggio di base della matematica e sono strumento e passaggio obbligato per qualunque successiva specializzazione che includa contenuti matematici. In particolare nel primo capitolo introduciamo la nozione di insieme, delle operazioni base tra insiemi e delle loro proprietà. Nel secondo capitolo si trattano le funzioni, la loro terminologia e alcune costruzioni pertinenti tra cui quella della funzione inversa, quando essa esiste. Si discute anche in generale il concetto di operazione binaria che è poi fondamentale nel seguito.

Il terzo capitolo si apre con una definizione formale di insieme finito e vengono poi introdotte le tecniche enumerative di base per gli insiemi finiti che sono alla base della combinatorica.

Oggetto del quarto capitolo sono i numeri interi e della loro aritmetica, discussa nel linguaggio della teoria degli insiemi. Si espongono alcuni algoritmi (divisone euclidea, calcolo del massimo comun divisore) nella forma utile all'implementazione per il calcolo automatico. Si precisa la natura dei numeri primi e si dimostra il teorema fondamentale dell'aritmetica.

Il quinto capitolo è dedicato allo studio della teoria delle permutazioni in un insieme finito, che può considerarsi l'esempio più importante di operazione non commutativa definita su una struttura discreta.

Il sesto capitolo presenta un salto in astrazione. Sulla base degli enti e dei risultati dei due capitoli precedenti si introduce e si discute la nozione generale di gruppo come struttura algebrica e degli omomorfismi, cioè le funzioni tra gruppi che preservano la loro struttura algebrica. Mantenendo l'attenzione su enti discreti si discutono il teorema di Lagrange e la struttura dei gruppi ciclici.

Un settimo capitolo è dedicato all'aritmetica modulare vista sia nei suoi aspetti concreti sia come esempio di uso metodologico della teoria dei gruppi per lo studio di strutture algebriche (in particolare dimostreremo il classico teorema di Eulero usando una proprietà dei gruppi discussa nel capitolo precedente). Il capitolo si chiude con un breve cenno all'applicazione dell'aritmetica modulare a problemi crittografici.

Le note includono anche tre appendici. L'appendice A spiega come costruire formalmente numeri interi e numeri razionali a partire dal dato dei numeri naturali usando tecniche di teoria degli insiemi. Si dà anche un rapido cenno alla costruzione dei numeri reali. L'appendice B introduce lo studente ad un'altra struttura algebrica astratta: gli anelli. Essi generalizzano insiemi dotate di due operazioni tra loro interdipendenti come addizione e moltiplicazioni tra i

numeri interi. Per mancanza di spazio e di tempo non si discutono approfon-
ditamente altri esempi di anelli pur importanti ed onnipresenti in matematica
quali i polinomi e le matrici dei quali si dà solo una rapida definizione informale.
L'appendice C contiene soluzioni degli esercizi proposti nei capitoli dall'1 al 7.
Non tutti gli esercizi sono discussi in dettaglio ma si è avuta cura di coprire il
più possibile la casistica complessiva.

Capitolo 1

Insiemi

Lo scopo programmatico della teoria degli insiemi è quello di fornire un fondamento alla matematica, cioè quello di costituire una base elementare su cui costruire rigorosamente tutti gli enti d'uso in matematica. Sebbene la comparsa di problemi e paradossi che hanno messo in luce fenomeni imprevisti e assolutamente controintuitivi non abbia permesso, in senso stretto, la realizzazione completa del programma, la teoria degli insiemi resta il linguaggio comune di tutta la matematica moderna ed è necessario acquisirne terminologia e metodologia per una comprensione del materiale presentato in questo libro.

Noi non ci occuperemo delle problematiche concernenti la formulazione corretta della teoria degli insiemi e non discuteremo i problemi ed i paradossi a cui abbiamo accennato sopra. Adottiamo invece il punto di vista della cosiddetta *teoria ingenua degli insiemi* (dove ingenua ha il significato di intuitiva) che sarà pienamente sufficiente a trattare gli argomenti di questo libro.

1.1 Definizione ed esempi

Iniziamo con il definire cosa intendiamo per insieme.

Definizione 1.1.1. *Un **insieme** è una collezione ben definita di oggetti distinti, detti gli **elementi** dell'insieme.*

Gli insiemi solitamente si denotano con lettere latine maiuscole. Parleremo quindi di insiemi A, B, C, eccetera. Invece gli elementi di un insieme sono generalmente denotati con lettere latine minuscole. Quindi diremo che a, b, c, eccetera sono (o non sono) elementi dell'insieme A. Per affermare, o negare, l'appartenenza di un dato oggetto ad un certo insieme useremo un simbolo apposito. Scriveremo

- $x \in A$ per significare che x è un elemento dell'insieme A;

- $x \notin A$ per significare che x non è un elemento dell'insieme A.

Facciamo subito alcune osservazioni.

1. Non c'è alcuna restrizione o richiesta su quale sia la natura degli oggetti che possono appartenere ad un insieme. Possono essere "oggetti matematici"(ad esempio numeri) ma non necessariamente: ad esempio possiamo considerare l'insieme delle città italiane capoluogo di provincia oppure l'insieme degli studenti immatricolati al corso di laurea in informatica, eccetera. Non è neanche detto che gli oggetti di un insieme debbano avere una natura in qualche senso omogenea, per esempio possiamo considerare l'insieme che come elementi ha il numero 42, questo libro e la Mole Antonelliana.

2. La richiesta che la collezione sia "ben definita" significa che non deve esserci alcuna ambiguità o soggettività circa il fatto che un certo oggetto sia o meno un elemento di un dato insieme. Ad esempio l'insieme degli attori bravi o l'insieme dei numeri interessanti non sono insiemi nel senso della definizione data perché manca un criterio oggettivo: il fatto che un attore sia bravo dipende da una valutazione soggettiva, così come il numero 1729, ad esempio, può essere poco interessante per qualcuno ma piuttosto interessante per altri[1].

3. Una volta definito correttamente un certo insieme, esso è certamente un oggetto e come tale ò essere esso stesso elemento di un insieme. Altrimenti detto: gli elementi di un insieme possono essere a loro volta insiemi.

Definire un certo insieme vuol dire specificare chi sono i suoi elementi. Ci sono due modi di base di farlo. Il primo, più ovvio, è fornire l'elenco completo dei suoi elementi. Ad esempio le posizioni

$$A = \{1, 2, 3, 4, 5, 6, 7, 8, 9\}, \qquad B = \{\text{Francia, Germania, Svizzera}\}$$

definiscono correttamente A come l'insieme dei numerali naturali compresi tra 1 e 9 e B come un insieme di alcune nazioni europee. È chiaro che tale metodo è pratico solo quando l'insieme in questione contiene pochi elementi.

Il secondo metodo è stabilire un criterio oggettivo per cui un dato elemento appartenga o meno all'insieme che si sta definendo. Ad esempio possiamo porre

$$C = \{\text{cittadini italiani}\}, \qquad D = \{\text{numeri reali } x \mid x^2 > 1\}$$

e i due insiemi sono ben definiti anche se non elenchiamo esplicitamente tutti i loro elementi (cosa che nel caso di C sarebbe molto poco pratico e nel caso di D sarebbe materialmente impossibile), ad esempio $2 \in D$ ma $0 \notin D$.

Nota 1.1.2. Si notino le sintassi della definizione degli insiemi C e D. Esse sono apparentemente diverse, ma in entrambi i casi gli oggetti a cui applicare il

---

[1]G.H. Hardy riporta che una delle volte che andò a visitare in ospedale S. Ramanujan fece caso che il numero del taxi che aveva preso era 1729 e lo disse al collega indiano osservando che sembrava un numero ben poco interessante. Al chè Ramanujan replicò che si trattava invece di un numero molto interessante in quanto era il più piccolo intero positivo esprimibile come somma di due cubi positivi in due modi diversi. Infatti $1729 = 1^3 + 12^3 = 9^3 + 10^3$ e nessun numero più piccolo ha la stessa proprietà.

criterio sono presi a priori in un certo insieme di riferimento, esplicito per D (x è un numero reale, e se non lo fosse la richiesta $x^2 > 1$ potrebbe essere priva di senso) ed implicito per C (ha senso chiedere la cittadinanza solo per gli esseri umani). Dunque la forma generale della definizione di un insieme X con questo metodo è porre

$$X = \{x \in U \mid \mathcal{P}(x)\}$$

(da leggersi: gli elementi x di U tali che x soddisfa la proprietà $\mathcal{P}$) dove l'insieme U, che può essere implicito o esplicito, è definito precedentemente e funziona da ambito del discorso (**insieme universale**).

Definizione 1.1.3. *Due insiemi A e B si dicono* **uguali** *se hanno esattamente gli stessi elementi, cioè se ogni elemento di A è anche un elemento di B e se ogni elemento di B è anche un elemento di A. Per indicare che gli insiemi A e B sono uguali scriviamo $A = B$.*

Osserviamo esplicitamente che un insieme non può avere elementi distinti ma indistinguibili tra di loro o, detto in altro modo, un insieme non può avere elementi ripetuti. Ad esempio gli insiemi

$$E = \{0, 0, 1, 2, 3\} \qquad \text{e} \qquad F = \{0, 1, 2, 3\}$$

sono lo stesso insieme, cioè $E = F$.

Nota 1.1.4. Se l'insieme B è un elemento dell'insieme A, gli elementi di B non sono, in generale, elementi di A. Ad esempio, sia

$$A = \{1, -1\} \qquad B = \{0, A\}.$$

Allora $1 \in A$ e $A \in B$ ma $1 \notin B$.

Nella sintassi della teoria degli insiemi è importante poter dichiarare che ogni elemento in un dato insieme soddisfa una certa proprietà o che esiste un elemento che soddisfa una certa proprietà. Questa funzione è svolta simbolicamente dai cosiddetti **quantificatori universali**:

$$\forall \text{ "per ogni"}, \qquad \exists \text{ "esiste"}.$$

Il loro uso di base è come segue.

- se vogliamo affermare che ogni elemento x nell'insieme A soddisfa la proprietà $\mathcal{P}$ scriviamo
$$\forall x \in A, \quad \mathcal{P}(x);$$

- se vogliamo affermare che esiste un elemento x nell'insieme A che soddisfa la proprietà $\mathcal{P}$ scriviamo

$$\exists x \in A, \quad \mathcal{P}(x).$$

Nota 1.1.5. È molto importante osservare che la negazione di un'affermazione scambia i quantificatori. Infatti negare che una certa proprietà $\mathcal{P}$ valga per ogni elemento di un insieme A equivale ad affermare che esiste (almeno) un elemento di A per cui $\mathcal{P}$ non vale. Viceversa, negare che esista un elemento di A per cui valga la proprietà $\mathcal{P}$ equivale ad affermare che la proprietà $\mathcal{P}$ non vale per tutti gli elementi di A. Se indichiamo la negazione con il il simbolo $\neg$ quanto detto può essere espresso con le formule

$$\neg\,(\forall x \in A, \mathcal{P}(x)) = \exists x \in A, \neg\mathcal{P}(x), \quad \neg\,(\exists x \in A, \mathcal{P}(x)) = \forall x \in A, \neg\mathcal{P}(x).$$

Come esempi concreti dello scambio di quantificatori in seguito ad una negazione consideriamo i seguenti.

- Negare l'affermazione "tutti gli studenti hanno superato l'esame" equivale ad affermare che "almeno uno studente non ha superato l'esame".

- Negare l'affermazione "c'è uno studente che ha risolto tutti gli esercizi" equivale ad affermare che "nessun studente ha risolto tutti gli esercizi".

- Se A è un insieme i cui elementi sono numeri reali la negazione dell'affermazione

$$\forall x \in A, x \geq 0 \quad \text{(ogni } x \in A \text{ è positivo o nullo)}$$

è l'affermazione

$$\exists x \in A, x < 0 \quad \text{(esiste un } x \in A \text{ negativo)}$$

mentre la negazione dell'affermazione

$$\exists x \in A, x > 0 \quad \text{(esiste un } x \in A \text{ positivo)}$$

è l'affermazione

$$\forall x \in A, x \leq 0 \quad \text{(ogni } x \in A \text{ è negativo o nullo)}.$$

- Se A e B sono insiemi la negazione dell'affermazione

$$\exists x \in A, x \in B \quad \text{(c'è un elemento di } A \text{ che è anche un elemento di } B)$$

è l'affermazione

$$\forall x \in A, x \notin B \quad \text{(ogni elemento di } A \text{ non è un elemento di } B.$$

Invece la negazione dell'affermazione

$$\forall x \in A, x \in B \quad \text{(ogni elemento di } A \text{ è anche in } B)$$

è l'affermazione

$$\exists x \in A, x \notin B \quad \text{(c'è un elemento di } A \text{ che non è in } B).$$

L'insieme vuoto. Un esempio molto importante di insieme è l'insieme privo di elementi.

Definizione 1.1.6. *Si chiama **insieme vuoto** e si denota $\emptyset$ l'insieme privo di elementi, $\emptyset = \{\ \}$. Esso è caratterizzabile dalla proprietà $\forall x, x \notin \emptyset$.*

Osserviamo che l'insieme $A = \{\emptyset\}$ non è l'insieme vuoto. Infatti l'insieme vuoto è privo di elementi mentre A ha un elemento: $\emptyset \in A$ (questo è in accordo con quanto detto nella nota 1.1.4). La definizione seguente, dal significato alquanto intuitivo, verrà precisata meglio nel capitolo 3 quando avremo a disposizione il concetto di funzione.

Definizione 1.1.7. *Si dice **cardinalità** di un insieme A, denotata $|A|$, il numero degli elementi di A.*

Quindi, se A contiene un numero finito n di elementi scriviamo $|A| = n$: ad esempio $|\emptyset| = 0$. Se invece A contiene infiniti elementi scriviamo $|A| = \infty$

1.2 Sottoinsiemi

I sottoinsiemi dell'insieme A sono gli insiemi costituiti da elementi in A.

Definizione 1.2.1. *Un insieme B è un **sottoinsieme** di A, denotato $B \subset A$, se ogni elemento di B è anche un elemento di A. Cioè $\forall b \in B$, $b \in A$.*

Per ogni insieme A si ha sempre $\emptyset \subset A$ e $A \subset A$: questi sono detti i **sottoinsiemi banali** di A. I sottoinsiemi $B \subset A$ per cui $B \neq \emptyset$ o $B \neq A$ sono detti i **sottoinsiemi propri** di A.

Definizione 1.2.2. *Se A è un insieme si dice insieme delle parti di A, denotato $P(A)$ l'insieme i cui elementi sono i sottoinsiemi di A,*

$$P(A) = \{B \mid B \subset A\}.$$

Facciamo qualche esempio.

- L'unico sottoinsieme di $\emptyset$ è $\emptyset$. Pertanto $P(\emptyset) = \{\emptyset\}$ (e dunque $P(\emptyset) \neq \emptyset$).

- Se $A = \{*\}$ ha un solo elemento gli unici sottoinsiemi sono quelli banali e $P(A) = \{\emptyset, \{*\}\}$.

- Se $A = \{a, b, c\}$ si ha $P(A) = \{\emptyset, \{a\}, \{b\}, \{c\}, \{a, b\}, \{a, c\}, \{b, c\}, A\}$.

Il concetto di sottoinsieme permette di dare un criterio operativo per decidere quando due insiemi A e B sono uguali.

Proposizione 1.2.3. *Siano A e B due insiemi. Allora*

$$A = B \qquad \text{se e soltanto se} \qquad A \subset B \text{ e } B \subset A$$

Dimostrazione. L'equivalenza tra le due condizioni si ottiene immediatamente comparando le definizioni 1.1.3 e 1.2.1. ∎

1.3   Diagrammi di Venn

I diagrammi di Venn forniscono una rappresentazione grafica degli insiemi e
dei loro elementi. Sono utili per una comprensione intuitiva di concetti e di
situazioni che possono intervenire tra insiemi.

In un diagramma di Venn un insieme è rappresentato dalla zona
racchiusa da una curva chiusa:
gli elementi dell'insieme sono rap-
presentati da punti interni a detta
zona mentre i punti esterni rappresentano elementi non apparte-
nenti all'insieme. Ad esempio la
figura accanto rappresenta il dato
di un insieme A, di un elemento
$x \in A$ e di un elemento $y \notin$
A. Nel seguito utilizzeremo i diagrammi di Venn per illustrare le
definizioni che daremo e alcune

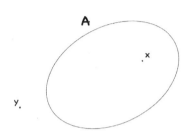

situazioni che si presenteranno in modo da facilitarne la comprensione. È importante sottolineare come sebbene siano utili da un punto di vista intuitivo i diagrammi di Venn non possano essere usati come sostitutivi di una dimostrazione
formale.

1.4   L'insieme $\mathbb{N}$ dei numeri naturali

Consideriamo primitiva, cioè non definita a partire da enti più semplici, la
nozione di **numero naturale**[2]. L'insieme di tutti i numeri naturali è denotato $\mathbb{N}$ e le sue proprietà fondamentali sono descritte dai seguenti assiomi.

Assiomi per $\mathbb{N}$ (Peano, 1889). L'insieme $\mathbb{N}$ dei numeri naturali è caratteriz-
zato dai seguenti assiomi:

  1. $0 \in \mathbb{N}$;

  2. ogni $n \in \mathbb{N}$ ha un successore $s(n) \in \mathbb{N}$;

  3. se $m, n \in \mathbb{N}$ e $m \neq n$ allora $s(m) \neq s(n)$;

  4. $\forall n \in \mathbb{N}, 0 \neq s(n)$;

  5. se $U \subset \mathbb{N}$ è tale che $0 \in U$ e $s(n) \in U$, $\forall n \in U$, allora $U = \mathbb{N}$.

---

[2]Un tentativo di definire i numeri naturali a partire da enti più semplici e più "evidenti"
fu condotto da logici, in particolare G. Frege, sul finire del XIX secolo. Il tentativo fallì per
l'insorgenza di quei paradossi (in particolare il Paradosso di Russell) a cui si accenna nella
nota introduttiva al capitolo.

Innanzitutto osserviamo che gli assiomi di Peano non definiscono $\mathbb{N}$ come semplice insieme, bensì come insieme dotato di un ordine. Essi formalizzano l'idea che 0 sia il più piccolo numero naturale (assiomi 1 e 4), che non esista un numero naturale più grande degli altri (assiomi 2 e 3) e che quindi i numeri naturali siano infiniti. Inoltre l'assioma 5, noto come **principio di induzione**, assicura che ogni numero naturale è ottenibile a partire da 0 tramite una catena di successori. Infatti il sottoinsieme

$$U = \{0, 1 = s(0), 2 = s(1), 3 = s(2), 4 = s(3), \dots\}$$

soddisfa la richiesta dell'assioma 5 e quindi è $\mathbb{N}$. Il principio di induzione giustifica la tecnica dimostrativa per induzione stabilita dal risultato seguente.

Teorema 1.4.1. *Supponiamo assegnata per ogni $n \in \mathbb{N}$ una certa proprietà $\mathcal{P}(n)$ e supponiamo che*

- *la proprietà $\mathcal{P}(0)$ è vera;*
- *$\forall n \in \mathbb{N}$ la verità di $\mathcal{P}(n)$ implica la verità di $\mathcal{P}(n+1)$.*

Allora la proprietà $\mathcal{P}(n)$ è vera per ogni n.

Dimostrazione. Sia
$$U = \{n \in \mathbb{N} \,|\, \mathcal{P}(n) \text{ è vera}\}.$$
Allora $0 \in U$ perché $\mathcal{P}(0)$ è vera e se $n \in U$ allora la verità di $\mathcal{P}(n)$ implica la verità di $\mathcal{P}(n+1)$, cioè anche $s(n) = n+1 \in U$. Dunque $U = \mathbb{N}$ per il principio di induzione, ovvero $\mathcal{P}(n)$ è vera per ogni $n \in \mathbb{N}$. ■

Nota 1.4.2. In pratica in molte situazioni non c'è una proprietà $\mathcal{P}(0)$, ma delle $\mathcal{P}(n)$ per $n \geq 1$. Allora si applica tacitamente un principio di induzione modificato come segue: sia $U \subset \mathbb{N}$ tale che $1 \in \mathbb{N}$ e U contiene il successore di ogni suo elemento; allora $U = \{n \in \mathbb{N} \,|\, n \geq 1\}$.

Analogamente esistono casi dove la proposizione $\mathcal{P}(n)$ è falsa per valori piccoli di n, ma se risulta vera per un certo valore n_0 e possiamo dimostrare che la verità di $\mathcal{P}(n)$ implica la verità di $\mathcal{P}(n+1)$ per n generico allora possiamo concludere che $\mathcal{P}(n)$ è vera per ogni $n \geq n_0$. Per semplicità notazionale useremo il simbolo $\mathbb{N}^{\geq n_0}$ per indicare il sottoinsieme

$$\{n \in \mathbb{N} \,|\, n \geq n_0\}.$$

Diamo un paio di esempi di applicazione concreta del teorema 1.4.1.

1. Vogliamo vedere che vale la formula[3]

$$\sum_{k=1}^{n} k^2 = 1^2 + 2^2 + \cdots + n^2 = \frac{1}{6}n(n+1)(2n+1) = S(n)$$

---

[3]Ricordiamo che se $F(k)$ è una certa espressione numerica che dipende da un parametro k la notazione $\sum_{k=1}^{n} F(k)$ esprime in forma compatta la somma $F(1) + F(2) + \cdots + F(n)$. Nel caso in esame l'espressione è $F(k) = k^2$.

per la somma dei quadrati dei numeri naturali da 1 a n. Procedendo per induzione la prima cosa da osservare è che la formula è vera per $n = 1$ Infatti in tal caso l'identità da controllare è

$$1^2 = \frac{1}{6} \cdot 1 \cdot 2 \cdot 3 = S(1),$$

sicuramente vera. Supponiamo ora (ipotesi induttiva) che la formula sia vera per il numero n e analizziamo la situazione per il numero $n + 1$. Abbiamo

$$
\begin{aligned}
1^2 + 2^2 + \cdots + (n+1)^2 &= \left(1^2 + 2^2 + \cdots + n^2\right) + (n+1)^2 \\
&= \frac{1}{6}n(n+1)(2n+1) + (n+1)^2 \\
&= (n+1)\left(\frac{1}{6}n(2n+1) + (n+1)\right) \\
&= (n+1)\left(\frac{2n^2 + 7n + 6}{6}\right) \\
&= \frac{1}{6}(n+1)(n+2)(2n+3) = S(n+1).
\end{aligned}
$$

L'ultima espressione è esattamente la formula che si vuole dimostrare nel caso del numero $n + 1$ e quindi per il principio di induzione la formula è vera per ogni $n \in \mathbb{N}^{\geq 1}$.

2. Sia A un insieme finito con $|A| = n$. Vogliamo dimostrare che allora

$$|P(A)| = 2^n.$$

Procediamo per induzione. Se $n = 0$ l'affermazione è vera in quanto allora sarà $A = \emptyset$ e come abbiamo visto sopra $P(A) = \{\emptyset\}$ ha un unico elemento confermando la relazione $|P(A)| = 2^0 = 1$ in questo caso.

Supponiamo ora che l'affermazione sia vera per insiemi con n elementi (ipotesi induttiva) e cerchiamo di verificarla per insiemi con $n+1$ elementi. Sia dunque

$$A = \{a_1, a_2, ..., a_n, a_{n+1}\}$$

dove abbiamo numerato gli elementi per comodità. Vogliamo contare i sottoinsiemi di A. Per fare questo li elenchiamo come segue: su una prima riga scriviamo tutti i sottoinsiemi di A che non contengono a_{n+1} e su una seconda riga tutti quelli che contengono a_{n+1}. Lo facciamo ordinatamente come segue:

$\emptyset$	$\{a_1\}$	$\cdots$	$\{a_1, a_2\}$	$\cdots$	$\{a_1, \ldots, a_n\}$
$\{a_{n+1}\}$	$\{a_1, a_{n+1}\}$	$\cdots$	$\{a_1, a_2, a_{n+1}\}$	$\cdots$	A

Cioè organizziamo i sottoinsiemi in modo che si trovino scritti uno sopra l'altro quelli che si possono ottenere aggiungendo o togliendo l'elemento

a_{n+1}. Risulta evidente che la riga superiore contiene tanti sottoinsiemi quanti la riga inferiore e che nella riga superiore sono elencati tutti i sottoinsiemi di $B = \{a_1, \ldots, a_n\}$. Dunque per ipotesi induttiva

$$|P(A)| = 2|P(B)| = 2 \cdot 2^n = 2^{n+1}$$

che è proprio quello che si voleva dimostrare.

3. Consideriamo la disuguaglianza $n^2 > 2n + 1$. Essa è falsa per $n = 0, 1$ e 2 (ad esempio $2^2 = 4 < 2 \cdot 2 + 1 = 5$). Però è vera per $n = 3$ in quanto $3^2 = 9 > 2 \cdot 3 + 1 = 7$. Prendiamo allora $n_0 = 3$ come base dell'induzione, vedi nota 1.4.2. Supponendo la disuguaglianza soddisfatta per un certo n si ha

$$\begin{aligned} (n+1)^2 &= n^2 + 2n + 1 \\ &> 2n + 1 + 1 + 1 \\ &= 2(n+1) + 1 \end{aligned}$$

per ipotesi induttiva e perché $2n > 1$ se $n \geq 1$. La disuguaglianza così ottenuta è proprio quella originale con $n+1$ al posto di n e quindi risulta vera per ogni $n \in \mathbb{N}^{\geq 3}$.

Nota 1.4.3. Quello che gli assiomi di Peano non dicono è come siano definite le operazioni in $\mathbb{N}$: l'addizione e la moltiplicazione. Qui non ci preoccuperemo di definirle formalmente. Ci basta osservare che il successore $s(n)$ di un numero $n \in N$ permette di definire immediatamente

$$n + 1 = s(n)$$

e per ogni altro $k \in \mathbb{N}$, $n + k$ mediante una reiterazione. Allo stesso modo per ogni $m, n \in N$ la moltiplicazione $m \cdot n$ è definita in modo che risulti

$$m \cdot n = \underbrace{m + \cdots + m}_{n \text{ volte}}.$$

A partire dalle definizioni formali dell'addizione e della moltiplicazione si possono poi dimostrare le ben note proprietà che elenchiamo qui:

1. **proprietà associativa:** $\forall m, n, p \in \mathbb{N}$ si ha

$$m + (n + p) = (m + n) + p, \qquad m \cdot (n \cdot p) = m \cdot (n \cdot p).$$

2. **proprietà commutativa:** $\forall m, n \in \mathbb{N}$ si ha

$$m + n = n + m, \qquad m \cdot n = n \cdot m.$$

3. **esistenza degli elementi neutri:** $\forall n \in \mathbb{N}$ si ha

$$0 + n = n, \qquad 1 \cdot n = n.$$

4. **proprietà distributiva**: $\forall m, n, p \in \mathbb{N}$ si ha

$$(m + n) + p = m \cdot p + n \cdot p.$$

Nota 1.4.4. Una volta introdotto l'insieme $\mathbb{N}$ dei numeri naturali e definite le operazioni è possibile costruire rigorosamente usando le regole della teoria degli insiemi ogni insieme numerico d'uso in matematica, in particolare:

1. l'insieme $\mathbb{Z}$ dei numeri interi,

$$\mathbb{Z} = \{\ldots, -5, -4, -3, -2, -1, 0, 1, 2, 3, 4, 5, \ldots\},$$

2. l'insieme $\mathbb{Q}$ dei numeri razionali

$$\mathbb{Q} = \left\{ \frac{a}{b} \mid a, b \in \mathbb{Z} \text{ e } b \neq 0 \right\},$$

3. l'insieme $\mathbb{R}$ dei numeri reali,

derivandone anche le proprietà fondamentali delle operazioni di addizione e moltiplicazione. La costruzione rigorosa di questi insiemi numerici con le loro operazioni esula dagli scopi diretti di queste lezioni e sarà ricordata in nell'appendice A. Considereremo questi insiemi e le proprietà loro operazioni come noti.

1.5   Intersezione ed unione

Ora introduciamo alcune operazioni tra insiemi che permettono di costruire nuovi insiemi (o sottoinsiemi di un certo insieme) a partire da insiemi A e B assegnati.

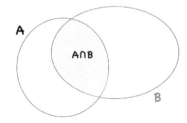

Definizione 1.5.1. *Siano A e B insiemi. Si dice insieme* ***intersezione*** *di A e B l'insieme*

$A \cap B = \{x \mid x \in A \text{ e } x \in B\}.$

Diremo che A e B sono **disgiunti** *se $A \cap B = \emptyset$.*

Cioè, l'intersezione $A \cap B$ è l'insieme costituito dagli elementi comuni ad A e B. In figura l'intersezione è rappresentata dalla parte evidenziata che è appunto la parte comune alle regioni di A e di B. Facciamo qualche esempio.

1. Siano $A = \{a, b, f, h, m\}$, $B = \{b, f, i, m, p, t\}$, $C = \{c, p, q, s, z\}$. Allora

$$A \cap B = \{b, f, m\}, \qquad B \cap C = \{p\}, \qquad A \cap C = \emptyset.$$

2. Siano $A = \{n \in \mathbb{N} \mid n \text{ è pari}\}$ e $B = \{n \in \mathbb{N} \mid 10 \leq n^2 \leq 200\}$ Allora

$$A \cap B = \{4, 6, 8, 10, 12, 14\}.$$

3. Dato $X = \{a, b, c, d\}$ siano

$$A = \{S \in P(X) \mid |S| = 2\} \quad \text{e} \quad B = \{S \in P(X) \mid c \in S\}.$$

Allora $A \cap B = \{\{a, c\}, \{b, c\}, \{c, d\}\}$.

Definizione 1.5.2. *Siano A e B insiemi. Si dice insieme* **unione** *di A e B l'insieme*

$$A \cup B = \{x \mid x \in A \text{ oppure } x \in B\}.$$

Cioè, l'unione $A \cup B$ è l'insieme ottenuto mettendo in un unico insieme gli elementi di A e B. Il diagramma di Venn accanto ne dà una rappresentazione: la parte evidenziata comprende entrambi gli insiemi originali.

Facciamo anche qui qualche esempio.

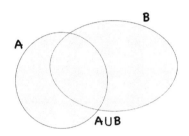

1. Siano $A = \{a, f, g, k, p\}$, $B = \{b, f, m, p, t\}$, $C = \{c, m, p, u\}$. Allora

$$A \cup B = \{a, b, f, g, k, m, p, t\}, \quad B \cup C = \{b, c, f, m, p, t, u\}.$$

2. Siano $A = \{n \in \mathbb{N} \mid n \text{ è pari}\}$ e $B = \{n \in \mathbb{N} \mid n \text{ è dispari}\}$. Allora

$$A \cup B = \mathbb{N}.$$

Abbiamo definito intersezione ed unione di due insiemi, ma possiamo intersecare o unire un qualunque numero, anche infinito, di insiemi. Supponiamo di avere un insieme I di indici e per ogni $i \in I$ il dato di un insieme A_i. Allora possiamo definire

$$\bigcap_{i \in I} A_i = \{x \mid , x \in A_i, \forall i \in I\} \qquad \bigcup_{i \in I} A_i = \{x \mid x \in A_i, \exists i \in I\}.$$

Si noti l'uso dei quantificatori universali in questa definizione. Ad esempio sia $I = \mathbb{N}^{\geq 1}$ e per ogni $n \in I$ poniamo $A_n = \{q \in \mathbb{Q} \mid -\frac{1}{n} < q < \frac{1}{n}\}$ e $B_n = \{q \in \mathbb{Q} \mid -n < q < n\}$. Allora

$$\bigcap_{n \in I} A_n = \{0\}, \qquad \bigcup_{n \in I} B_n = \mathbb{Q}.$$

Infatti la prima uguaglianza segue dal fatto che $0 \in A_n$ per ogni n e che se $x \neq 0$ allora è possibile trovare $n \in \mathbb{N}$ tale che $\frac{1}{n} < |x|$ e dunque $x \notin A_n$. Per la seconda uguaglianza basta osservare che per ogni $x \in \mathbb{Q}$ si ha $x \in B_n$ non appena $n > |x|$.

Intersezione ed unione di insiemi soddisfano le proprietà distributive enunciate nella proposizione seguente.

Proposizione 1.5.3. *Siano A, B e C tre insiemi. Allora valgono le uguaglianze*

$$(A \cup B) \cap C = (A \cap C) \cup (B \cap C) \qquad (A \cap B) \cup C = (A \cup C) \cap (B \cup C).$$

Dimostrazione. Dimostriamo la prima uguaglianza usando la tecnica della doppia inclusione (proposizione 1.2.3)

- Sia $x \in (A \cup B) \cap C$. Dunque, per definizione, $x \in A \cup B$ e $x \in C$. Siccome $x \in A \cup B$ deve essere $x \in A$ oppure $x \in B$: diciamo $x \in A$ (se $x \in B$ si procede in modo analogo). Allora $x \in A \cap C$ e quindi certamente $c \in (A \cap C) \cup (B \cap C)$. Abbiamo così dimostrato che $(A \cup B) \cap C \subset (A \cap C) \cup (B \cap C)$.

- Sia ora $x \in (A \cap C) \cup (B \cap C)$. Per definizione $x \in A \cap C$ oppure $x \in B \cap C$. Diciamo che $x \in A \cap C$ (altrimenti si procede in modo analogo). Allora in particolare $x \in A$ e quindi $x \in (A \cup B) \cap C$. Abbiamo così dimostrato che $(A \cup B) \cap (B \cup C) \subset (A \cap B) \cup C$.

La seconda uguaglianza si dimostra con ragionamento del tutto analogo: i dettagli sono lasciati al lettore, vedi Esercizio 1.7. Come aiuto presentiamo un diagramma di Venn in cui è evidenziata l'area corrispondente a $(A \cap B) \cup C$. ∎

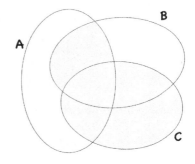

Queste proprietà di distribuzione possono essere facilmente generalizzate a intersezioni ed unioni di famiglie arbitrarie di insiemi (Esercizio 1.8).

In certe situazioni torna comodo definire un sottoinsieme di X non specificando i suoi elementi, ma escludendone altri.

Definizione 1.5.4. *Siano A e X due insiemi. Si dice* **differenza** *di X ed A e si denota $X \setminus A$ il sottoinsieme degli elementi di X non in A, precisamente*

$$X \setminus A = \{x \in X \mid x \notin A\}.$$

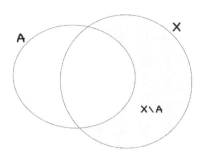

Nel diagramma di Venn accanto è visualizzata la differenza $X \setminus A$.

Nella situazione speciale in cui A sia un sottoinsieme di X l'insieme differenza è detto **complementare** ed è spesso denotato in modo differente.

Definizione 1.5.5. *Sia A un sottoinsieme dell'insieme X. Si dice **complementare** di A in X e si denota $\mathcal{C}_X(A)$ il sottoinsieme degli elementi di X non in A, precisamente*

$$\mathcal{C}_X(A) = \{x \in X \mid x \notin A\}.$$

Sottolineiamo che le due definizioni non sono esattamente la stessa: mentre il complementare $\mathcal{C}_X(A)$ è definito quando A è un sottoinsieme di X, nel caso della differenza $X \setminus A$ non si pone questa condizione.

Diamo qualche esempio.

1. Se $A \subset X$, allora $\mathcal{C}_X(A) = X \setminus A$.

2. Se $A \subset X$, allora $\mathcal{C}_X\left(\mathcal{C}_X(A)\right) = A$.

3. L'insieme dei numeri irrazionali è $\mathcal{C}_\mathbb{R}(\mathbb{Q}) = \mathbb{R} \setminus \mathbb{Q}$.

4. Siano $A = \{a, b, c\}$ e $B = \{a, b, d\}$. Allora

$$P(B) \setminus P(A) = \{\{a, b, d\}, \{a, d\}, \{b, d\}, \{d\}\}.$$

Si noti che in questo caso la notazione $\mathcal{C}_{P(B)}(P(A))$ non avrebbe avuto senso perché $P(A)$ non è un sottoinsieme di $P(B)$, ad esempio $\{c\} \notin P(B)$.

La relazione tra il complementare e l'unione ed intersezione di insiemi è espressa dal risultato seguente, noto come **Leggi di De Morgan**.

Teorema 1.5.6. *Sia X un insieme e siano A e B sottoinsiemi di X. Allora*

$$\mathcal{C}_X(A \cap B) = \mathcal{C}_X(A) \cup \mathcal{C}_X(B), \qquad \mathcal{C}_X(A \cup B) = \mathcal{C}_X(A) \cap \mathcal{C}_X(B)$$

Dimostrazione. Dimostriamo la prima legge di De Morgan con la tecnica della doppia inclusione (proposizione 1.2.3)

- Sia $x \in \mathcal{C}_X(A \cap B)$, cioè $x \notin A \cap B$. Allora per definizione di intersezione x non è un elemento comune ad A e B, diciamo $x \notin A$ (se $x \in A$ dovrà essere $x \notin B$ ed il ragionamento prosegue in modo analogo). Possiamo esprimere ciò come $x \in \mathcal{C}_X(A)$ e quindi $x \in \mathcal{C}_X(A) \cup \mathcal{C}_X(B)$.

- Supponiamo ora $x \in \mathcal{C}_X(A) \cup \mathcal{C}_X(B)$. Allora $x \in \mathcal{C}_X(A)$ oppure $x \in \mathcal{C}_X(B)$. Diciamo $x \in \mathcal{C}_X(A)$ (altrimenti il ragionamento prosegue in modo analogo con B al posto di A): questo vuol dire che $x \notin A$. Ma allora $x \notin A \cap B$, ovvero $x \in \mathcal{C}_X(A \cap B)$.

La dimostrazione della seconda legge di De Morgan è del tutto analoga: i dettagli sono lasciati al lettore (Esercizio 1.9) limitandoci ad inserire un diagramma di Venn in cui si evidenzia $\mathcal{C}_X(A \cup B)$. ∎

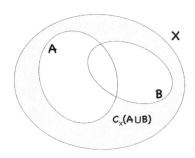

Una volta dimostrate nel caso base del teorema 1.5.6 le Leggi di De Morgan si estendono naturalmente ad intersezioni e unioni arbitrarie. Se $\{A_i\}_{i \in \mathcal{I}}$ è una famiglia di sottoinsiemi dell'insieme X valgono le uguaglianze (Esercizio 1.10)

$$\mathcal{C}_X\left(\bigcap_{i \in \mathcal{I}} A_i\right) = \bigcup_{i \in \mathcal{I}} \mathcal{C}_X(A_i), \qquad \mathcal{C}_X\left(\bigcup_{i \in \mathcal{I}} A_i\right) = \bigcap_{i \in \mathcal{I}} \mathcal{C}_X(A_i)$$

Vale una versione delle leggi di De Morgan anche per l'insieme differenza, vedi esercizio 1.11.

1.6   Partizioni e quozienti

Sia X un insieme e sia $\mathcal{A} = \{A_i\}_{i \in \mathcal{I}}$ una famiglia di sottoinsiemi di X.

Definizione 1.6.1. *La famiglia* $\mathcal{A} = \{A_i\}_{i \in \mathcal{I}}$ *è detta un* **ricoprimento** *di* X *se*

$$\bigcup_{i \in \mathcal{I}} A_i = X.$$

I seguenti sono esempi di ricoprimenti.

1. Con $X = \mathbb{Q}$ e $\mathcal{A} = \{A_1, A_2, A_3\}$ dove $A_1 = \{x \in \mathbb{Q} \,|\, x < 0\}$, $A_2 = \{x \in \mathbb{Q} \,|\, x > 0\}$, $A_3 = \{x \in \mathbb{Q} \,|\, -1 < x < 1\}$. Infatti ogni numero reale o è negativo, e allora sta in A_1, o è positivo, e allora sta in A_2, o è 0 e allora sta in A_3.

2. Con $X = \mathbb{R}$ e $\mathcal{A} = \{A_n\}_{n \in \mathbb{Z}}$ dove $A_n = \{x \in \mathbb{R} \,|\, x \leq r \leq n+1]$. Infatti ogni numero reale r si scrive nella forma $r = n + d$ dove n è la parte intera e d la parte decimale ($0 \leq d < 1$) e quindi $r \in A_n$.

3. Con $X = \mathbb{Z}$ e $\mathcal{A} = \{A_0, A_1\}$ con $A_0 = \{n \in \mathbb{Z} \text{ pari}\}$ e $A_1 = \{n \in \mathbb{Z} \text{ dispari}\}$. Infatti ogni numero intero è o pari o dispari.

Nota 1.6.2. Approfittiamo degli esempi appena illustrati per introdurre una comoda convenzione sulla notazione. Se S è un insieme costituito da numeri (cioè $S \subset \mathbb{R}$) e $a \in \mathbb{R}$ adottiamo le seguenti notazioni:

- $aS = \{ax \mid x \in S\}$ per l'insieme ottenuto moltiplicando ciascun elemento di S per a;

- $S + a = \{x + a \mid x \in S\}$ per l'insieme ottenuto sommando a a ciascun elemento di S.

Con tali convenzioni possiamo riscrivere il ricoprimento di $\mathbb{Z}$ dell'esempio 3 sopra come

$$\mathbb{Z} = (2\mathbb{Z}) \cup (2\mathbb{Z} + 1).$$

Infatti i numeri interi pari sono ottenibili moltiplicando in numeri interi per 2 e quelli dispari sommando 1 ai numeri interi pari.

Fra tutti i possibili ricoprimenti di un certo insieme X focalizziamo l'attenzione su alcuni che soddisfano alcune proprietà supplementari come specificato nella definizione seguente.

Definizione 1.6.3. *La famiglia* $\mathcal{A} = \{A_i\}_{i \in \mathcal{I}}$ *è detta una* **partizione** *di* X *se:*

1. *è un ricoprimento di* X;

2. $\forall i \in \mathcal{I},\ A_i \neq \emptyset$;

3. $\forall i,\, j \in \mathcal{I} \mid i \neq j$ *i sottoinsiemi* A_i *e* A_j *sono disgiunti,* $A_i \cap A_j = \emptyset$.

I ricoprimenti descritti negli esempi 1 e 2 sopra non sono partizioni. Nel primo esempio si ha $A_1 \cap A_3 \neq \emptyset$ e $A_2 \cap A_3 \neq \emptyset$ contravvenendo la richiesta 3 nella definizione 1.6.3. Nel secondo esempio si ha $A_n \cap A_{n+1} = \{n+1\} \neq \emptyset$, anche qui contravvenendo la stessa richiesta 3. Sono invece esempi di partizioni quelli che daremo ora.

1. L'esempio 3 di ricoprimento sopra è una partizione in quanto non esistono numeri interi che sono contemporaneamente pari e dispari.

2. Sia A un sottoinsieme non banale dell'insieme X. Allora $\{A, \mathcal{C}_X(A)\}$ è una partizione di X.

3. Per ogni $n = 1, 2, \ldots$ sia $P_n \subset \mathbb{Q}$ il sottoinsieme definito come

$$P_n = \left\{ q = \frac{a}{n} \in \mathbb{Q} \mid a \in \mathbb{Z} \text{ e } \frac{a}{n} \text{ è ridotta ai minimi termini} \right\}.$$

Allora $\mathcal{P} = \{P_n\}$ è una partizione di $\mathbb{Q}$ perché la scrittura di un numero razionale come frazione ridotta ai minimi termini e denominatore positivo è unica (quindi $P_m \cap P_n = \emptyset$ se $m \neq n$). Si noti che $P_1 = \mathbb{Z}$.

Definizione 1.6.4. *Dato un insieme* X *con una partizione* $\mathcal{A} = \{A_i\}_{i \in \mathcal{I}}$ *l'insieme* $Q = \{A_i\}$ *i cui elementi sono i sottoinsiemi costituenti la partizione* $\mathcal{A}$ *si dice* **insieme quoziente** *di* X *(relativamente alla partizione* $\mathcal{A}$*). Dato un elemento* $A \in Q$ *ogni elemento* $x \in X$ *tale che* $x \in A$ *si dice* **rappresentante** *di* A *e a volte scriveremo* $A = [x]$ *oppure* $A = \bar{x}$.

Siccome i suoi elementi sono sottoinsiemi di X, l'insieme quoziente Q è un sottoinsieme di $P(X)$.

Nel diagramma accanto è illustrata
la situazione di un insieme S e di
suoi sottoinsiemi A, B, C, D ed E
che ne definiscono una partizione. In
questo caso l'insieme quoziente è $Q =$
$\{A, B, C, D, E\}$.

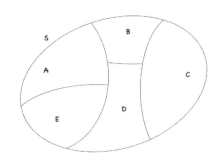

Nel caso della partizione di $\mathbb{Z}$ in numeri pari e numeri dispari l'insieme
quoziente consiste di due soli elementi, il sottoinsieme $2\mathbb{Z}$ dei numeri
pari ed il sottoinsieme $2\mathbb{Z} + 1$ dei numeri dispari.   Come rappresentanti
possiamo scegliere rispettivamente un qualunque numero pari ed un qualunque
numero dispari rispettivamente e allora potremmo scrivere $Q = \{\bar{0}, \bar{1}\}$ oppure
$Q = \{\bar{4}, \bar{7}\}$ eccetera, indifferentemente.

Invece nel caso della partizione di $\mathbb{Q}$ data dai sottoinsiemi P_n descritta da sopra
l'insieme quoziente $Q = \{P_1, P_2, P_3, ...\}$ è infinito e come insieme di rappresentanti possiamo scegliere una frazione in ogni P_n, ad esempio $\{1, \frac{1}{2}, \frac{1}{3}, ...\}$.

1.7   Prodotto cartesiano

Introduciamo ora l'ultima costruzione elementare che permette di costruire
nuovi insiemi a partire da insiemi assegnati.

Definizione 1.7.1. *Siano A e B insiemi. Si definisce* **prodotto cartesiano**
*di A e B e si denota $A \times B$ l'insieme i cui elementi sono coppie di elementi con
il primo elemento in A ed il secondo in B, ovvero*

$$A \times B = \{(a, b) \mid a \in A \ e \ b \in B\}.$$

Osserviamo subito che $\emptyset \times B = A \times \emptyset = \emptyset$ mentre se A e B sono entrambi non
vuoti allora $A \times B \neq \emptyset$. Infatti se esiste $a \in A$ e se esiste $b \in B$ la coppia (a, b)
è, per definizione, un elemento di $A \times B$. Più in generale possiamo dimostrare
il fatto seguente.

Proposizione 1.7.2. *Siano A e B insiemi non vuoti. Se A e B sono finiti con
$|A| = m$ e $|B| = n$ allora $|A \times B| = mn$. Se invece almeno uno tra A e B è
infinito allora anche $A \times B$ è infinito.*

Dimostrazione. Se A e B sono finiti con $|A| = m$ e $|B| = n$ possiamo numerare
ed elencare i loro elementi come $A = \{a_1, a_2, \cdots, a_m\}$ e $B = \{b_1, b_2, \cdots, b_n\}$.
Allora possiamo organizzare gli elementi di $A \times B$ in una tabella rettangolare:

$$
\begin{array}{cccc}
(a_1, b_1) & (a_1, b_2) & \cdots & (a_1, b_n) \\
(a_2, b_1) & (a_2, b_2) & \cdots & (a_2, b_n) \\
\vdots & \vdots & \cdots & \vdots \\
(a_m, b_1) & (a_m, b_2) & \cdots & (a_n.b_n)
\end{array}
$$

La tabella include chiaramente tutti gli elementi di $A \times B$ una volta sola e quindi devono essere mn in totale visto che ce ne sono m in verticale ed n in orizzontale. Il caso in cui uno degli insiemi è infinito è chiaro. ∎

Come nel caso dell'intersezione e dell'unione la definizione si estende facilmente da due insiemi ad una famiglia arbitraria di insiemi. Nel caso di un numero finito di insiemi A_1, A_2, ..., A_n il prodotto cartesiano $A_1 \times A_2 \times \cdots \times A_n$ è definito come l'insieme delle n-ple $(a_1, a_2, \cdots, a_n)$ con $a_i \in A_i$, cioè

$$A_1 \times A_2 \times \cdots \times A_n = \{(a_1, a_2, \cdots, a_n) \mid a_i \in A_i, \forall i = 1, 2, \ldots, n\}$$

Nel caso di una famiglia arbitraria di insiemi $\{A_i\}_{i \in \mathcal{I}}$ si riesce ancora a definire un prodotto cartesiano, denotato $\prod_{i \in \mathcal{I}} A_i$ in questo caso, ma si va incontro a difficoltà supplementari dovute soprattutto al fatto che non si riesce a dimostrare che $\prod_{i \in \mathcal{I}} A_i \neq \emptyset$ in generale quando $A_i \neq \emptyset$ per ogni $i \in \mathcal{I}$ (siccome si è potuto constatare che molti risultati della matematica dipendono implicitamente dalla validità di questa proprietà, si è condotti ad accettarla assiomaticamente– **Assioma della Scelta**). Fermiamo qui le considerazioni a riguardo di questo caso che non è di interesse specifico in quanto segue.

Tornando al caso del prodotto cartesiano di una famiglia finita di insiemi, un esempio importante (al punto che dà il nome alla costruzione generale) è quello delle coordinate cartesiane di cui è possibile dotare il piano π della geometria euclidea che realizzano il piano medesimo come prodotto cartesiano

$$\pi = \mathbb{R} \times \mathbb{R}.$$

Infatti le coordinate cartesiane identificano l'insieme dei punti di π con coppie ordinate di numeri reali. Analogo discorso si può fare per lo spaziotridimensionale, identificato con $\mathbb{R} \times \mathbb{R} \times \mathbb{R}$. Da un punto di vista puramente matematico non c'è ragione per fermarsi a 3 dimensioni.

1.8   Relazioni

Sia A un insieme non vuoto.

Definizione 1.8.1. *Una* **relazione binaria** *(o più semplicemente una* **relazione** *nell'insieme* A *è il dato di un sottoinsieme*

$$\Gamma \subset A \times A.$$

Data una relazione Γ nell'insieme A ed elementi a, $b \in A$ scriveremo alternativamente

$$a \Gamma b \qquad \text{"a è in relazione con b"}$$

per dire che $(a, b) \in \Gamma$.

Le relazioni in un insieme sono interessanti quando soddisfano certe proprietà. In particolare data una relazione Γ nell'insieme A siamo interessati a stabilire se le proprietà seguenti sono soddisfatte o meno.

1. La **proprietà riflessiva:** per ogni $a \in A$ si ha $a\Gamma a$.

2. La **proprietà simmetrica:** ogni qual volta a e b sono tali che $a\Gamma b$ allora anche $b\Gamma a$.

3. La **proprietà antisimmetrica:** se a e b sono tali che $a\Gamma b$ e $b\Gamma a$ allora è $a = b$;

4. La **proprietà transitiva:** se a, b e c sono tali che $a\Gamma b$ e $b\Gamma c$ allora anche $a\Gamma c$.

Diamo alcuni esempi.

Esempi 1.8.2.   1. Sia A l'insieme delle rette del piano euclideo. Consideriamo le seguenti due relazioni in A. Date rette r ed s poniamo

$$r\Gamma_1 s \quad \Leftrightarrow \quad r \text{ ed } s \text{ sono perpendicolari,}$$

e

$$r\Gamma_2 s \quad \Leftrightarrow \quad r \text{ ed } s \text{ sono parallele oppure coincidenti,}$$

Come si verifica facilmente Γ_1 è simmetrica ma non è né riflessiva, né antisimmetrica, né transitiva. Invece Γ_2 è riflessiva, simmetrica e transitiva ma non antisimmetrica.

2. Sia A un insieme non vuoto qualunque e sia $P = \mathcal{P}(A)$ il suo insieme delle parti. In P consideriamo le due relazioni seguenti:

$$S\Gamma_1 T \quad \Leftrightarrow \quad S \cap T = \emptyset,$$

e

$$S\Gamma_2 T \quad \Leftrightarrow \quad S \cup T = A.$$

Allora Γ_1 e Γ_2 sono simmetriche ma non sono né riflessive, né antisimmetriche, né transitive.

La figura illustra una situazione che contraddice la proprietà transitiva per Γ_1: $R \cap S = \emptyset$ e $S \cap T = \emptyset$ ma $R \cap T \neq \emptyset$.

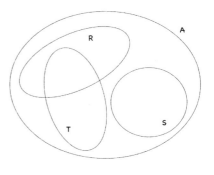

3 In $A = \mathbb{Z}$ poniamo

$$m\Gamma_1 n \quad \Leftrightarrow \quad m \leq n,$$

oppure

$$m\Gamma_2 n \quad \Leftrightarrow \quad m \text{ divide } n.$$

Entrambe le relazioni sono riflessive e transitive, ma mentre Γ_1 è antisimmetrica (infatti se $m \leq n$ e $n \leq m$ sono valide contemporaneamente allora $m = n$) la Γ_2 non lo è in quanto, ad esempio, 2 divide -2, -2 divide 2 ma $2 \neq -2$.

4 In $A = \mathbb{Z}$ consideriamo la relazione

$$m \Gamma n \quad \Leftrightarrow \quad m - n \text{ è pari.}$$

Allora Γ è riflessiva (perché $n - n = 0$ è pari), simmetrica (perché $n - m = -(m - n)$) e transitiva (perché se $m - n = 2a$ e $n - p = 2b$ anche $m - p = 2(a + b)$ è pari), ma non antisimmetrica.

Diremo che una relazione binaria è:

- una relazione di **equivalenza** se è riflessiva, simmetrica e transitiva;

- una relazione di **ordine** se è riflessiva, antisimmetrica e transitiva;

Tra esempi sopra la Γ_2 dell'esempio 1 e quella dell'esempio 4 sono equivalenze, la Γ_1 dell'esempio 3 è di ordine.

Restringiamo ora l'attenzione alle relazioni d'equivalenza. Sia dunque

$$\Gamma \subset A \times A$$

una relazione di equivalenza. Se $a \Gamma b$ diremo che a e b sono equivalenti ed alternativamente scriviamo

$$a \sim b.$$

Dato un elemento $a \in A$ possiamo considerare il sottoinsieme di A degli elementi ad esso equivalenti, ovvero

$$C_a = \{x \in A \mid x \sim a\} = \{x \in A \mid a \sim x\}$$

(le due formulazioni sono equivalenti perché la relazione è simmetrica). Tale sottoinsieme è detto la **classe di equivalenza** di a.

Teorema 1.8.3. *Sia A un insieme non vuoto e sia Γ una relazione di equivalenza in A. Allora le classi di equivalenza definiscono una partizione di A.*

Viceversa, data una partizione $A = \bigcup_{i \in I} C_i$ esiste una relazione di equivalenza in A per cui i sottoinsiemi C_i sono esattamente le classi di equivalenza.

Dimostrazione. Osserviamo che:

1. dalla proprietà riflessiva segue che $a \in C_a$ e quindi, in particolare, $C_a \neq \emptyset$);

2. dalla proprietà simmetrica segue che se $b \in C_a$ allora $a \in C_b$;

3. dalla propriet transitiva segue che se $b \in C_a$ e $c \in C_b$ allora $c \in C_a$ e quindi $C_b \subseteq C_a$. Ma per simmetria allora anche $C_a \subseteq C_b$ e quindi $C_a = C_b$.

Siano ora $a, b \in A$ con rispettive classi di equivalenza C_a e C_b e sia $x \in C_a \cap C_b$. Per quanto detto nell'osservazione 3 sopra deve risultare $C_x = C_a$ e $C_x = C_b$ e quindi $C_a = C_b$. Quindi le classi di equivalenza soddisfano le proprietà seguenti:

1. sono non vuote;

2. sono un ricoprimento, in quanto ogni elemento di a appartiene ad una classe di equivalenza (osservazione 1 sopra);

3. se due classi di equivalenza hanno intersezione non vuota allora coincidono (osservazione 3 sopra).

Dunque le classi di equivalenza formano una partizione dell'insieme A.
Viceversa, data una partizione

$$A = \bigcup_{i \in I} C_i$$

possiamo definire un'equivalenza in A dichiarando equivalenti gli elementi che appartengono ad un medesimo sottoinsieme della partizione. Cioè, denotato C_a l'unico sottoinsieme della partizione contenente l'elemento $a \in A$, dichiariamo

$$a \, \Gamma \, b \quad \Leftrightarrow \quad C_a = C_b.$$

Infatti:

1. $a \Gamma a$ perché $C_a = C_a$ (vale la proprietà riflessiva),

2. se $a \Gamma b$ allora $C_a = C_b$ e quindi $b \Gamma a$ (vale la proprietà simmetrica),

3. se $a \Gamma b$ e $b \Gamma c$ allora $C_a = C_b = C_c$ e quindi $a \Gamma c$ (vale la proprietà transitiva).

∎

Ad esempio, la relazione di equivalenza in $\mathbb{Z}$ dell'esempio 4 in 1.8.2 corrisponde alla partizione

$$\mathbb{Z} = 2\mathbb{Z} \cup (2\mathbb{Z} + 1) = \{\text{numeri pari}\} \cup \{\text{numeri dispari}\}$$

perché la differenza $m - n$ è pari se e soltanto se m ed n sono entrambi pari od entrambi dispari.

Esercizi

Esercizio 1.1. Sia $A = \{a, b, c\}$. Dire quali delle seguenti affermazioni sono vere e quali false:

$$b \in A, \quad \emptyset \subset A, \quad \{\emptyset\} \subset A, \quad \{c, d\} \not\subset A, \quad \{a, \{c\}\} \subset A.$$

Esercizio 1.2. Sia $A = \{x \in \mathbb{R} \,|\, x^2 > 25\} \cap \{x \in \mathbb{R} \,|\, 2x \in \mathbb{Z}\}$. Dire quali delle seguenti affermazioni sono vere e quali false:

$$5 \in A, \quad -\frac{11}{2} \in A, \quad \frac{100}{3} \in A, \quad \mathbb{N} \subset A, \quad \left\{\frac{7}{2}, 6\right\} \subset A.$$

Esercizio 1.3. Sia $A = \{a, e, i, o, u\}$. Dire quali delle seguenti affermazioni sono vere e quali false:

$$\emptyset \in P(A), \quad a \in P(A), \quad \{i, u\} \subset P(A), \quad \{e, o\} \in P(A), \quad \{\{e\}, \{o\}\} \subset P(A).$$

Esercizio 1.4. Siano $P(x)$ e $Q(x)$ due espressioni contenenti numeri reali ed un'incognita x e siano A e B l'insieme delle soluzioni dell'equazione $P(x) = 0$ e l'insieme delle soluzioni dell'equazione $Q(x) = 0$ rispettivamente.

1. L'equazione $P(x)Q(x) = 0$ ha come insieme di soluzioni $A \cap B$ o $A \cup B$?

2. Il sistema $\begin{cases} P(x) = 0 \\ Q(x) = 0 \end{cases}$ ha come insieme di soluzioni $A \cap B$ o $A \cup B$?

Esercizio 1.5. Dimostrare che $A \cap B = \emptyset$ se e soltanto se $P(A) \cap P(B) = \{\emptyset\}$.

Esercizio 1.6. Dire se le seguenti affermazioni sono vere o false:

$$P(A \cap B) = P(A) \cap P(B), \qquad P(A \cup B) = P(A) \cup P(B).$$

Esercizio 1.7. Dimostrare la seconda uguaglianza della proposizione 1.5.3.

Esercizio 1.8. Enunciare e dimostrare proprietà distributive analoghe a quelle della proposizione 1.5.3 per intersezioni ed unioni di famiglie arbitrarie di insiemi

Esercizio 1.9. Dimostrare la seconda la legge di De Morgan in 1.5.6.

Esercizio 1.10. Dimostrare le Leggi di De Morgan generalizzate a intersezione ed unione di una famiglia arbitraria di sottoinsiemi.

Esercizio 1.11. Dimostrare che vale una versione delle Leggi di De Morgan per l'insieme differenza. Precisamente, dati insiemi X, A e B dimostrare che

$$X \setminus (A \cap B) = (X \setminus A) \cup (X \setminus B) \quad \text{e} \quad X \setminus (A \cup B) = (X \setminus A) \cap (X \setminus B).$$

Esercizio 1.12. Dimostrare che dati insiemi A e B si ha

$$A \cup B \setminus A = \mathcal{C}_B(A \cap B).$$

Esercizio 1.13. Si considerino gli insiemi

$$A = \{a, g, h, i, p, u, v\} \qquad B = \{b, g, l, m, n, q, v, z\}$$
$$C = \{d, e, f, m, n, o, q, r, s, v\} \quad D = \{c, d, e, h, i, p, r, t, u, z\}$$

Dire quali delle seguenti affermazioni sono vere e quali false.

$$A \cap B \subset C \qquad \{d, e\} \in P(C \cap D) \quad (A \times B) \cap (C \times D) = \emptyset$$

$$(v, v) \in A \times B \setminus B \times C \qquad (e, p) \in A \times D \qquad \{b, l, u\} \subset P(B \cup D)$$

Esercizio 1.14. Determinare tutte le partizioni possibili dell'insieme $A = \{a, b, c, d\}$.

Esercizio 1.15. Sia $\mathcal{R}$ l'insieme delle rette per l'origine O in un piano cartesiano Oxy. È vero che $\mathcal{R}$ è un ricoprimento del piano? Una partizione?

Esercizio 1.16. Sia X un insieme con un numero finito n di elementi, $|X| = n$. Per ogni $k = 0, 1, \ldots, n$ sia

$$P_k = \{A \subset X \mid |A| = k\}.$$

Dimostrare che $\mathcal{P} = \{P_k\}$ è una partizione di $P(X)$. Quanti elementi ha l'insieme quoziente?

Esercizio 1.17. Siano $A = A_1 \cup A_2$ e $B = B_1 \cup B_2$ due insiemi con partizioni assegnate. Dimostrare che

$$A \times B = (A_1 \times B_1) \cup (A_1 \times B_2) \cup (A_2 \times B_1) \cup (A_2 \times B_2)$$

è una partizione di $A \times B$.

Esercizio 1.18. Sia $S = \mathbb{R} \times \mathbb{R} \setminus [0, 1] \times [0, 1]$. Determinare una partizione di A formata da sottoinsiemi della forma $A \times B$.

Esercizio 1.19. Dimostrare per induzione le formule seguenti.

1. $1 + 2 + 3 + \cdots + n = \frac{1}{2}n(n + 1)$ per ogni $n \geq 1$.

2. $1 + 3 + 5 + \cdots + (2n - 1) = n^2$ per ogni $n \geq 1$.

3. $1^3 + 2^3 + 3^3 + \cdots + n^3 = \frac{1}{4}n^2(n + 1)^2$ per ogni $n \geq 1$.

4. $n^2 > 2n + 1$ per ogni $n \geq 3$.

5. $2^n > n^2$ per ogni $n \geq 5$.

Esercizio 1.20. In ciascuno dei casi seguenti stabilire se la relazione che viene definita è riflessiva, simmetrica, antisimmetrica, transitiva.

1. In $\mathbb{Z}$ poniamo
$$m\Gamma n \quad \Longleftrightarrow \quad m^2 \geq n^2.$$

2. In $\mathbb{Z}$ poniamo
$$m\Gamma n \quad \Longleftrightarrow \quad 5m - 3n \geq 2m - n.$$

3. In $\mathbb{Z}$ poniamo
$$m\Gamma n \quad \Longleftrightarrow \quad \text{la cifra finale dell'espansione decimale di } m + n \text{ è } 0.$$

4. Sia X un insieme non vuoto. In $P(X)$ poniamo
$$A\Gamma B \quad \Longleftrightarrow \quad A \subseteq B.$$

5. Sia R l'insieme delle rette del piano euclideo. In R poniamo
$$r\Gamma s \quad \Longleftrightarrow \quad r \text{ e } s \text{ sono parallele (o coincidenti).}$$

6. Sia R l'insieme delle rette del piano euclideo. In R poniamo

$$r\,\Gamma\,s \quad \Longleftrightarrow \quad r \text{ e } s \text{ sono incidenti (o coincidenti)}.$$

7. Sia R l'insieme delle rette del piano euclideo. In R poniamo

$$r\,\Gamma\,s \quad \Longleftrightarrow \quad r \text{ e } s \text{ sono ortogonali}.$$

8. Sia C l'insieme dei cerchi del piano euclideo. In C poniamo

$$\gamma_1\,\Gamma\,\gamma_2 \Longleftrightarrow \quad \gamma_1 \text{ e } \gamma_2 \text{ sono concentrici}.$$

Esercizio 1.21. Dimostrare che l'uguaglianza fra elementi è l'unica relazione che sia contemporaneamente di ordine e un'equivalenza.

Capitolo 2

Funzioni

Un ingrediente fondamentale della teoria degli insiemi è la possibilità di definire funzioni tra gli insiemi. Da un punto di vista puramente intuitivo una funzione dall'insieme A all'insieme B è una "legge" che associa un elemento di B ad ogni elemento di A. Tale possibilità di formalizzare la dipendenza della scelta di un elemento in B da un elemento di A è, in essenza, la caratteristica fondamentale della matematica e fonte di innumerevoli ed importanti conseguenze sia teoriche che applicate. Il punto di partenza del capitolo è una definizione formalmente corretta di funzione nel linguaggio stesso della teoria degli insiemi sviluppato nel capitolo precedente che superi la vaghezza insita nel concetto di "legge" a cui si è accennato sopra.

2.1 Definizione ed esempi.

Iniziamo, come detto, con la definizione di funzione.

Definizione 2.1.1. *Siano A e B insiemi non vuoti. Una funzione f con* **dominio** *A e* **codominio** *B è il dato di un sottoinsieme $\Gamma \subset A \times B$ tale che*

per ogni $a \in A$ esiste un unico elemento $b \in B$ tale che $(a, b) \in \Gamma$

Il sottoinsieme $\Gamma \subset A \times B$ è detto **grafico** *della funzione.*

Poiché la definizione di funzione comporta che dominio siano non vuoti nel seguito assumeremo implicitamente che gli insiemi in gioco quando si parla di funzioni siano non vuoti. Facciamo seguire alcuni commenti ed osservazioni.

1. Dare una funzione f, quindi, vuol dire assegnare tre oggetti: il dominio A, il codominio B ed il grafico Γ. In pratica per indicare una funzione f usiamo la notazione

$$f : A \longrightarrow B$$

scrivendo

$$f(a) = b \qquad \text{per intendere che} \qquad (a, b) \in \Gamma.$$

Questa notazione torna particolarmente comoda per l'uso concreto, come avremo modo di vedere in seguito. Proprio a causa di questa notazione in letteratura si trovano termini equivalenti per nominare una funzione: **freccia, mappa, applicazione**, eccetera.

2. La condizione che per ogni $a \in A$ esista e sia unico un $b \in B$ tale che $(a, b) \in \Gamma$ può essere rifrasata dicendo che

"f deve essere definita per ogni $a \in A$"

e

"in ogni $a \in A$ la funzione f può assumere un unico valore".

Consideriamo ad esempio la situazione $A = \{a, b, c\}$, $B = \{w, x, y, z\}$ ed i sottoinsiemi di $A \times B$ definiti nei seguenti diagrammi (il dominio A è in orizzontale, il codominio B in verticale: ogni casella rappresenta un elemento di $A \times B$ e i sottoinsiemi Γ sono definiti dalle caselle che contengono il simbolo $\bullet$):

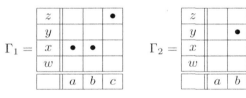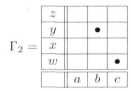

Il sottoinsieme Γ_1 definisce una funzione $f : A \to B$ per cui $f(a) = x$, $f(b) = x$, $f(c) = z$. Invece i sottoinsiemi Γ_2 e Γ_3 non sono grafici di funzioni: nel caso di Γ_2 non c'è nessuna coppia del tipo $(a, \cdot)$ e quindi l'ipotetica funzione corrispondente risulterebbe non definita in a, mentre la presenza di (b, w) e (b, z) in Γ_3 renderebbe non unico il valore della funzione in b.

3. È necessario sottolineare una differenza d'approccio tra il concetto di funzione come l'abbiamo definito qui e il punto di vista dell'Analisi matematica trattato nelle scuole superiori. Lì una funzione di variabile reale è definita da una certa espressione esplicita (ad es. $f(x) = \frac{x}{x-1}$ o $f(x) = x \log(x)$ ed il primo passo per il suo "studio" è la determinazione del dominio di definizione. Quindi, dal punto di vista che adottiamo noi, non è corretto pensarle tutte indifferentemente come funzioni $\mathbb{R} \to \mathbb{R}$ "definite su un certo dominio". Ad esempio la funzione $f(x) = \frac{1}{x}$ non è una funzione $\mathbb{R} \to \mathbb{R}$, bensì una funzione $\mathbb{R} \setminus \{0\} \to \mathbb{R}$.

4. Due funzioni f e g coincidono se hanno stesso dominio, codominio e grafico. In simboli: se f corrisponde al dato (A, B, Γ) e g al dato (A', B', Γ'), allora

$$f = g \qquad \text{se e soltanto se} \qquad A = A', B = B', \Gamma = \Gamma'.$$

E' necessario fare attenzione, nel verificare questo criterio, che a volte funzioni definite tramite espressioni esplicite ("leggi") che sembrano renderle distinte in realtà non lo siano. Ad esempio, le funzioni

$$f, g: \{0, 1, 2\} \longrightarrow \mathbb{R} \qquad f(x) = 3x^2 - 1, \quad g(x) = x^3 + 2x - 1,$$

apparentemente differenti, sono uguali perchè $f(0) = g(0) = -1$, $f(1) = g(1) = 2$, $f(2) = g(2) = 11$ e quindi corrispondenti allo stesso grafico $\Gamma \subset \{0, 1, 2\} \times \mathbb{R}$.

È possibile dare una rappresentazione grafica di una funzione usando i diagrammi di Venn. Il diagramma accanto rappresenta una funzione f con dominio A e codominio tale che $x = f(a)$ e $y = f(b)$.

Diamo ora alcuni esempi importanti e ricorrenti di funzioni.

1. Dato un insieme A la funzione **identità** (su A) è la funzione

   $$\mathrm{id}_A \colon A \longrightarrow A$$

   definita come $\mathrm{id}_A(a) = a$ per ogni $a \in A$. Il grafico della funzione identità è $\Gamma = \{(a, a) \in A \times A \mid a \in A\}$.

2. Dati insiemi A e B (non necessariamente distinti) e fissato un elemento $\beta \in B$ la funzione **costante** con valore β è la funzione

   $$F_\beta \colon A \longrightarrow B, \qquad F_\beta(a) = \beta, \forall a \in A.$$

   Il grafico della funzione costante F_β è $\Gamma = A \times \{\beta\} \subset A \times B$.

3. Dati insiemi A e B non vuoti ed il loro prodotto cartesiano $A \times B$ le **proiezioni** sui singoli fattori sono le funzioni

   $$p_1 \colon A \times B \to A, \quad p_2 \colon A \times B \to B, \qquad p_1(a, b) = a, \quad p_2(a, b) = b$$

   per ogni $(a, b) \in A \times B$. In modo analogo possiamo definire le proiezioni con dominio un prodotto cartesiano di 3 o più insiemi.

4. Una **successione** b_0, b_1, b_2, ... in un insieme B è il dato di una funzione

   $$s \colon \mathbb{N} \longrightarrow B, \qquad s(0) = b_0, s(1) = b_1, s(2) = b_2, \ldots.$$

5. Se X è un insieme col dato di una partizione $X = \bigcup_{i \in \mathcal{I}} A_i$ e se $Q = \{A_i \mid i \in \mathcal{I}\}$ è il corrispondente insieme quoziente possiamo definire una funzione $q : X \to Q$ (detta **funzione quoziente**) ponendo

   $$q(x) = A_i \quad \text{se } A_i \text{ è l'unico sottoinsieme della partizione tale che } x \in A_i.$$

   Si noti che per ogni x esiste un unico $A_i \in Q$ tale che $x \in A_i$ per le proprietà delle partizioni.

6 Date funzioni $f : A \to X$ e $g : B \to Y$ resta definita una funzione

$$f \times g \colon A \times B \longrightarrow X \times Y, \qquad \text{ponendo } (f \times g)((a,b)) = (f(a), g(b)).$$

Una funzione con dominio A automaticamente definisce una funzione con dominio un sottoinsieme $S \subset A$.

Definizione 2.1.2. *Sia $f : A \to B$ una funzione e sia $S \subset A$ un sottoinsieme di A. Si dice* **restrizione** *di f ad S la funzione*

$$f_{|S} \colon S \longrightarrow B, \qquad f_{|S}(s) = f(s), \forall s \in S.$$

Il contenuto della nota seguente è molto importante.

Nota 2.1.3. (Problema della buona definizione) Sia $X = \bigcup_{i \in \mathcal{I}} A_i$ un insieme con una data partizione e Q il corrispondente insieme quoziente. Capita sovente di definire una funzione

$$f : Q \longrightarrow B$$

avente dominio Q specificando il valore $f(A)$ per $A \in Q$ in termini non di A direttamente ma di un suo rappresentante $x \in A$ (vedi definizione 1.6.4). È estremamente importante in questa situazione controllare che il valore $f(x)$ non dipenda dalla rappresentazione $A = [x]$ scelta ma solo da A (e quindi diremo che f è **ben definita**). Facciamo due esempi:

1. Consideriamo la partizione $\mathbb{Z} = 2\mathbb{Z} \cup (2\mathbb{Z} + 1)$ con insieme quoziente $Q = \{2\mathbb{Z}, 2\mathbb{Z} + 1\} = \{[0], [1]\}$ e definiamo

    $$f \colon Q \longrightarrow \{1, -1\} \qquad \text{ponendo } f([x]) = (-1)^x.$$

    La funzione f è ben definita perché $(-1)^x = 1$ per qualunque scelta di rappresentante $2\mathbb{Z} = [x]$ e $(-1)^x = -1$ per qualunque scelta di rappresentante $2\mathbb{Z} + 1 = [x]$.

2. Consideriamo la partizione $\mathbb{N} = \bigcup_{n \geq 1} E_n$ dove E_n è il sottoinsieme dei numeri naturali la cui espansione decimale ha esattamente n cifre, cioè

    $$E_1 = \{0, 1, ..., 9\}, \qquad E_2 = \{10, 11, ..., 99\}, \qquad \text{eccetera.}$$

    Denotiamo $Q = \{E_1, E_2, \cdots\}$ l'insieme quoziente. La funzione

    $$f : Q \longrightarrow Q, \qquad f([x]) = [2x]$$

    non è ben definita, in quanto l'elemento $[2x] \in Q$ dipende dalla scelta del rappresentante x: per esempio si ha $E_1 = [4] = [7]$ ma $[2 \cdot 4] = [8] = E_1$ mentre $[2 \cdot 7] = [14] = E_2$ e quindi $f(E_1)$ risulta indefinita.

2.2 Immagini e controimmagini

Sia $f : A \to B$ una funzione e sia $a \in A$. Il valore della funzione in a, cioè l'elemento $b = f(a) \in B$ è anche detto **immagine** di a tramite f. Questa terminologia si generalizza alla definizione seguente.

Definizione 2.2.1. *Sia $f : A \to B$ una funzione e sia $S \subset A$ un sottoinsieme del dominio. Si dice **immagine** di S tramite f il sottoinsieme $f(B)$ del codominio B costituito dalle immagini degli elementi di S, cioè*

$$f(S) = \{f(s) \mid s \in S\} \subset B.$$

*Quando $S = A$, l'immagine $f(S)$ si chiama semplicemente **immagine** di f e si denota $\mathrm{Im}(f)$, cioè*

$$\mathrm{Im}(f) = f(A) = \{f(a) \mid a \in A\}$$

Definizione 2.2.2. *Una funzione $f : A \to B$ si dice **suriettiva** se $\mathrm{Im}(f) = B$, ovvero se per ogni $b \in B$ esiste sempre $a \in A$ tale che $f(a) = b$.*

Diamo alcuni esempi:

1. Sia $f : \mathbb{Z} \to \mathbb{Z}$ la funzione $f(n) = 2n + 1$. Le immagini dei singoli elementi sono sempre numeri dispari e ogni numero intero dispari m può scriversi nella forma $m = 2k + 1$ per un $k \in \mathbb{Z}$ opportuno. Dunque $m = f(k)$ e possiamo concludere che l'immagine di f è costituita dagli interi dispari, ovvero $\mathrm{Im}(f) = 2\mathbb{Z} + 1$. Poiché $2\mathbb{Z} + 1 \neq \mathbb{Z}$ la funzione f non è suriettiva.

2. Sia $f : \mathbb{R} \to \mathbb{R}$ la funzione $f(x) = x^2$. Le immagini dei singoli elementi sono sempre numeri reali non negativi e ogni numero reale non negativo y può scriversi nella forma $y = x^2$ per un $x \in \mathbb{R}$ opportuno. Dunque $y = f(x)$ e possiamo concludere che l'immagine di f è costituita dagli numeri reali positivi, ovvero $\mathrm{Im}(f) = \mathbb{R}^{\geq 0}$. Poiché $\mathbb{R}^{\geq 0} \neq \mathbb{R}$ la funzione f non è suriettiva.

3. Sia $f : \mathbb{R}^{>0} \to \mathbb{R}$ la funzione $f(x) = \log(x)$. Ogni numero reale r è il logaritmo di un opportuno numero reale x (basta prendere $x = e^r$) e dunque $\mathrm{Im}(f) = \mathbb{R}$, In questo caso la funzione è suriettiva.

4. Siano A e B insiemi e sia $p_1 : A \times B \to A$ la prima proiezione. Dato $a \in A$ possiamo sempre scrivere $a = p_1((a, b))$ dove $b \in B$ è un elemento qualunque. Pertanto ogni $a \in A$ è in $\mathrm{Im}(p_1)$. Quindi $A = \mathrm{Im}(p_1)$ e p_1 è suriettiva.

5. Sia X un insieme con una partizione $X = \bigcup_{i \in \mathcal{I}} A_i$ e sia $q : X \to Q$ la mappa quoziente. Per ogni $A \in Q$, il sottoinsieme $A \subset X$ è non vuoto e possiamo scrivere $A = [x]$ per qualche $x \in A$. Ma allora $q(x) = [x] = A$ per definizione e dunque q è suriettiva.

In concreto, la discussione degli esempi precedenti mostra come l'immagine $\operatorname{Im}(f)$ di una funzione $f : A \to B$ possa essere pensata come l'insieme dei $b \in B$ tali che l'uguaglianza

$$f(a) = b \qquad \text{pensata come equazione nell'incognita } a \in A$$

ha soluzione.

Nota 2.2.3. Sia $f : A \to B$ una funzione e supponiamo di avere un sottoinsieme proprio $T \subset B$ tale che $\operatorname{Im}(f) \subset T$ (chiaramente questa situazione diventa rilevante solo quando f non è suriettiva). Allora la funzione f può essere certamente pensata come $f : A \to T$. Infatti il grafico Γ di f è certamente un sottoinsieme di $A \times T$ in quanto non contiene coppie (a, b) con $b \notin T$.

In particolare possiamo prendere $T = \operatorname{Im}(f)$ e con questo codominio f diventa suriettiva. Ad esempio la funzione $f(x) = x^2$ dell'esempio 2 sopra non è suriettiva, come osservato, se pensata come funzione $\mathbb{R} \to \mathbb{R}$ ma è suriettiva se pensata come funzione $\mathbb{R} \to \mathbb{R}^{\geq 0}$.

Nella definizione di funzione il dominio ed il codominio non sono chiaramente intercambiabili. Ciò nonostante c'è una nozione corrispondente nel dominio a quella di immagine come sottoinsieme del codominio.

Definizione 2.2.4. *Sia $f : A \to B$ una funzione e sia $b \in B$. Si dice* **controimmagine** *di b tramite f il sottoinsieme $f^{-1}(b)$ degli elementi del dominio A che hanno b come immagine, cioè*

$$f^{-1}(b) = \{a \in A \,!\, f(a) = b\}.$$

Più in generale, dato un sottoinsieme $T \subset B$, si dice controimmagine di T tramite f il sottoinsieme $f^{-1}(T)$ del dominio costituito dalle controimmagini degli elementi di T, cioè

$$f^{-1}(T) = \{a \in A \mid f(a) \in T\}.$$

Nota 2.2.5. C'è un'importante differenza di tipo qualitativo tra immagine e controimmagine. Se $S \subset A$ è un sottoinsieme non vuoto del dominio, l'immagine $f(S)$ non è mai vuota (se $s \in S$ allora $f(s) \in f(S)$). Invece la controimmagine $f^{-1}(T)$ può essere vuota anche se $T \neq \emptyset$. Come esempio possiamo di nuovo considerare la funzione $f(x) = x^2$ come funzione $\mathbb{R} \to \mathbb{R}$: in questo caso $f^{-1}(-1) = \emptyset$ (e possiamo sostituire -1 con qualunque numero negativo).

Diamo qualche esempio di controimmagine

1. Sia $F_\beta : A \to B$ la funzione costante, $F_\beta(a) = \beta$ per ogni $a \in A$. Se $T \subset B$ è un sottoinsieme del codominio si ha

$$f^{-1}(T) = \begin{cases} A & \text{se } \beta \in T, \\ \emptyset & \text{se } \beta \notin T. \end{cases}$$

2. Siano A e B insiemi non vuoti e sia $p_2 : A \times B \to B$ la seconda proiezione. Allora $f^{-1}(b) = A \times \{b\}$ per ogni $b \in B$.

3. Sia $f : \mathbb{R} \to \mathbb{R}$ la funzione $f(x) = |x|$ (valore assoluto). Allora abbiamo la seguente casistica:

$$f^{-1}(x) = \begin{cases} \{x, -x\} & \text{se } x \geq 0, \\ \emptyset & \text{se } x < 0. \end{cases}$$

Definizione 2.2.6. *Una funzione $f : A \to B$ si dice* **iniettiva** *se per ogni scelta di a_1, $a_2 \in A$ con $a_1 \neq a_2$ si ha $f(a_1) \neq f(a_2)$.*

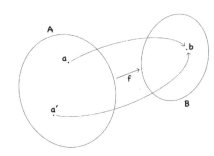

Il diagramma illustra la situazione in cui una funzione $f : A \to B$ non è iniettiva: i due elementi a ed a' di A hanno la stessa immagine b.

Diamo alcuni esempi:

1. La funzione $f : \mathbb{Z} \to \mathbb{Z}$ definita come

$$f(n) = 2n + 1$$

è iniettiva. Infatti dati numeri interi $m \neq n$ si ha certamente $f(m) = 2m+1 \neq f(n) = 2n+1$.

2 Sia A un insieme non vuoto e $P(A)$ il suo insieme delle parti. La funzione

$$F : A \longrightarrow P(A), \qquad f(a) = \{a\}$$

è chiaramente iniettiva.

3 La funzione $f : \mathbb{R} \to \mathbb{R}$, $f(x) = x^2$ non è iniettiva. Infatti si ha $f(1) = f(-1) = 1$ e più in generale $f(x) = f(-x)$ per ogni $x \in \mathbb{R}$.

4 Siano A e B insiemi non vuoti e sia $p_1 : A \times B \to A$ la prima proiezione. Siccome si ha $p_1((a, b)) = a$ per ogni $(a, b) \in A \times B$ la funzione è iniettiva solo se B consiste di un unico elemento: se B contiene due elementi distinti b_1 e b_2 allora $p_1((a, b_1)) = p_1((a, b_2))$.

Nota 2.2.7. Una funzione $f : A \to B$ non iniettiva può diventare iniettiva restringendo opportunamente il dominio (vedi definizione 2.1.2). Ad esempio la funzione $f(x) = x^2$ che abbiamo verificato non essere iniettiva sul dominio $\mathbb{R}$ nell'esempio 2 sopra diviene iniettiva se restringiamo il dominio a $\mathbb{R}^{>0}$. Infatti se x e y sono due numeri reali *positivi* distinti, allora sicuramente $x^2 \neq y^2$.

Proposizione 2.2.8. *Sia $f : A \to B$ una funzione. Allora:*

1. f è suriettiva se e soltanto se $f^{-1}(b) \neq \emptyset$ per ogni $b \in B$;

2. f è iniettiva se e soltanto se $|f^{-1}(b)| \leq 1$ per ogni b.

Dimostrazione.

1. La condizione che esista un elemento $a \in f^{-1}(b)$ (cioè che $f^{-1}(b) \neq \emptyset$) è equivalente, per la definizione di controimmagine, alla condizione che esista $a \in A$ tale che $f(a) = b$.

2. Possiamo dimostrare equivalentemente che f non è iniettiva se e soltanto se esiste $b \in B$ tale $|f^{-1}(b)| \geq 2$. Ma f non iniettiva significa, per definizione, che esistono due elementi distinti $a_1 \neq a_2$ nel dominio tali che $f(a_1) = f(a_2) = b$. L'ultima affermazione è equivalente a $|f^{-1}(b)| \geq 2$ in quanto $\{a_1, a_2\} \subset f^{-1}(b)$.

∎

Le condizioni di iniettività e suriettività si combinano per definire una classe molto importante di funzioni

Definizione 2.2.9. *Una funzione $f : A \to B$ si dice* **biettiva** *se è contemporaneamente iniettiva e suriettiva, ovvero se per ogni $b \in B$ esiste ed è unico un elemento $a \in A$ tale che $f(a) = b$. Una* **biezione** *è una funzione biettiva*

Diamo qualche esempio.

1. Per ogni insieme A la funzione identità $\mathrm{id}_A : A \to A$ è biettiva.

2. La funzione $f : \mathbb{R} \to \mathbb{R}$, $f(x) = x^2$ come abbiamo visto non è ne' iniettiva, ne' suriettiva. Però diventa biettiva restringendo il suo dominio a $\mathbb{R}^{>0}$ e pensandola con codominio $\mathbb{R}^{>0}$. Infatti per ogni numero reale $y > 0$ possiamo trovare un solo $x > 0$ tale che $x^2 = y$ (prendiamo $x = \sqrt{y}$)

3. La funzione $f : A \times B \to B \times A$ definita come $f((a,b)) = (b,a)$ per ogni $(a,b) \in A \times B$ è una biezione. Infatti ogni coppia $(b,a) \in B \times A$ è immagine della coppia $(a,b) \in A \times B$ e solo di quella.

2.3   Composizione di funzioni

La proprietà fondamentale delle funzioni è che si possono comporre.

Definizione 2.3.1. *Siano $f : A \to B$ e $g : B \to C$ due funzioni. La* **composizione** *di f e g, denotata $g \circ f$, è la funzione*

$$g \circ f : A \longrightarrow C, \qquad (g \circ f)(a) = g(f(a)), \forall a \in A.$$

È importante osservare che la composizione $g \circ f$ è definita solo se il codominio di f coincide col dominio di g. La notazione "a frecce" delle funzioni permette di rappresentare semplicemente la composizione $g \circ f$ come

$$A \xrightarrow{\ f\ } B \xrightarrow{\ g\ } C \ ,$$
$$\underbrace{}_{g \circ f}$$

dove i "percorsi" superiore ed inferiore seguiti da un elemento $a \in A$ danno il medesimo risultato.

Bisogna fare attenzione ad un'ambiguità della notazione: componendo f con g come nella definizione 2.3.1 la funzione f viene prima e la funzione g dopo, ma nella notazione $g \circ f$ letta, come al solito, da sinistra a destra è la g che si scrive prima. La ragione di questa discrepanza è che calcolando $(g \circ f)(a)$, cioè il valore della funzione composta sull'elemento $a \in A$, il simbolo di f che è la prima funzione che interviene è quello contiguo ad a.

La proprietà seguente dice che è possibile comporre in modo non ambiguo tre (o più, iterando la definizione) funzioni.

Proposizione 2.3.2 (Proprietà associativa della composizione di funzioni). *Siano* $f : A \to B$, $g : B \to C$ *e* $h : C \to D$ *tre funzioni. Allora*

$$h \circ (g \circ f) = (h \circ g) \circ f.$$

Dimostrazione. Seguendo la definizione 2.3.1, per ogni elemento $a \in A$ si ha:

- $(h \circ (g \circ f))(a) = h((g \circ f)(a)) = h(g(f(a)))$ e
- $((h \circ g) \circ f)(a) = (h \circ g)(f(a)) = h(g(f(a)))$.

Poiché i risultati coincidono le due funzioni sono uguali. ∎

Diamo ora alcuni esempi di composizione.

1. Le funzioni identità hanno la proprietà di essere **neutre** per la composizione, nel senso che per ogni funzione $f : A \to B$ si ha

$$f \circ \mathrm{id}_A = f \qquad \text{e} \qquad \mathrm{id}_B \circ f = f.$$

   Infatti le uguaglianze $(f \circ \mathrm{id}_A)(a) = f(\mathrm{id}_A(a)) = f(a)$ e $(\mathrm{id}_B \circ f)(a) = \mathrm{id}_B(f(a)) = f(a)$ valgono per ogni $a \in A$.

2. Sia $F_\beta : A \to B$ la funzione costante, $F_\beta(a) = \beta$ per ogni $a \in A$. Allora per ogni funzione $g : B \to C$ e per ogni funzione $h : D \to A$ si ha

$$(g \circ F_\beta)(a) = g(\beta), \forall a \in A \qquad \text{e} \qquad (F_\beta \circ h)(d) = F_\beta(h(d)) = \beta, \forall d \in D.$$

   Quindi $g \circ F_\beta : A \to C$ è la funzione costante $F_{g(\beta)}$ e $F_\beta \circ h : D \to B$ è la funzione costante F_β con dominio D. Diagrammaticamente:

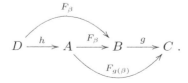

Nota 2.3.3. Tornando alla situazione della definizione 2.3.1 nel caso in cui $C = A$ è certamente possibile considerare sia la composizione $g \circ f : A \to A$ sia la composizione $f \circ g : B \to B$. Si osservi che anche nel caso ulteriore in cui $A = B$, e quindi le due composizioni hanno stesso dominio e codominio, le due composizioni sono in generale diverse (ciò si esprime dicendo che la composizione di funzioni non è commutativa). Ad esempio le funzioni $f(x) = \cos(x)$ e $g(x) = x + 1$ hanno entrambe dominio e codominio $\mathbb{R}$ ma

$$(g \circ f)(x) = \cos(x) + 1 \qquad e \qquad (f \circ g)(x) = \cos(x + 1)$$

e quindi le due composizioni danno luogo a funzioni diverse.

Le proprietà di iniettività e suriettività delle funzioni si trasmettono alla loro composizione, nel senso che la seguente proposizione rende preciso.

Proposizione 2.3.4. *Siano $f : A \to B$ e $g : B \to C$ due funzioni. Allora*

1. *Se f e g sono iniettive anche $g \circ f$ è iniettiva.*

2. *Se f e g sono suriettive anche $g \circ f$ è suriettiva.*

In particolare se f e g sono biettive anche $g \circ f$ è biettiva.

Dimostrazione.

1. Siano $a_1 \neq a_2$ due elementi diversi di A. Poiché f è iniettiva deve aversi $f(a_1) \neq f(a_2)$. Ma anche g è iniettiva dunque

$$(g \circ f)(a_1) = g(f(a_1)) \neq g(f(a_2)) = (g \circ f)(a_2),$$

   dimostrando che $g \circ f$ è iniettiva.

2. Sia $c \in C$. Poiché g è suriettiva, esiste $b \in B$ tale che $g(b) = c$. Anche f è suriettiva e quindi esiste $a \in A$ tale che $f(a) = b$. Mettendo insieme le due cose abbiamo

$$c = g(b) = g(f(a)) = (g \circ f)(a),$$

   dimostrando che $g \circ f$ è suriettiva.

L'ultima affermazione sulla biettività è una conseguenza immediata delle prime due. ∎

La proposizione seguente mostra invece come da proprietà della composizione si possono far discendere proprietà delle funzioni originarie.

Proposizione 2.3.5. *Siano $f : A \to B$ e $g : B \to C$ due funzioni. Allora*

1. *se $g \circ f$ è iniettiva, allora f è iniettiva;*

2. *se $g \circ f$ è suriettiva, allora g è suriettiva.*

Dimostrazione.

1. Se f non è iniettiva esistono a_1 e $a_2 \in A$, con $a_1 \neq a_2$, tali che $f(a_1) = f(a_2)$. Ma allora

$$(g \circ f)(a_1) = g(f(a_1)) = g(f(a_2)) = (g \circ f)(a_2)$$

   e quindi neanche $g \circ f$ è iniettiva.

2. Se $g \circ f$ è suriettiva, per ogni $c \in C$ possiamo trovare $a \in A$ tale che $(g \circ f)(a) = c$. Ponendo $b = f(a)$ ciò significa che $g(b) = c$ e quindi g è suriettiva.

∎

Corollario 2.3.6. *Siano $f : A \to B$ e $g : B \to C$ due funzioni e supponiamo $g \circ f$ biettiva. Allora f è iniettiva e g è suriettiva.*

Dimostrazione. Ricordando che una biezione è una funzione contemporaneamente iniettiva e suriettiva il risultato si ottiene immediatamente combinando i due enunciati della proposizione precedente. ∎

2.4 Funzioni invertibili

Supponiamo di avere una funzione $f : A \to B$ ed una funzione $g : B \to A$. In tale situazione è possibile considerare sia la composizione $g \circ f : A \to A$, sia la composizione $f \circ g : B \to B$.

Definizione 2.4.1. *Nella situazione appena descritta diciamo che f e g sono funzioni inverse l'una dell'altra se*

$$g \circ f = \mathrm{id}_A \qquad e \qquad f \circ g = \mathrm{id}_B.$$

Ci sono due osservazioni da fare.

1. Poiché le mappe identità id_A e id_B sono biettive, il corollario 2.3.6 dice che se f e g sono inverse l'una dell'altra allora devono essere entrambe biettive.

2. È possibile avere $g \circ f = \mathrm{id}_A$ ma $f \circ g \neq \mathrm{id}_B$ oppure è possibile avere $f \circ g = \mathrm{id}_B$ ma $g \circ f \neq \mathrm{id}_A$. Come esempi possiamo considerare le situazioni seguenti.

   - Dati insiemi A e B fissiamo un elemento $\beta \in B$ e consideriamo la funzione $s : A \to A \times B$ definita da $s(a) = (a, \beta)$ per ogni $a \in A$. Allora

$$p_1 \circ s(a) = p_1(s(a)) = p_1((a, \beta)) = a,$$
$$s \circ p_1((a, b)) = s(p_1((a, b))) = s(a) = (a, \beta).$$

     Dunque $p_1 \circ s = \mathrm{id}_A$ ma $s \circ p_1 \neq \mathrm{id}_B$.

- Sia $X = \{a, b, c, d\}$ con la partizione $X = \{a, b\} \cup \{c, d\}$. Denotato come al solito $Q = \{\{a, b\}, \{c, d\}\}$ l'insieme quoziente, la mappa quoziente $q : X \to Q$ è data esplicitamente da

$$q(a) = \{a, b\}, \quad q(b) = \{a, b\}, \quad q(c) = \{c, d\}, \quad q(d) = \{c, d\}.$$

Definiamo ora una funzione $s : Q \to X$ ponendo

$$s(\{a, b\}) = a, \qquad s(\{c, d\}) = c.$$

Allora il calcolo diretto mostra che $q \circ s = \mathrm{id}_Q$ ma $s \circ q \neq \mathrm{id}_X$.

Possiamo chiederci se data una funzione $f : A \to B$ sia possibile definire una funzione $g : B \to A$ tale che f e g siano inverse l'una dell'altra. Per la prima osservazione sopra, una tale funzione g può esistere solo se f è biettiva. Assumiamo dunque f biettiva e procediamo come segue. Combinando le due affermazioni della proposizione 2.2.8 sappiamo che per ogni $b \in B$ l'insieme controimmagine $f^{-1}(b) \subset A$ è formato esattamente da un elemento. Allora poniamo

$$g(b) = a \qquad \text{se } f^{-1}(b) = \{a\}.$$

Ora calcoliamo $g \circ f$ e $f \circ g$.

1. Per ogni $a \in A$ ponendo $f(a) = b$ abbiamo $(g \circ f)(a) = g(f(a)) = g(b) = a$ dove l'ultima uguaglianza segue dal fatto che $f^{-1}(b) = \{a\}$. Dunque $g \circ f = \mathrm{id}_A$.

2. Per ogni $b \in B$ ponendo $f^{-1}(b) = \{a\}$ abbiamo $(f \circ g)(b) = f(g(b)) = f(a) = b$. Dunque $f \circ g = \mathrm{id}_B$.

Quindi f e g soddisfano la richiesta della definizione 2.4.1 e sono inverse una dell'altra. Il prossimo risultato dice che la costruzione appena fatta di g è in un certo senso obbligata.

Teorema 2.4.2. *Sia $f : A \to B$ una funzione biettiva. Allora esiste ed è unica una funzione $g : B \to A$ tale che f e g sono inverse l'una dell'altra.*

Dimostrazione. Una funzione g che soddisfa la richiesta del teorema esiste perché l'abbiamo costruita poco sopra: occorre dimostrare che è l'unica ad avere tale proprietà. Per far ciò possiamo supporre di avere una certa funzione $h : B \to A$ tale che anche f e h sono inverse l'una dell'altra e mostrare che deve per forza essere $g = h$.

Sia dunque h una tale funzione e calcoliamo la composizione $g \circ f \circ h$ in due modi diversi.

1. Poichè f e g sono inverse una dell'altra, $(g \circ f) \circ h = \mathrm{id}_A \circ h = h$.

2. Poichè f e h sono inverse una dell'altra, $g \circ (f \circ h) = g \circ \mathrm{id}_B = g$.

Dunque $h = g$ e il teorema è dimostrato. ∎

Definizione 2.4.3. *Sia f una funzione biettiva. L'unica funzione $g : B \to A$ tale che $g \circ f = \mathrm{id}_A$ e $f \circ g = \mathrm{id}_B$ è detta la* **funzione inversa** *di f e sarà denotata f^{-1} d'ora in poi.*

Nota 2.4.4. La notazione appena introdotta di f^{-1} come funzione inversa di $f : A \to B$ comporta un'ambiguità con la notazione della controimmagine di f. Infatti se $b \in B$ il simbolo $f^{-1}(b)$ indica un *sottoinsieme* di A se pensiamo a f^{-1} come controimmagine, mentre indica un *elemento* di A se pensiamo a f^{-1} come funzione inversa. Quale delle due interpretazioni prendere dovrà essere chiaro, di volta in volta, dal contesto.

Nota 2.4.5. Poiché la relazione di essere inversa l'una dell'altra è simmetrica, la funzione f è l'inversa della funzione f^{-1}, in simboli:

$$(f^{-1})^{-1} = f.$$

Siccome la composizione di funzioni biettive è biettiva (come dimostrato nella proposizione 2.3.4) possiamo chiederci quale relazione intercorre tra le inverse di due funzioni e l'inversa della loro composizione. La seguente proposizione fornisce la risposta.

Proposizione 2.4.6. *Siano $f : A \to B$ e $g : B \to C$ due funzioni biettive. Allora*

$$(g \circ f)^{-1} = f^{-1} \circ g^{-1}$$

Dimostrazione. Per verificare che l'affermazione è corretta basta osservare che per la proprietà associativa della composizione di funzioni

1. $(g \circ f) \circ (f^{-1} \circ g^{-1}) = g \circ (f \circ f^{-1}) \circ g^{-1} = g \circ \mathrm{id}_B \circ g^{-1} = g \circ g^{-1} = \mathrm{id}_C$, e

2. $(f^{-1} \circ g^{-1}) \circ (g \circ f) = f^{-1} \circ (g^{-1} \circ g) \circ f = f^{-1} \circ \mathrm{id}_B \circ f = f^{-1} \circ f = \mathrm{id}_A$.

∎

L'esistenza delle funzioni inverse permette di ottenere una dimostrazione rapida di una **proprietà di cancellazione** valida per composizioni di funzioni espressa precisamente dalla seguente proposizione.

Proposizione 2.4.7. *Sia $f : A \to B$ una funzione biettiva e supponiamo di avere funzioni $g_1, g_2 : B \to Y$ e $h_1, h_2 : X \to A$.*

1. *Se $g_1 \circ f = g_2 \circ f$, allora $g_1 = g_2$.*

2. *Se $f \circ h_1 = f \circ h_2$, allora $h_1 = h_2$.*

Dimostrazione.

1. Se $g_1 \circ f = g_2 \circ f$ componendo a destra con l'inversa f^{-1} si ha

$$g_1 = g_1 \circ \mathrm{id}_A = g_1 \circ (f \circ f^{-1}) = (g_1 \circ f) \circ f^{-1} =$$
$$(g_2 \circ f) \circ f^{-1} = g_2 \circ (f \circ f^{-1}) = g_2 \circ \mathrm{id}_A = g_2.$$

2. Se $f \circ h_1 = f \circ h_2$ componendo a sinistra con l'inversa f^{-1} si ha

$$h_1 = \mathrm{id}_B \circ h_1 = (f^{-1} \circ f) \circ h_1 = f^{-1} \circ (f \circ h_1) =$$
$$f^{-1} \circ (f \circ h_2) = (f^{-1} \circ f) \circ h_2 = \mathrm{id}_B \circ h_2 = h_2.$$

∎

Non è difficile vedere, ad esempio usando i calcoli con le funzioni costanti nell'esempio 2 dopo la definizione 2.3.2, che le proprietà di cancellazione appena provate non valgono in generale se f non è supposta biettiva (vedi esercizio 2.12).

2.5   Operazioni

Il concetto di funzione permette, fra l'altro, di formalizzare quello generale di **operazione**. Intuitivamente un'operazione (possiamo pensare alla somma o alla moltiplicazione tra numeri) è una "regola" che associa a due elementi di un insieme un terzo elemento dello stesso insieme. Possiamo rendere precisa quest'idea con la definizione seguente.

Definizione 2.5.1. *Sia A un insieme non vuoto. Un'* **operazione binaria** *(o più semplicemente, un'operazione) su A è una funzione*

$$* : A \times A \longrightarrow A.$$

Nota 2.5.2. A rigor di termini, il valore dell'operazione $*$ sulla coppia $(a_1, a_2) \in A \times A$ dovrebbe scriversi col simbolo

$$*((a_1, a_2)).$$

Tale notazione è però molto poco pratica per le manipolazioni e adotteremo invece

$$a_1 * a_2$$

in analogia con come vengono scritte le operazioni tra numeri e parleremo di "prodotto" di a_1 e a_2. In pratica (esattamente come si fa con la moltiplicazione nel calcolo letterale) spesso ometteremo del tutto il segno di operazione, scrivendo cioè $a_1 a_2$ per $a_1 * a_2$ quando non c'è rischio di confusione.

A questo livello di generalità il concetto di operazione non è molto utile. Per renderlo più utile introduciamo alcune particolarizzazioni suggerite dagli esempi concreti di operazioni che conosciamo e che incontreremo.

Definizione 2.5.3. *Sia $*$ un'operazione su un insieme A. Diciamo che l'operazione $*$ è:*

1. **associativa,** *se $(a_1 * a_2) * a_3 = a_1 * (a_2 * a_3)$ per ogni a_1, a_2, $a_3 \in A$;*

2. **commutativa,** *se $a_1 * a_2 = a_2 * a_1$ per ogni a_1, $a_2 \in A$.*

Inoltre un elemento $e \in A$ si dice **neutro** *per $*$ se*

$$a * e = e * a = a \qquad \text{per ogni } a \in A.$$

Diamo alcuni esempi.

1. L'addizione $+$ e la moltiplicazione $\cdot$ sono operazioni associative e commutative su $\mathbb{N}$, $\mathbb{Z}$, $\mathbb{Q}$ e $\mathbb{R}$. Il numero 0 è neutro per $+$ perché $0 + x = x + 0 = x$ per ogni x, il numero 1 è neutro per $\cdot$ perché $1 \cdot x = x \cdot 1 = x$ per ogni x. È immediato rendersi conto che 0 e 1 sono gli unici elementi neutri per addizione e moltiplicazione rispettivamente.

2. La sottrazione $-$ è un'operazione in $\mathbb{Z}$, $\mathbb{Q}$, $\mathbb{R}$ ma non in $\mathbb{N}$ (perché ad esempio $1 - 2 \notin \mathbb{N}$). Non è commutativa, in quanto $a - b \neq b - a$ se $a \neq b$ e non è associativa in quanto $(a - b) - c \neq a - (b - c)$. Non esiste elemento neutro.

3. La divisione non è un'operazione in alcun insieme numerico che contenga il numero 0, giacchè la divisione per 0 non è definita.

4. Sia X un insieme. L'intersezione $\cap$ e l'unione $\cup$ sono operazioni associative e commutative sull'insieme delle parti $P(X)$. Poiché $X \cap A = A$ e $\emptyset \cup A = A$ per ogni sottoinsieme $A \subset X$, l'insieme X è neutro per $\cap$ e l'insieme vuoto $\emptyset$ è neutro per $\cup$.

5. Sia X un insieme non vuoto e sia

$$\mathcal{F}_X = \{\text{funzioni } f \colon X \longrightarrow X\}$$

l'insieme delle funzioni con dominio e codominio X. La composizione $\circ$ è un'operazione su $\mathcal{F}_X$ che è associativa per la proposizione 2.3.2 ma non è in generale commutativa e ha la funzione identità id_X come unico elemento neutro (vedi esempio dopo la proposizione 2.5.4).

Negli esempi sopra si vede che l'operazione può non avere elemento neutro, ma quando lo ha esso è unico. La proposizione seguente mostra che questo non è un fenomeno accidentale.

Proposizione 2.5.4. *Sia $*$ un'operazione su un insieme A. Se un elemento neutro per $*$ esiste esso è unico.*

Dimostrazione. Supponiamo che e ed e' siano neutri per $*$ e facciamo vedere che allora deve essere $e = e'$. Consideriamo il prodotto $e * e'$ e calcoliamolo in due modi diversi:

1. siccome e è neutro deve essere $e * e' = e'$;

2. siccome e' è neutro deve essere $e * e' = e$.

Quindi $e = e'$. ∎

Ad esempio, la funzione id_X è l'unica funzione che funge da elemento neutro per la composizione in $\mathcal{F}_X$.

L'unicità dell'elemento neutro, quando esiste, permette di definire una classe importante di elementi in un insieme dotato di un'operazione.

Definizione 2.5.5. *Sia A un'insieme con un'operazione $*$ per cui esiste l'elemento neutro e. Diremo che un elemento $a \in A$ è **invertibile** se esiste un elemento $b \in A$ tale che*

$$a * b = b * a = e.$$

Vediamo quali sono gli elementi invertibili nei casi delle operazioni elencate sopra.

1. Nel caso dell'addizione $+$ su $\mathbb{N}$, $\mathbb{Z}$, $\mathbb{Q}$ ed $\mathbb{R}$ stiamo cercando numeri a per cui esista un numero b tale che $a + b = 0$. Poichè risulterà $b = -a$ tutti gli elementi di $\mathbb{Z}$, $\mathbb{Q}$ ed $\mathbb{R}$ sono sdditivamente invertibili. Però $\mathbb{N}$ non contiene numeri di segno opposto e quindi i numeri naturali non sono additivamente invertibili.

2. Per quanto riguarda la moltiplicazione questa volta stiamo cercando numeri a tali che esista b con $a \cdot b = 1$. Se l'insieme in considerazione è $\mathbb{Q}$ od $\mathbb{R}$ tale elemento b esiste sempre con la sola eccezione di $a = 0$ ($b = \frac{1}{a}$ non è definita per $a = 0$) e quindi, in questo caso ogni $a \neq 0$ è invertibile. Nel caso di $\mathbb{N}$ o $\mathbb{Z}$ però la frazione $b = \frac{1}{a}$ non appartiene più, in generale, all'insieme. Quindi 1 è il solo numero invertibile in $\mathbb{N}$ e $\{1, -1\}$ sono i soli numeri invertibili in $\mathbb{Z}$ rispetto alla moltiplicazione.

3. Un sottoinsieme $A \subset X$ è invertibile per l'operazione di intersezione in $P(X)$ se esiste $B \subset X$ tale che $A \cap B = X$. Siccome $A \cap B \subset A$ ciò può capitare solo se $A = X$ (prendendo anche $B = X$) e quindi X è il solo elemento invertibile.

   Analogamente, Un sottoinsieme $A \subset X$ è invertibile per l'operazione di unione in $P(X)$ se esiste $B \subset X$ tale che $A \cup B = \emptyset$. Siccome $A \cup B \supset A$ ciò può capitare solo se $A = \emptyset$ (prendendo anche $B = \emptyset$) e quindi $\emptyset$ è il solo elemento invertibile.

4. Per la teoria sviluppata nella sezione precedente sappiamo che le funzioni $f \in \mathcal{F}_X$ invertibili per l'operazione di composizione sono esattamente le funzioni biettive.

Il risultato seguente può essere pensato come una generalizzazione, in un contesto più astratto, del teorema 2.4.2.

Proposizione 2.5.6. *Sia A un insieme con un'operazione associativa $*$ per cui esiste l'elemento neutro e. Sia $a \in A$ un elemento invertibile e siano b, $b' \in A$ tali che*

$$b * a = a * b' = e.$$

Allora $b = b'$.

Dimostrazione. L'argomentazione segue quella della dimostrazione del teorema 2.4.2: consideriamo il prodotto $b * a * b'$ e calcoliamolo in due modi diversi. Per ipotesi si ha, usando la proprietà associativa:

$$b' = e * b' = (b * a) * b' = b * (a * b) = b * e = b. \blacksquare$$

Dunque, se $a \in A$ è invertibile il suo **inverso** è unico ed analogamente con quanto fatto nel caso delle funzioni lo denotiamo, in generale, col simbolo a^{-1}.

Definizione 2.5.7. *Sia A un insieme dotato di un'operazione associativa $*$ e sia $a \in A$.*

1. *Se $n \geq 1$ diciamo n-**esima potenza** di a l'elemento definito induttivamente come*
$$a^1 = a, \qquad \text{e per ogni } n \geq 2, \ a^n = a^{n-1} * a.$$

2. *Se esiste l'elemento neutro e per $*$ poniamo $a^0 = e$.*

3. *Se $a \in A$ è invertibile e $n < 0$ poniamo $a^n = (a^{-1})^{|n|}$.*

Nel caso $n \geq 1$ la definizione dice che

$$a^1 = a, \qquad a^2 = a^1 * a = a * a, \qquad a^3 = a^2 * a = (a * a) * a, \qquad \cdots$$

e quindi in definitiva

$$a^n = \underbrace{a * \cdots * a}_{n \text{ fattori}}.$$

La proposizione seguente dice che anche in questo contesto astratto generale le potenze degli elementi si comportano come ci si aspetta.

Proposizione 2.5.8 (Legge delle Potenze). *Sia A un insieme con un operazione associativa $*$ e sia $a \in A$. Allora per ogni $m, n \geq 1$ vale la formula*

$$a^{m+n} = a^m * a^n.$$

Inoltre se esiste elemento neutro per $*$ e a è invertibile, la formula vale per ogni $m, n \in \mathbb{Z}$.

Dimostrazione. Nel caso in cui m ed n sono entrambi ≥ 0 la formula da dimostrare si ottiene semplicemente separando i fattori:

$$a^{m+n} = \underbrace{a * \cdots * a}_{m+n \text{ fattori}} = (\underbrace{a * \cdots * a}_{m \text{ fattori}}) * (\underbrace{a * \cdots * a}_{n \text{ fattori}}) = a^m * a^n.$$

Se $*$ possiede elemento neutro e a è invertibile possiamo trattare allo stesso modo il caso in cui m ed n sono entrambi negativi o nulli usando l'inverso a^{-1} al posto di a. Resta il caso in cui m ed n hanno segno differente e per fissare le idee supponiamo $m > 0$ e $n < 0$ e poniamo $\bar{n} = -n > 0$. Sia $k = m + n = m - \bar{n}$. Consideriamo vari casi:

$k > 0$: In questo caso

$$a^{m+n} = a^k = \underbrace{a * \cdots * a}_{k \text{ fattori}}$$

$$= \underbrace{(a * \cdots * a)}_{k \text{ fattori}} * \underbrace{(a * \cdots * a)}_{\bar{n} \text{ fattori}} * \underbrace{(a^{-1} * \cdots * a^{-1})}_{\bar{n} \text{ fattori}}$$

$$= \underbrace{(a * \cdots * a)}_{k + \bar{n} \text{ fattori}} * \underbrace{(a^{-1} * \cdots * a^{-1})}_{\bar{n} \text{ fattori}}$$

$$= a^{k+\bar{n}} * (a^{-1})^{|n|} = a^m * a^n.$$

Si noti che il passaggio dalla prima alla seconda riga è giustificato dalla proprietà associativa mentre quello dalla seconda alla terza dalla stessa regola della potenze nel caso, già dimostrato, in cui entrambi gli addendi dell'esponente siano positivi.

$k = 0$: In questo caso $a^k = a^0 = e$ e si procede come nel caso precedente rimpiazzando il primo prodotto di k fattori con e.

$k < 0$: In questo caso $a^k = (a^{-1})^{|k|}$ e si procede come nel caso $k > 0$ sostituendo nelle varie espressioni l'elemento a con a^{-1}.

■

L'ultima definizione introduce una terminologia che tornerà utile in seguito.

Definizione 2.5.9. *Sia A un insieme con un'operazione $*$ e sia $S \subset A$ un sottoinsieme non vuoto. Diremo che S è* **chiuso** *rispetto all'operazione $*$ se*

$$\forall s_1, s_2 \in S \quad s_1 * s_2 \in S.$$

Facciamo qualche esempio.

1. Se per l'operazione $*$ in A esiste un elemento neutro e, il sottoinsieme $S = \{e\}$ è chiuso in quanto $e * e = e$.

2. Consideriamo l'insieme $\mathbb{N}$ con l'operazione di somma. Il sottoinsieme $P \subset \mathbb{N}$ dei numeri pari è chiuso perché la somma di numeri pari è pari, mentre il sottoinsieme $D \subset \mathbb{N}$ dei numeri dispari non è chiuso perché la somma di numeri dispari non è dispari.

3. Nell'insieme $A = P(X)$ delle parti di un insieme X il sottoinsieme S i cui elementi sono i sottoinsiemi non vuoti di X è chiuso rispetto all'operazione di unione $\cup$ in quanto se Y_1 e Y_2 sono non vuoti, allora $Y_1 \cup Y_2$ è non vuoto, mentre non è chiuso rispetto all'operazione di intersezione in quanto può aversi $Y_1 \cap Y_2 = \emptyset$ anche se Y_1 e Y_2 non sono vuoti.

Un esempio importante di sottoinsieme chiuso per un'operazione è dato dalla proposizione seguente.

Proposizione 2.5.10. *Sia A un insieme con un'operazione associativa * per cui esiste l'elemento neutro e e sia $U \subset A$ il sottoinsieme degli elementi invertibili. Allora U è chiuso rispetto a *. Più precisamente, se a e b $\in A$ sono invertibili, allora*

$$(a * b)^{-1} = b^{-1} * a^{-1}.$$

Dimostrazione. La formula rende esplicito il fatto che $a * b \in U$ e quindi l'affermazione che U è chiuso segue immediatamente dalla definizione.

Per dimostrare la formula per $(a * b)^{-1}$ basta osservare che per la proprietà associativa si ha

- $(a * b) * (b^{-1} * a^{-1}) = a * (b * b^{-1}) * a^{-1} = a * e * a^{-1} = a * a^{-1} = e$, e

- $(b^{-1} * a^{-1}) * (a * b) = b^{-1} * (a^{-1}) * a * b = b^{-1} * e * b = b^{-1} * b = e$.

■

Si noti come la formula per l'inverso del prodotto di due elementi invertibili generalizzi la formula per l'inversa della composizione di due funzione biettive (proposizione 2.4.6).

Esercizi

Esercizio 2.1. Sia $f : \mathbb{Z} \to \mathbb{Z}$ la funzione definita da $f(n) = n^2 - 1$. Calcolare $f^{-1}(-5)$, $f^{-1}(-1)$, $f^{-1}(8)$, $f^{-1}(12)$.

Esercizio 2.2. Sia $f : \mathbb{Z} \times \mathbb{Z} \to \mathbb{Z}$ la funzione definita come $f((m, n)) = m^2 - n$.

1. Dire se f è iniettiva.

2. Dire se f è suriettiva.

3. Calcolare l'insieme $f^{-1}(0) \cap \{(m, n) \in \mathbb{Z} \times \mathbb{Z} \,|\, n = 4m\}$.

4. Calcolare l'immagine $f(S)$ del sottoinsieme $S = \{(m, n) \in \mathbb{Z} \times \mathbb{Z} \,|\, n = 2m - 1\}$.

Esercizio 2.3. Sia $f : \mathbb{N} \to \mathbb{N}$ la funzione definita come

$$f(n) = \begin{cases} n/2 & \text{se } n \text{ è pari,} \\ 3n + 1 & \text{se } n \text{ è dispari.} \end{cases}$$

Dimostrare o confutare le affermazioni seguenti:

1. f è iniettiva;

2. f è suriettiva;

3. l'immagine $f(2\mathbb{N})$ dell'insieme dei numeri pari è contenuta nell'insieme dei numeri dispari;

4. la controimmagine $f^{-1}(3\mathbb{N})$ dell'insieme dei numeri divisibili per 3 è contenuta nell'insieme dei numeri pari.

Dopodiché, calcolare esplicitamente

$$f(\{1,2,3,4,5,6,7,8,9,10\}) \quad \text{e} \quad f^{-1}(\{1,2,7,9,10,13\}).$$

Esercizio 2.4. Descrivere il grafico delle proiezioni $p_1 : A \times B \to A$ e $p_2 : A \times B \to B$.

Esercizio 2.5. Sia $f : A \to B$ una funzione con grafico Γ e sia $S \subset A$ un sottoinsieme. Denotiamo Γ_S il grafico della restrizione $f_{|S}$ di f ad S. Si dimostri che $\Gamma_S = \Gamma \cap (S \times B)$.

Esercizio 2.6. Sia $f : A \to B$ una funzione, $S \subset A$ un sottoinsieme del dominio e $T \subset B$ un sottoinsieme del codominio. Si dimostri che $f(S) = \bigcup_{s \in S}\{f(s)\}$ e che $f^{-1}(T) = \bigcup_{t \in T} f^{-1}(t)$.

Esercizio 2.7. Sia Γ il grafico della funzione $f : A \to B$. Dimostrare che f è iniettiva se e soltanto se per ogni $b \in B$ l'intersezione $\Gamma \cap (A \times \{b\})$ contiene al più un elemento.

Esercizio 2.8. Ciascuna delle seguenti funzioni non è biettiva (spiegare perché). Modificare in modo opportuno dominio e/o codominio in modo da ottenere una funzione biettiva e scrivere quindi la funzione inversa di quella così trovata.

1. $f : \mathbb{Z} \to \mathbb{Z}$, $f(n) = 3n$;

2. $f : \mathbb{R} \to \mathbb{R}$, $f(x) = x^2 + 2x$.

3. $f : \mathbb{R}^2 \to \mathbb{R}^2$, $f(x,y) = (x^2, x^2 + y^2)$.

Esercizio 2.9. Sia $f : A \to B$ una funzione con grafico Γ. Si dimostri che la funzione $(p_1)_{|\Gamma} : \Gamma \to A$, restrizione a $\Gamma \subset A \times B$ della prima proiezione, è una biezione.

Esercizio 2.10. Supponiamo di avere funzioni $f : \mathbb{N} \to \mathbb{Z}$, $g : \mathbb{Z} \to \mathbb{Z}$, $h : \mathbb{Z} \to \mathbb{N}$. Dire quali delle seguenti composizioni sono legittime e quali no specificandone, in caso affermativo, dominio e codominio:

$$g \circ h, \quad h \circ f, \quad g \circ f, \quad f \circ g, \quad g \circ f \circ h, \quad g \circ g \circ f, \quad f \circ h \circ h.$$

Esercizio 2.11. Siano $f, g : \mathbb{Z} \to \mathbb{Z}$ due funzioni così definite:

$$f(n) = \begin{cases} 2n+1 & \text{se } n \text{ è pari,} \\ 5-n & \text{se } n \text{ è dispari,} \end{cases}, \qquad g(n) = \begin{cases} 0 & \text{se } n \geq 0, \\ 2-n^2 & \text{se } n < 0. \end{cases}$$

Calcolare $f \circ g(1)$, $g \circ f(-1)$, $f \circ g \circ f(0)$, $g \circ g \circ f(3)$, $f \circ g \circ g(-2)$, $g \circ f \circ g(2)$.

Esercizio 2.12. Costruire un esempio esplicito di funzione $f : A \to B$ e funzioni $g_1, g_2 : B \to Y$ e $h_1, h_2 : X \to A$ con $g_1 \neq g_2$ e $h_1 \neq h_2$ tali che $g_1 \circ f = g_2 \circ f$ e $f \circ h_1 = f \circ h_2$.

Esercizio 2.13. Una funzione $f : \mathbb{R} \to \mathbb{R}$ della forma $f(x) = ax + b$ dove a e $b \in \mathbb{R}$ sono costanti e $a \neq 0$ si dice *lineare*. Si dimostri che:

1. ogni funzione lineare è invertibile con inversa una funzione lineare;

2. la composizione di funzioni lineari è lineare.

Esercizio 2.14. In ciascuno dei casi seguenti di insieme X con operazione $*$ dire se le proprietà associativa e commutativa sono soddisfatte o no. Dire anche se un elemento neutro esiste e se, in tal caso, quali elementi di X ammettono inverso.

1. $X = \mathbb{N}$ e $m * n = m^n$ (assumiamo $0^0 = 1$).

2. $X = \mathbb{N}$ e $m * n = m + n + 1$

3. $X = \mathbb{Z}$ e $m * n = mn + m + n$.

4. $X = \mathbb{Z}$ e

$$m * n = \begin{cases} m + n & \text{se almeno uno tra } m \text{ ed } n \text{ è pari,} \\ 0 & \text{se } m \text{ ed } n \text{ sono entrambi dispari.} \end{cases}$$

5. $X = \mathbb{Z}$ e $m * n = 2m + 3n$.

6. $X = \mathbb{Z} \times \mathbb{Z}$ e $(a, b) * (c, d) = (a + c, bd)$.

7. $X = \mathbb{R}^\times \times \mathbb{R}$ e $(a, b) * (c, d) = (ac, bc + d)$.

8. $X \neq \emptyset$ qualunque e $x * y = x$.

9. X il piano della geometria euclidea,

$$P * Q = \begin{cases} M & \text{punto medio del segmento } PQ \text{ se } P \neq Q, \\ P & \text{se } P = Q. \end{cases}$$

Capitolo 3

Combinatorica

In questo capitolo usiamo il linguaggio degli insiemi e delle funzioni per sviluppare alcune tecniche per calcolare il numero di elementi in certi insiemi (finiti). La situazione tipica è quella in cui è dato un insieme finito X e si vogliono calcolare quanti modi ci sono di scegliere un certo numero dei suoi elementi soddisfacenti alcune condizioni assegnate. Come vedremo, molti problemi pratici e concreti ricadono in questo tipo di situazione generale.

All'esposizione delle tecniche di enumerazione vere e proprie premettiamo alcune considerazioni generali sugli insiemi finiti.

3.1 Insiemi finiti

Cosa vuole dire contare gli elementi di un insieme A? Intuitivamente vuol dire assegnare l'etichetta "1" ad un elemento, l'etichetta "2" ad un altro elemento, l'etichetta "3" ad un altro elemento ancora, eccetera, fino all'esaurimento (anche solo ideale, nel caso di insiemi con un numero infinito di elementi) di A. Nel linguaggio degli insiemi e delle funzioni, dunque, contare gli elementi di un insieme A vuol dire definire una funzione

$$\alpha : A \longrightarrow \mathbb{N}$$

che per costruzione è iniettiva in quanto ad elementi distinti di A sono associati numerazioni distinte.

Ci sono due problemi con questo approccio.

1. Il risultato finale potrebbe dipendere da come si contano gli elementi, cioè dalla scelta della particolare funzione α.

2. Non è detto che una funzione iniettiva $\alpha : A \to \mathbb{N}$ esista.

L'approccio corretto al problema parte dalla definizione seguente che stabilisce un criterio rigoroso per stabilire quando due insiemi hanno "lo stesso numero di elementi".

Definizione 3.1.1. *Due insiemi A e B si dicono* **equipollenti** *se esiste una funzione biettiva $f : A \to B$. Di due insiemi A e B equipollenti diciamo che hanno stessa* **cardinalità** *e scriviamo $|A| = |B|$.*

È chiaro che siccome la composizione di biezioni è una biezione se A, B e C sono insiemi con $|A| = |B|$ e $|B| = |C|$ allora certamente $|A| = |C|$

Bisogna tener presente che questa definizione può dar luogo a situazioni apparentemente paradossali e certamente controintuitive. Consideriamo i due esempi seguenti che coinvolgono l'insieme $\mathbb{N}$.

1. La funzione $f : \mathbb{N} \to 2\mathbb{N}$ data da $f(n) = 2n$ è una biezione (infatti ha inversa $g : 2\mathbb{N} \to \mathbb{N}$ data da $g(m) = m/2$). Allora gli insiemi $\mathbb{N}$ e $2\mathbb{N}$ sono equipollenti[1].

2. Ordiniamo le coppie in $\mathbb{N} \times \mathbb{N}$ come segue:

$$(0,0), \ (0,1), \ (1,0), \ (0,2), \ (1,1), \ (2,0), \ (0,3), \ (1,2), \ (2,1), \ \cdots.$$

   Cioè elenchiamo le coppie $(a,b) \in \mathbb{N} \times \mathbb{N}$ prima secondo la crescita di $a + b$ e poi di a in secondo ordine. È chiaro che questa lista, opportunamente protratta, contiene qualsiasi coppia in $\mathbb{N} \times \mathbb{N}$. Se allora numeriamo le coppie, partendo da 0, secondo l'ordine di comparsa nella lista abbiamo definito una biezione $f : \mathbb{N} \times \mathbb{N} \to \mathbb{N}$ e quindi $|\mathbb{N} \times \mathbb{N}| = |\mathbb{N}|$.

Definizione 3.1.2. *Siano A e B due insiemi. Se esiste una funzione iniettiva $A \to B$ diciamo che $|A| \le |B|$.*

Nota 3.1.3. In modo del tutto equivalente (vedi esercizio 3.1) possiamo dire che $|A| \le |B|$ se esiste una funzione suriettiva $g : B \to A$.

Come esempi possiamo considerare le situazioni seguenti.

1. Ogni inclusione $A \subset B$ può essere pensata come una funzione iniettiva (all'elemento $a \in A$ si associa l'elemento a stesso pensato come elemento di B), e quindi $|A| \le |B|$.

2. Se X è un insieme non vuoto, c'è una funzione iniettiva $f : X \to P(X)$ data da $f(x) = \{x\}$. Dunque $|X| \le P(X)$.

Le affermazioni del teorema seguente sono intuitivamente chiare. Però una loro dimostrazione rigorosa va oltre gli scopi di questo corso e le accettiamo come evidenti. Osserviamo solo che la prima di esse, nota anche come Proprietà di Ordinamento Totale della Cardinalità, si dimostra equivalente all'Assioma della Scelta a cui si era accennato alla fine del capitolo 1.

Teorema 3.1.4. *Siano A e B due insiemi.*

1. *Si ha sempre $|A| \le |B|$ oppure $|B| \le |A|$.*

---

[1]Secondo la tradizione questa osservazione risale a Galileo Galilei.

2. (Teorema di Schröder-Bernstein) *Se $|A| \leq |B|$ e $|B| \leq |A|$, allora $|A| = |B|$.*

A questo punto possiamo dare una definizione precisa di insieme finito o infinito.

Definizione 3.1.5. *Un insieme A si dice **infinito** se è equipollente ad un suo sottoinsieme proprio, cioè se esiste una funzione $f : A \to A$ iniettiva ma non suriettiva. Un insieme A si dice **finito** se non è infinito, cioè se ogni funzione iniettiva $f : A \to A$ è una biezione.*

In questo capitolo ci concentreremo soprattutto su insiemi finiti. Il prossimo risultato dice che la casistica per le funzioni con dominio e codominio lo stesso insieme finito è molto semplice.

Proposizione 3.1.6. *Sia A un insieme finito e sia $f : A \to A$ una funzione. Le seguenti affermazioni su f sono equivalenti:*

1. *f è iniettiva;*

2. *f è suriettiva;*

3. *f è biettiva.*

Dimostrazione. Se f è iniettiva deve essere anche suriettiva per definzione di insieme finito (e quindi è anche biettiva).

Se f è suriettiva la controimmagine $f^{-1}(a)$ è non vuota per ogni $a \in A$. Allora definiamo una funzione $g : A \to A$ ponendo $g(a)$ uguale ad un elemento arbitrariamente scelto in $f^{-1}(a)$. Se $a \neq a'$ le controimmagini $f^{-1}(a)$ e $f^{-1}(a')$ sono disgiunte e quindi g deve essere iniettiva. Ma allora g è suriettiva e questo vuol dire che per ogni $a \in A$ l'elemento $g(a)$ è l'unico elemento in $f^{-1}(a)$. Quindi le controimmagini per la funzione f di ogni elemento di A sono costituite da un unico elemento e ciò vuol dire che f è iniettiva (e quindi biettiva).

Infine, se f è biettiva allora è sia iniettiva, sia suriettiva per definizione. ∎

Dato $n \in \mathbb{N}$, $n \geq 1$ poniamo

$$I_n = \{1, 2, ..., n\}.$$

Gli insiemi I_n sono i prototipi degli insiemi finiti e con $\emptyset$ (dove $|\emptyset| = 0$) esauriscono le cardinalità finite nel senso reso preciso dal teorema seguente.

Teorema 3.1.7. *Valgono i fatti seguenti.*

1. *Per ogni $n \geq 1$ l'insieme I_n è finito.*

2. *Se $m \neq n$ gli insiemi I_m e I_n non sono equipollenti.*

3. *Se $m \leq n$ allora $|I_m| \leq |I_n|$.*

4. *Ogni insieme finito non vuoto è equipollente ad un I_n*

5. *Per ogni insieme infinito X si ha $|\mathbb{N}| \leq |X|$*

Dimostrazione.

1. Procediamo per induzione su n. Se $n = 1$ esiste un'unica funzione (ovviamente biettiva) $f : I_1 \to I_1$ e quindi I_1 è finito per definizione.

   Supponiamo I_n finito per ipotesi induttiva e mostriamo che allora ogni funzione iniettiva $f : I_{n+1} \to I_{n+1}$ deve essere suriettiva. Poniamo $r = f(n+1) \in I_{n+1}$. Ci sono 2 casi.

   $r = n+1$: Consideriamo allora la restrizione $f_{|I_n}$ di f a I_n. Siccome f è iniettiva, la funzione $f_{|I_n}$ è ancora iniettiva e ha immagine contenuta in I_n (pensato come sottoinsieme di I_{n+1}). Quindi $f_{|I_n}$ è suriettiva per ipotesi induttiva e allora anche f lo è.

   $r < n+1$: Consideriamo la funzione $s : I_{n+1} \longrightarrow I_{n+1}$ definita come

   $$s(r) = n+1, \ s(n+1) = r \ e \ s(k) = k \ \text{per ogni} \ k \notin \{r, n+1\}.$$

   La funzione s è certamente biettiva e quindi $s \circ f$ è ancora iniettiva. Calcolando, $s \circ f(n+1) = s(f(n+1)) = s(r) = n+1$ per cui $s \circ f$ ricade nel caso precedente. Esattamente come prima concludiamo che $s \circ f$ è una biezione e quindi lo doveva essere già f perché s è biettiva.

2. Supponiamo per assurdo che esistano $m < n$ con I_m ed I_n equipollenti e sia $f : I_m \to I_n$ la biezione che realizza tale equipollenza. Possiamo anche supporre che per ogni $i = 1, ..., m-1$ l'insieme I_i non è equipollente ad alcun I_j con $i < j$, altrimenti possiamo sostituire l'intero originale m nel ragionamento con un intero più piccolo e ricondurci a questa situazione.

   Sia dunque $r = f(m)$. Come nell'argomentazione del punto precedente ci sono due possibilità. La prima è che $r = n$. In tal caso la restrizione $f_{I_{m-1}}$ di f a I_{m-1} è una biezione di I_{m-1} con I_{n-1} e questo contraddice l'ipotesi che m sia il più piccolo intero per cui ciò possa capitare.

   Se, invece, $r < n$ possiamo considerare la composizione $s \circ f$ dove la biezione $s : I_n \to I_n$ è definita da

   $$s(r) = n, \quad s(n) = r, \quad s(k) = k \ \text{per ogni} \ k \notin \{r, n\}.$$

   Si ha $s \circ f(n) = s(f(n)) = s(r) = n$ e quindi $s \circ f$ ricade nella situazione precedente e quindi definisce un'equipollenza tra I_{m-1} e I_{n-1} contraddicendo anche qui l'ipotesi.

3. Poiché $m \leq n$ possiamo definire una funzione $f : I_m \to I_n$ ponendo $f(k) = k$. Essa è chiaramente iniettiva e allora applichiamo la definizione 3.1.2.

4. Sia A un insieme finito non vuoto. Definiamo una successione di sottoin-
   siemi $A \supset A_1 \supset A_2 \supset A_3 \supset \cdots$ come segue. Poiché $A \neq \emptyset$ esiste $x_1 \in A$
   e poniamo allora $A_1 = A \setminus \{x_1\}$. Se $A_1 = \emptyset$ la successione termina. Se
   invece $A_1 \neq \emptyset$ esiste $x_2 \in A_1$ e poniamo $A_2 = A_1 \setminus \{x_2\}$. La procedura
   può essere iterata:

   $$\text{se } A_i \neq \emptyset \text{ poniamo } A_{i+1} = A_i \setminus \{x_{i+1}\} \text{ dove } x_{i+1} \in A_i.$$

   La catena deve però terminare con $A_n = \emptyset$ per un qualche n altrimenti
   potremmo costruire una funzione $f : A \to A$ iniettiva ma non suriettiva
   ponendo

   $$f(x_1) = x_2, \ f(x_2) = x_3, \ f(x_3) = x_4, \ldots$$
   $$\text{e } f(y) = y \text{ per ogni } y \notin \{x_1, x_2, x_3, \cdots\}$$

   contraddicendo così l'ipotesi che A sia finito. Se $A_n = \emptyset$ allora $A = \{x_1, x_2, ..., x_n\}$ e la funzione

   $$h : I_n \longrightarrow A, \qquad f(i) = x_i, \text{ per ogni } i = 1, ..., n$$

   è visibilmente una biezione, quindi A è equipollente ad I_n.

5. Per definizione di insieme infinito esiste una funzione $f : X \to X$ iniettiva
   ma non suriettiva. Dunque se $x_1 \in X \setminus \text{Im}(f)$ gli elementi

   $$x_1, \quad x_2 = f(x_1), \quad x_3 = f(x_2), \quad \cdots$$

   sono a due a due distinti: $x_2 \neq x_1$ perché $x_1 \notin \text{Im}(f)$, $x_3 \neq x_1$ perché
   $x_1 \notin \text{Im}(f)$ e $x_3 \neq x_2$ perché f è iniettiva, e così via. Allora la funzione
   $h : \mathbb{N} \to X$ definita da $h(n) = x_n$ è iniettiva. Dalla definizione 3.1.2 segue
   che $|\mathbb{N}| \leq |X|$.

■

Possiamo allora porre
$$|I_n| = n$$
e allora il teorema appena dimostrato dice che se A è un insieme finito allora
esiste un unico $n \in \mathbb{N}$ tale che A e I_n sono equipollenti e $|A| = n$.

Nota 3.1.8. Il fatto che per ogni insieme finito A esista (e di fatto un unico)
insieme del tipo I_n equipollente ad A ci permette di estendere la proposizione
3.1.6 a funzioni con dominio e codominio equipollenti (ma non necessariamente
lo stesso insieme). Infatti se A e B sono insiemi equipollenti ed entrambi equipollenti ad I_n possiamo fissare biezioni $\phi_A : I_n \to A$ e $\phi_B : I_n \to B$ e abbiamo le
situazioni seguenti.

1. Se $f : A \to B$ è una funzione iniettiva, consideriamo la composizione
   $\phi = \phi_B^{-1} \circ f \circ \phi_A$,

   $$I_n \xrightarrow{\phi_A} A \xrightarrow{f} B \xrightarrow{\phi_B^{-1}} I_n.$$

   Allora $\phi : I_n \to I_n$ è iniettiva, e dunque biettiva per la proposizione 3.1.6.
   Ma allora anche f è una biezione.

2. Analogamente, ae $f : A \to B$ è una funzione suriettiva, la composizione $\phi = \phi_B^{-1} \circ f \circ \phi_A$ è suriettiva, e dunque biettiva per la proposizione 3.1.6. Ma allora anche f è una biezione.

Nota 3.1.9. Una conseguenza della teoria svolta in questa sezione è che se A e B sono insiemi finiti con $|A| > |B|$ non possono esserci funzioni iniettive $A \to B$. Questo fatto è spesso citato metaforicamente come il **principio delle gabbie di piccioni**[2] e prende questa forma:

> se abbiamo più piccioni che gabbie, c'è almeno una gabbia che contiene più di un piccione.

Qui sia P è l'insieme dei piccioni, G quello delle gabbie: assegnare una gabbia ad un piccione definisce una funzione $f : P \to G$. Per ogni gabbia $g \in G$ i piccioni nella gabbia g sono quelli della controimmagine $f^{-1}(g)$. Poiché f non è iniettiva esiste un $g \in G$ la cui controimmagine ha più di un elemento.

Questo principio può essere usato in casi concreti per arrivare a conclusioni non altrimenti facilmente verificabili. Ad esempio, una rapida ricerca su internet permette di scoprire che su un corpo umano crescono circa 5 milioni di peli. Ne consegue che in una metropoli con ben più di 5 milioni di abitanti, anche escludendo le persone totalmente glabre, esistono almeno due persone con lo stesso numero esatto di peli (limitandosi ai capelli una coincidenza si ottiene tra gli abitanti di una città con una popolazione di oltre 200.000 unità).

L'ultimo punto del teorema 3.1.7 dice che fra tutti i possibili insiemi infiniti $\mathbb{N}$ è quello che ha cardinalità più piccola.

Definizione 3.1.10. *Un insieme infinito X si dice* **numerabile** *se è equipollente ad $\mathbb{N}$.*

In concreto, un insieme infinito X è numerabile se è possibile, anche solo concettualmente, elencare tutti i suoi elementi come un successione:

$$X = \{a_1, a_2, a_3, ...\}$$

Ad esempio $\mathbb{Z}$ è numerabile in quanto la lista

$$0, \quad 1, \quad -1, \quad 2, \quad -2, \quad 3, \quad -3, \quad ...$$

include tutti i numeri interi (il fatto che la lista non proceda secondo l'ordine crescente oscillando tra positivi e negativi non ha alcuna importanza). In modo simile possiamo dimostrare che l'insieme $\mathbb{Q}$ dei numeri razionali è numerabile. Infatti possiamo ottenere una lista che include tutti i numeri razionali non negativi come

$$0, \quad 1 = \frac{1}{1}, \quad \frac{1}{2}, \quad 2 = \frac{2}{1}, \quad 3 = \frac{3}{1}, \quad \frac{1}{3}, \quad 4 = \frac{4}{1}, \quad \frac{3}{2}, \quad \frac{2}{3}, \quad \frac{1}{4}, \quad ...$$

---

[2]Alcuni testi parlano di cassettiere in cui vanno riposti un numero di calzini maggiore di quello dei cassetti, con analogo significato.

scrivendo le frazioni $\frac{a}{b}$ secondo l'ordine di grandezza di $a + b$ (depennando le frazioni non ridotte ai minimi termini) e poi intercalando i numeri razionali negativi secondo l'esempio precedente. Verso il 1880 G. Cantor dimostrò che:

1. esistono insiemi infiniti non numerabili;

2. $\mathbb{R}$ non è numerabile;

3. per ogni insieme X l'insieme delle parti $P(X)$ ha cardinalità strettamente maggiore a quella di X.

Qui ci limitiamo a ricordare i fatti appena enunciati rimandando ai testi specialistici per le tecniche di Cantor.

3.2 Il principio di inclusione-esclusione

Ci occupiamo ora del problema di contare gli elementi di un'unione di due o più insiemi finiti di cui conosciamo separatamente il numero degli elementi.

Iniziamo col caso più semplice, cioè quello in cui abbiamo un certo numero di insiemi $A_1, A_2, \cdots A_r$ a due a due disgiunti, ovvero tali che

$$A_i \cap A_j = \emptyset, \qquad \forall i, j \in \{1, ..., k\}.$$

In tal caso il risultato si ottiene immediatamente.

Proposizione 3.2.1. *Siano* $A_1, ..., A_r$ *insiemi finiti a due a due disgiunti .* *Allora*

$$\left| \bigcup_{i=1}^{r} A_i \right| = \sum_{i=1}^{r} |A_i| = |A_1| + \cdots + |A_r|.$$

Dimostrazione. Non essendoci ripetizioni tra gli elementi dei vari insiemi A_i, elencare (e contare) gli elementi di $\bigcup_{i=1}^{r} A_i$ equivale ad elencare (e contare separatamente) gli elementi di ciascun A_i.

In concreto, posto $A_1 = \{a_1, ..., a_{k_1}\}$, $A_2 = \{b_1, ..., b_{k_2}\}, \ldots, A_r = \{z_1, ..., z_{k_r}\}$ si ha

$$A_1 \cup \cdots \cup A_r = \{\underbrace{a_1, a_2, ..., a_{k_1}}_{k_1 \text{ elementi}}, \underbrace{b_1, b_2, ..., b_{k_2}}_{k_2 \text{ elementi}}, \cdots, \underbrace{z_1, z_2, ..., z_{k_r}}_{k_r \text{ elementi}}\}$$

e quindi $|A_1 \cup A_2 \cup \cdots A_r| = k_1 + k_2 + \cdots + k_r$. ∎

Se invece ci sono elementi comuni tra i vari insiemi il conto è meno immediato. Supponiamo, per iniziare, di avere due insiemi A e B con $|A| = m$, $|B| = n$ e k elementi comuni (cioè $|A \cap B| = k$). Allora possiamo elencare gli elementi di A e B come

$$A = \{a_1, ..., a_m\}, B = \{b_1, ..., b_n\} \quad \text{e} \quad a_1 = b_1, \quad a_2 = b_2, \quad , ..., \quad a_k = b_k.$$

Allora

$$A \cup B = \{\underbrace{a_1, a_2, ..., a_m}_{m \text{ elementi}}, \underbrace{b_{k+1}, b_{k+2}, ..., b_{k+n}}_{n-k \text{ elementi}}\}$$

e dunque $|A \cup B| = m + n - k$. Possiamo riassumere la discussione nel seguente enunciato.

Proposizione 3.2.2 (Principio di Inclusione-Esclusione per 2 Insiemi).
Siano A e B insiemi finiti. Allora

$$|A \cup B| = |A| + |B| - |A \cap B|.$$

Diamo due esempi di problemi che si possono risolvere applicando il principio.

1. Alla fine delle sessioni d'esame di un certo corso universitario, 152 matricole hanno superato l'esame di matematica e 144 matricole hanno superato l'esame di fisica. Sapendo che 89 matricole hanno superato entrambi gli esami, quante sono le matricole che hanno superato almeno uno dei due esami?

   Indicato con M l'insieme delle matricole che hanno superato matematica e F l'insieme di quelle che hanno superato fisica, il problema chiede di calcolare $|M \cup F|$. Applichiamo il principio di inclusione-esclusione e otteniamo

   $$|M \cup F| = |M| + |F| - |M \cap F| = 152 + 144 - 89 = 207.$$

2. Calcolare quanti sono i numeri naturali ≤ 180 che non sono divisibili ne' per 3 ne' per 5.

   Se indichiamo con D_k il sottoinsieme di I_{180} dei numeri divisibili per k il problema consiste nel calcolare $|\mathcal{C}_{I_{180}}(D_3 \cup D_5)| = 180 - |D_3 \cup D_5|$. Per il principio di inclusione-esclusione $|D_3 \cup D_5| = |D_3| + |D_5| - |D_3 \cap D_5|$. Siccome c'è un numero divisibile per k ogni k numeri consecutivi si ha $|D_3| = 180/3 = 60$ e $|D_5| = 180/5 = 36$. Inoltre un numero è divisibile per 3 e per 5 se e soltanto se è divisibile per 15, cioè $D_3 \cap D_5 = D_{15}$ e per la stessa ragione di prima $D_{15} = 180/15 = 12$. Mettendo insieme tutte le informazioni raccolte fin qui

   $$|\mathcal{C}_{I_{180}}(D_3 \cup D_5)| = 180 - |D_3 \cup D_5| = 180 - (60 + 36 - 12) = 96.$$

Nota 3.2.3. L'espressione del principio di inclusione-esclusione nella proposizione 3.2.2 può riscriversi equivalentemente come

$$|A \cup B| + |A \cap B| = |A| + |B|,$$

da cui risulta più evidente come il principio possa essere usato per calcolare una qualunque delle quattro quantità quando le altre tre sono note.

Ad esempio consideriamo il seguente problema. In un ristorante ad un tavolo con 14 persone sono stati ordinati 8 primi e 11 secondi e ognuno ha ordinato qualcosa. Quanti hanno ordinato sia il primo che il secondo? Indicato con P l'insieme di coloro che hanno ordinato un primo ed S l'insieme di coloro che hanno ordinato il secondo si vuole calcolare $|P \cap S|$. Le informazioni sono che $|P| = 8$, $|S| = 11$ e $|P \cup S| = 14$. Dunque per il principio di inclusione-esclusione

$$14 + |P \cap S| = 8 + 11,$$

da cui $|P \cap S| = 5$.

Possiamo ora enunciare e dimostrare la formula per il numero degli elementi nell'unione di 3 insiemi.

Proposizione 3.2.4 (Principio di Inclusione–Esclusione per 3 Insiemi). *Siano A, B e C insiemi finiti. Allora*

$$|A \cup B \cup C| = |A| + |B| + |C| - |A \cap B| - |A \cap C| - |B \cap C| + |A \cap B \cap C|.$$

Dimostrazione. Procediamo passo passo con il calcolo di $|A \cup B \cup C|$.

1. Iniziamo sommando il numero degli elementi in ciascun insieme, ottenendo $|A| + |B| + |C|$.

2. Questo totale però non tiene conto del fatto che elementi comuni a due insiemi sono stati contati due volte, ad esempio un elemento in $|A \cap B|$ contribuisce 1 sia ad $|A|$ che a $|B|$. Quindi correggiamo il totale sottraendo il quantitativo di elementi comuni a due insiemi, ottenendo cioè $|A| + |B| + |C| - |A \cap B| - |A \cap C| - |B \cap C|$.

3. Consideriamo ora il fatto che possono esserci elementi comuni ai tre insiemi, cioè in $A \cap B \cap C$. Tali elementi sono contati tre volte nel primo punto sopra e sottratti ancora tre volte con la correzione del secondo punto, in quanto un elemento in $A \cap B \cap C$ appartiene sia a $A \cap B$, sia a $A \cap C$, sia a $B \cap C$. Pertanto per ottenere la formula corretta bisogna ancora aggiungere $|A \cap B \cap C|$.

∎

Nota 3.2.5. Una dimostrazione alternativa del principio di Inclusione–Esclusione per 3 insiemi si può ottenere pensando inizialmente a $A \cup B$ come ad un insieme a sè stante per applicare il principio su 2 insiemi una prima volta e scrivere

$$|(A \cup B) \cup C| = |A \cup B| + |C| - |(A \cup B) \cap C|,$$

e poi riapplicarlo una seconda volta per calcolare i singoli addendi, vedi esercizio 3.2.

Come nel caso di due insiemi osserviamo che la formula del principio di inclusio-ne-esclusione fornisce una relazione tra un certo numero di quantità che in questo caso di 3 insiemi sono 8: conoscendo 7 di tali quantità la formula permette di trovare l'ultima. Diamo anche qui due esempi di applicazione.

1. Un cinema mette in programmazione un pomeriggio la trilogia di Matrix e con un unico biglietto si possono vedere un qualunque numero dei tre film. Alla fine della giornata il cinema ha venduto 129 biglietti. Si sa che al primo film c'erano 109 spettatori, 76 al secondo e 55 al terzo. Sappiamo anche che 52 persone hanno visto i primi 2 film, 44 gli ultimi 2 e 28 spettatori erano presenti sia al primo che all'ultimo film. Quante persone hanno visto tutti e tre i film quel pomeriggio?

   Se indichiamo con S_i ($1 \leq i \leq 3$) l'insieme degli spettatori al film i-esimo le informazioni in nostro possesso sono che $|S_1 \cup S_2 \cup S_3| = 129$, $|S_1| = 109$, $|S_2| = 76$, $|S_3| = 55$, $|S_1 \cap S_2| = 52$, $|S_1 \cap S_3| = 28$ e $|S_2 \cap S_3| = 44$. Sostituendo questi numeri nella formula del principio di inclusione-esclusione per gli insiemi S_1, S_2 e S_3 otteniamo

   $$129 = 109 + 76 + 55 - 52 - 44 - 28 + |S_1 \cap S_2 \cap S_3|$$

   da cui si ricava che $|S_1 \cap S_2 \cap S_3| = 13$.

2. Vogliamo calcolare quanti numeri interi tra 1 e 660 sono divisibili per almeno uno tra 5, 6 o 11.

   Con la notazione dell'esempio più sopra riferita questa volta all'insieme I_{660} e ragionando analogamente osserviamo che $|D_5| = 660/5 = 132$, $|D_6| = 660/6 = 110$ e $|D_{11}| = 660/11 = 60$. Inoltre $D_5 \cap D_6 = D_{30}$ cosicchè $|D_5 \cap D_6| = 660/30 = 22$ e per ragioni analoghe $|D_5 \cap D_{11}| = 660/55 = 12$ e $|D_6 \cap D_{11}| = 660/66 = 10$. Infine $D_5 \cap D_6 \cap D_{11} = D_{330}$ e quindi $|D_5 \cap D_6 \cap D_{11}| = 660/330 = 2$. Applicando il principio di inclusione-esclusione otteniamo che i numeri cercati sono

   $$|D_5 \cup D_6 \cup D_{11}| = 132 + 110 + 60 - 22 - 12 - 10 + 2 = 260.$$

Aumentando il numero degli insiemi in considerazione il principio di inclusione-esclusione, che resta senz'altro valido, produce formule con un numero di termini sempre maggiore e perde presto la praticità di applicazione. Già con 4 insiemi la formula include 16 termini. Formule più semplici si possono ottenere in casi speciali in cui alcune delle intersezioni sono assunte vuote.

Per un esempio di applicazione del principio di inclusione-esclusione a 4 insiemi in una situazione semplificata si vedano gli esercizi 3.3 e 3.6.

3.3   Il metodo delle scelte successive

Nel primo capitolo abbiamo dimostrato (proposizione 1.7.2) che se A e B sono insiemi finiti con $|A| = m$ e $|B| = n$ allora $|A \times B| = mn$. Iniziamo questa sezione con una generalizzazione di questo fatto.

Proposizione 3.3.1. *Siano $A_1, A_2, ..., A_k$ insiemi finiti con $|A_i| = n_i$ per ogni $i = 1, 2, ..., k$. Allora*

$$|A_1 \times A_2 \times \cdots \times A_k| = n_1 \cdot n_2 \cdots \cdot n_k.$$

Dimostrazione. Osserviamo preliminarmente che se $k \geq 2$ gli insiemi

$$(A_1 \times \cdots \times A_{k-1}) \times A_k \qquad \text{e} \qquad A_1 \times \cdots \times A_{k-1} \times A_k$$

sono equipollenti. Infatti c'è una biezione naturale

$$f : (A_1 \times \cdots \times A_{k-1}) \times A_k \longrightarrow A_1 \times \cdots \times A_{k-1} \times A_k$$

definita da $f((a_1, ..., a_{k-1}), a_k) = (a_1, ..., a_{k-1}, a_k)$.

Possiamo ora dimostrare la proposizione per induzione su k. Il caso $k = 2$ è la proposizione 1.7.2. Supponiamo dunque $k > 2$ e allora

$$
\begin{aligned}
|A_1 \times \cdots \times A_{k-1} \times A_k| &= |A_1 \times \cdots \times A_{k-1}| \cdot |A_k| \\
&= (n_1 \cdots \cdot n_{k-1}) \cdot n_k \\
&= n_1 \cdots \cdot n_k
\end{aligned}
$$

dove la prima uguaglianza segue dall'osservazione preliminare e la seconda uguaglianza dall'ipotesi induttiva. ∎

A questo fatto si ispira il cosiddetto **metodo delle scelte successive** che possiamo enunciare come segue.

Se una certa situazione si ottiene con una successione di k scelte indipendenti e per la prima scelta ci sono n_1 possibilità, n_2 per la seconda, n_3 per la terza e così via, il numero totale delle situazioni è $n = \prod_{i=1}^{k} n_i$.

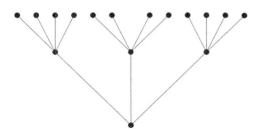

La validità del principio si riconosce mediante l'utilizzo di un **diagramma ad albero** come quello della figura accanto. Esso va letto dal basso verso l'alto: il nodo al livello più basso (detto **radice**) rappresenta lo stato di partenza, le linee che dipartono da ciascun nodo (dette **rami**) le possibili scelte, i nodi al livello più alto (**foglie**) le situazioni finali che si possono presentare. Nell'esempio le situazioni sono il risultato di una doppia scelta: per la prima ci sono 3 alternative e per la seconda sempre 4 indipendentemente dalla prima, dalla cui il totale di $12 = 3 \cdot 4$.

Nota 3.3.2. Da un punto di vista teorico è importante osservare come il principio del metodo delle scelte successive è di fatto più generale del conteggio degli elementi in un prodotto cartesiano. Infatti è possibile che fatta una scelta l'insieme tra cui effettuare la scelta successiva dipenda dalla precedente. Tutto quello che serve per l'applicazione del metodo è che comunque il *numero* delle possibilità per ogni nodo allo stesso livello sia lo stesso. Vedremo sotto esempi di questa fenomenologia.

Diamo ora qualche esempio di applicazione.

1. Siano A e B insiemi finiti con $|A| = m$ e $|B| = n$. Sia $\mathcal{F}_{A,B}$ l'insieme di tutte le funzioni $A \to B$. Vogliamo calcolare $|\mathcal{F}_{A,B}|$.

   Una volta elencati gli elementi di A, $A = \{a_1, ..., a_m\}$, per definire una funzione $f \in \mathcal{F}_{A,B}$ occorre specificare $f(a_1), ..., f(a_m)$ che devono essere elementi di B. Siccome non si stanno facendo ipotesi particolari su f la scelta di ciascun $f(a_i) \in B$ è indipendente dalle altre. Quindi per ogni $i = 1, ..., m$ l'emento $f(a_i)$ può essere uno qualunque degli n elementi di B. Possiamo allora concludere che

   $$|\mathcal{F}_{A,B}| = \underbrace{n \cdot \ldots \cdot n}_{m \text{ fattori}} = n^m.$$

2. Il codice PIN di uno smartphone è una sequenza di 4 cifre. Poiché le cifre disponibili sono 10 e possono essere ripetute il totale dei PIN possibili è $10^4 = 10000$. Combinando questo calcolo col principio delle gabbie dei piccioni si ha che se si ha un mucchio di 10001 smartphone almeno 2 di essi devono avere lo stesso PIN.

3. In uno stato l'amministrazione pubblica decide che le targhe automobilistiche debbano avere obbligatoriamente il seguente formato: una successione di 3 lettere dell'alfabeto inglese seguite da una successione di 4 cifre, potendo ripetere lettere e cifre arbitrariamente. Quante sono le targhe possibili?

   Poiché l'alfabeto inglese ha 26 lettere e le cifre sono 10 per ciascuno dei primi 3 elementi della targa abbiamo 26 scelte e 10 scelte per ciascuna delle 4 cifre successive. Il numero totale quindi

   $$26 \cdot 26 \cdot 26 \cdot 10 \cdot 10 \cdot 10 \cdot 10 = 17576000.$$

4. Un ristorante offre in menu 8 diversi antipasti, 10 primi, 12 secondi e 6 dolci. Quanti sono i pasti completi differenti che possono essere serviti?

   Poichè antipasto, primo, secondo e dolce possono essere scelti indipendentemente l'uno dall'altro il numero totale delle scelte è

   $$8 \cdot 10 \cdot 12 \cdot 6 = 5760.$$

Con riferimento alla nota 3.3.2 osserviamo che negli esempi appena discussi il calcolo si riduce effettivamente a quello degli elementi in un prodotto cartesiano. Nelle prossime sezioni vedremo casi in cui gli insiemi in cui vanno operate le scelte degli elementi successivi dipendono dalle scelte precedenti. I vari esempi sono categorizzati in situazioni generali che hanno interesse teorico.

3.4   Ordinamenti.

Ci è già capitato alcune volte per ragionare di un insieme finito A di ordinarne gli elementi scrivendo, ad esempio, $A = \{a_1, .., a_n\}$ se $|A| = n$. Ci chiediamo ora in quanti modi diversi possiamo fare questa operazione. Premettiamo una definizione per trattare il problema in modo più formale.

Definizione 3.4.1. *Sia A un insieme finito con $|A| = n$. Un **ordinamento** di A è una funzione biettiva $I_n \to A$. Denotiamo $\mathcal{O}_A$ l'insieme degli ordinamenti di A.*

Per poter esprimere in modo più compiuto il risultato che vogliamo dimostrare introduciamo la comoda notazione seguente.

Definizione 3.4.2. *Sia $n \in \mathbb{N}$. Si dice **fattoriale di** n e si denota $n!$ il numero così definito:*

$$n! = \begin{cases} 1 & \text{se } n = 0, \\ 1 \cdot 2 \cdot 3 \cdots \cdots n & \text{se } n \geq 1. \end{cases}$$

Così, ad esempio, si ha

$$1! = 1, \ 2! = 2, \ 3! = 6, \ 4! = 24, \ 5! = 120, \ 6! = 720, \ 7! = 5.040, \ 8! = 40.320,$$

eccetera. Si noti che:

1. la posizione $0! = 1$ è puramente convenzionale, e tornerà utile per evitare noiose perifrasi nell'enunciazione di certe formule;

2. vale l'identità $n! = (n-1)! \cdot n$ per ogni $n \geq 1$ in quanto

$$n! = \underbrace{1 \cdot 2 \cdot 3 \cdots \cdots (n-1)}_{=(n-1)!} \cdot n = (n-1)! \cdot n.$$

Possiamo ora enunciare il risultato sugli ordinamenti,

Proposizione 3.4.3. *Sia A un insieme finito con $|A| = n$. Allora gli ordinamenti di A sono $n!$, cioè*

$$|\mathcal{O}_A| = n!.$$

Dimostrazione. Vogliamo contare quanti modi abbiamo per costruire una funzione biettiva $f : I_n \to A$ e di fatto basta costruire funzioni iniettive, perché funzioni iniettive tra insiemi equipollenti sono automaticamente biettive (vedi nota 3.1.8).

Come $f(1)$ possiamo scegliere qualsiasi elemento di A, diciamo $f(1) = a_1$. Ora però non possiamo scegliere nuovamente a_1 come $f(2)$ altrimenti avremo che $f(1) = f(2)$ ed f non è iniettiva. Per cui la scelta di $a_2 = f(2)$ è limitata al sottoinsieme $A \setminus \{a_1\}$ che conta $n - 1$ elementi.

Continuando a scegliere le immagini dei numeri naturali successivi vediamo che una volta operata una scelta di $\{f(1), ..., f(i)\}$ che dovranno essere elementi di

A a due a due distinti per non contraddire l'iniettività di f, la scelta di $f(i+1)$ è limitata al sottoinsieme

$$A \setminus \{f(1), ..., f(i)\}$$

che conta $n-i$ elementi. Alla fine come $f(n)$ dovremo scegliere l'unico elemento non scelto fino a quel punto (una sola scelta). Quindi per il metodo delle scelte successive il numero totale delle scelte, cioè il numero totale di funzioni biettive $I_n \to A$ è $n \cdot (n-1) \cdots 3 \cdot 2 \cdot 1 = n!$. ∎

Diamo qualche esempio.

1. I $2! = 2$ ordinamenti di $A = \{a, b\}$ sono

$$(a, b), \qquad (b, a).$$

   Se invece $A = (a, b, c)$ la proposizione 3.4.3 predice $3! = 6$ possibili ordinamenti. Essi sono

$$(a, b, c), \quad (a, c, b), \quad (b, a, c), \quad (b, c, a), \quad (c, a, b), \quad (c, b, a).$$

2. Uno youtuber vuole produrre una compilation con 12 successi rock degli anni '80. Una volta scelti i 14 brani avrà la scelta di

$$12! = 1 \cdot 2 \cdots 12 = 479001600$$

   modi diversi di ordinarli nel suo video.

3. Alla finale olimpica dei 100 metri piani partecipano 8 atleti. I possibili ordini di arrivo sono[3] $8! = 40320$.

Anagrammi. Un caso speciale di ordinamento è quello in cui la lista di elementi o simboli da riordinare contiene delle delle ripetizioni. Assegnato un insieme non vuoto A una **lista** in A di lunghezza $n > 0$ è una funzione $f : I_n \to A$. Siccome ammettiamo che dei simboli possano essere ripetuti non imponiamo alcuna condizione su f, in particolare non si chiede che f sia iniettiva.

Un esempio concreto è quello in cui A è l'insieme delle lettere dell'alfabeto e quindi una lista non altro che una **parola**. Ad esempio

ORO,   CASA,   POLLO,   NUMERO

sono parole di lunghezza 3, 4, 5 e 6 rispettivamente alcune delle quali hanno lettere ripetute, altre no[4]. Vogliamo contare quanti modi ci sono per riordinare la lista usando gli stessi simboli, ripetizioni incluse, che la compongono. Diamo una definizione formalmente precisa.

---

[3]Prendiamo spunto da questo esempio per una precisazione: ci sono situazioni concrete in cui non tutte le scelte hanno la stessa probabilità di accadere. Ad esempio in una finale olimpica è più probabile che certi atleti vincano medaglie che non altri. Però qui ci occupiamo solo di elencare gli esiti teorici possibili e non di valutazioni di tipo probabilstico.

[4]In generale non si richiede che le parole abbiano senso compiuto. Un insieme analogo di esempi potrebbe essere RDB, BAHA,VGRRG, RFAEPO, eccetera

Definizione 3.4.4. *Sia A un insieme non vuoto di simboli e sia $f : I_n \to A$ una lista in A di lunghezza n. Un* **anagramma** *di f è una lista $h : I_n \to A$ ottenuta come composizione $h = f \circ g$, dove $g : I_n \to I_n$ è una biezione qualunque. Diagrammaticamente un anagramma h di f si rappresenta come*

$$I_n \xrightarrow{\;\;g\;\;} I_n \xrightarrow{\;\;f\;\;} A \;,$$
$$\underbrace{\qquad\qquad}_{h}$$

Quando la lista di lunghezza n costituita da n elementi distinti il problema di calcolare il numero degli anagrammi equivale a quello di contare gli ordinamenti di n oggetti per cui ne abbiamo $n!$. Ad esempio gli anagrammi della parola NUMERO sono tanti quanti gli ordinamenti dell'insieme $\{E, M, N, O, R, U\}$ e pertanto sono $6! = 720$. Però se la lista include simboli ripetuti gli anagrammi sono meno dei riordinamenti, ad esempio gli anagrammi della parola ORO sono solo 3 (e non $3! = 6$), precisamente

$$\text{ORO,} \qquad \text{OOR,} \qquad \text{ROO.}$$

Il risultato seguente fornisce la formula per il calcolo del numero degli anagrammi di una lista qualunque.

Proposizione 3.4.5. *Sia $f : I_n \to A$ una lista di lunghezza n in A e supponiamo $\mathrm{Im}(f) = \{a_1, ..., a_k\}$ dove $a_i \in A$ compare $r_i \geq 1$ volte tra $f(1), ..., f(n)$. Allora il numero degli anagrammi di f è*

$$\frac{n!}{r_1! \cdot \cdots \cdot r_k!}.$$

Dimostrazione. Come già osservato se $f(1), ..., f(n)$ sono a due a due distinti (e quindi $k = n$ e $r_1 = \cdots = r_n = 1$) gli anagrammi coincidono coi riordinamenti e sono in totale $n!$, per cui la formula è corretta in questo caso.

Se un elemento $a \in A$ compare fra i $f(1), ..., f(n)$ un numero $r > 1$ di volte, cioè se $a = f(i_1) = \cdots = f(i_r)$, ogni riordinamento dei soli numeri $\{i_1, ..., i_r\} \subset I_n$ dà luogo al medesimo anagramma perché lascia invariata la posizione di a nella lista. Pertanto il numero dei riordinamenti di I_n che alterano la posizione di a nella lista è $n!/r!$.

Ripetendo il ragionamento per ognuno dei k simboli di A che compaiono nella lista si ottiene la formula dell'enunciato. ∎

Ad esempio, gli anagrammi della parola MATEMATICA sono

$$\frac{10!}{3! \cdot 2! \cdot 2!} = 151200$$

in quanto la parola ha lunghezza 10 ed è formata da 6 lettere una delle quali compare 3 volte e altre 2 compaiono 2 volte.

3.5 Disposizioni.

Esistono situazioni in cui il problema non consiste nell'ottenere un elenco totale degli elementi di un insieme. Distinguiamo due casi diversi.

Il primo è quello in cui ammettiamo ripetizioni tra gli elementi elencati.

Definizione 3.5.1. *Sia A un insieme finito e $k \geq 1$ un numero intero. Una* **disposizione con ripetizione** *di ordine k in A è una sequenza di k elementi di A non necessariamente a due a due distinti.*

Dunque una disposizione con ripetizione di ordine k è il dato di elementi ordinati $a_1, ..., a_k$ con $a_i \in A$ e con la possibilità di avere $a_i = a_j$ con $i \neq j$. È chiaro allora che una disposizione con ripetizione di ordine k in A può essere rivista equivalentemente come

1. una k-pla ordinata di elementi di A, cioè come un elemento arbitrario nel prodotto cartesiano $A \times \cdots \times A$ (k fattori), oppure come

2. una funzione arbitraria $I_k \to A$.

Qualunque sia l'interpretazione, la seguente proposizione risulta immediatamente da quanto visto precedentemente.

Proposizione 3.5.2. *Sia A un insieme finito con $|A| = n$ e sia $k \geq 1$ un intero. Allora ci sono n^k disposizioni con ripetizione di ordine k in A.*

Il secondo caso quello in cui invece non ammettiamo ripetizioni tra gli elementi elencati.

Definizione 3.5.3. *Sia A un insieme finito e $k \geq 1$ un numero intero. Una* **disposizione semplice** *di ordine k in A è una sequenza di k elementi di A a due a due distinti.*

In concreto una disposizione semplice di ordine k è il dato di k elementi ordinati $a_1, ..., a_k$ in A in modo che non ce ne siano due uguali: $a_i \neq a_j$ se $i \neq j$. Allora una disposizione semplice di ordine k in A può pensarsi come il dato di una funzione iniettiva $I_k \to A$, Ci sono due situazioni speciali.

1. Se $k > n = |A|$ il principio delle gabbie dei piccioni dice che non ci sono funzioni iniettive $I_k \to A$ e quindi non ci sono neanche disposizioni semplici di ordine k.

2. Se $k = n = |A|$ una disposizione semplice non è altro che un ordinamento di A analizzato precedentemente.

La seguente proposizione ci dice quante sono le disposizioni semplici di ordine k in A.

Proposizione 3.5.4. *Sia A un insieme finito com $|A| = n$ e sia k un intero tra 1 e n. Allora il numero delle disposizioni semplici di ordine k in A è*

$$D_{n,k} = \frac{n!}{(n-k)!} = n(n-1) \cdots (n-k+1)$$

Dimostrazione. La dimostrazione procede come nel caso degli ordinamenti (proposizione 3.4.3). Dovendo definire una funzione iniettiva $f : I_k \to A$ possiamo scegliere un elemento arbitrario a_1 come $f(1)$, un elemento a_2 diverso da a_1 come $f(2)$ e così via. Esattamente come nel caso degli ordinamenti abbiamo n scelte per a_1, $n-1$ scelte per a_2, eccetera. Solo che adesso la procedura si ferma dopo aver definito $f(k)$ e quindi il numero totale delle scelte è

$$\underbrace{n(n-1)\cdots(n-k+1)}_{k \text{ termini}}.$$

Per completare l'enunciato basta osservare che

$$\frac{n!}{(n-k)!} = \frac{n(n-1)\cdots(n-k+1)\cdot\overbrace{(n-k)\cdot(n-k-1)\cdots\cdots 2\cdot 1}^{=(n-k)!}}{(n-k)!} =$$

$$n(n-1)\cdots(n-k+1).$$

∎

Mostriamo ora qualche esempio di situazione concreta dove il problema si risolve mediante un calcolo di disposizioni.

1. Un artigiano ha prodotto 7 oggetti di legno diversi l'uno dall'altro che ora vuole colorare avendo a disposizione smalti di 4 colori diversi. Quante sono le possibili colorazioni di questi oggetti?

   Si tratta di assegnare un colore ad ogni oggetto e ovviamente possono esserci oggetti diversi colorati col medesimo colore. Dunque la soluzione è data dal numero delle disposizioni con ripetizione di ordine 7 nell'insieme di 4 colori, cioè 4^7.

2. Ad una prova scritta partecipano 15 candidati. Il risultato della prova è espressa da un numero intero compreso tra 0 e 10 inclusi. Quanti sono, teoricamente, i possibili esiti complessivi?

   Ogni candidato riceve un voto tra possibili 11 e naturalmente più candidati possono ricevere il medesimo voto. Quindi la soluzione è data dal numero delle disposizioni con ripetizione di ordine 15 nell'insieme di 11 valutazioni cioè 11^{15}.

3. Ad una finale olimpica partecipano 12 atleti. Quanti sono i possibili podi?

   Alle Olimpiadi un podio è costituito dai primi 3 classificati nell'ordine, a cui vengono assegnate le medaglie. È chiaro che nella stessa gara non vengono attribuite più medaglie allo stesso atleta e quindi la soluzione è data dal numero di disposizioni semplici di ordine 3 nell'insieme dei 12 atleti, cioè $D_{12,3} = 12!/9! = 12\cdot 11\cdot 10 = 1.320$.

4. Un sito internet richiede che la password d'accesso sia formata da un codice alfanumerico di 8 simboli senza ripetizioni. Quante sono le password possibili?

Un codice alfanumerico è costituito da lettere (di cui ve ne sono 26) e cifre (di cui ve ne sono 10). La richiesta che non vi siano simboli ripetuti significa che il numero voluto è quello delle disposizioni semplici di ordine 8 in un insieme di $36 = 26 + 10$ simboli. Quindi la soluzione è

$$D_{36,8} = \frac{36!}{28!} = 36 \cdot 35 \cdot 34 \cdot 33 \cdot 32 \cdot 31 \cdot 30 \cdot 29 = 1220096908800.$$

3.6 Combinazioni

Per gli ordinamenti e le disposizioni che abbiamo studiato nelle sezioni precedenti l'ordine in cui vengono scelti i vari elementi è fondamentale. Ci sono però situazioni in cui l'ordine di scelta non è importante. La definizione seguente precisa la situazione.

Definizione 3.6.1. *Sia A un insieme finito con $|A| = n$ e sia k un intero compreso tra 0 e n. Si dice* **combinazione semplice** *di ordine k in A la scelta di un sottoinsieme C con $|C| = k$.*

Esattamente come per le disposizioni e gli ordinamenti siamo interessati a calcolare quante sono le combinazioni di ordine k in un insieme di cardinalità n. La proposizione seguente fornisce la risposta

Proposizione 3.6.2. *Sia A un insieme finito con $|A| = n$ e sia k un intero compreso tra 1 e n. Il numero dei sottoinsiemi $C \subset A$ con $|C| = k$ (cioè il numero delle combinazioni di ordine k in A) è*

$$C_{n,k} = \frac{1}{k!} D_{n,k} = \frac{n!}{k! \cdot (n-k)!} = \frac{n \cdot (n-1) \cdot \cdots \cdot (n-k+1)}{k!}.$$

Dimostrazione. Prendiamo una disposizione semplice di ordine k in A. Ad essa possiamo associare la combinazione C di ordine k costituita dagli elementi che appaiono nella disposizione. Formalmente, se pensiamo ad una disposizione di ordine k come ad una funzione iniettiva $f : I_k \to A$ avremo che $C = \text{Im}(f)$.

D'altra parte ogni combinazione C può essere ottenuta a partire da una disposizione semplice: la combinazione $C = \{a_1, ..., a_k\}$ si ottiene a partire, ad esempio, dalla k-pla $(a_1, ..., a_k)$.

Quante sono le disposizioni semplici che danno luogo alla medesima combinazione C? La combinazione $C = \{a_1, ..., a_k\}$ si ottiene a partire dalle k-ple ottenute ordinando gli elementi di C in tutti i modi possibili e sappiamo che questo si può fare esattamente in $k!$ modi diversi. Quindi il numero totale $C_{n,k}$ delle combinazioni è uguale al numero totale delle disposizioni semplici diviso $k!$, in formule $C_{n,k} = \frac{1}{k!} D_{n,k}$. L'uguaglianza finale viene direttamente dal calcolo di $D_{n,k}$ della proposizione 3.5.4. ∎

Diamo ora qualche esempio di calcolo delle combinazioni.

1. $C_{n,0} = C_{n,n} = 1$ perché un insieme A con $|A| = n$ possiede esattamente un sottoinsieme di cardinalità 0, cioè $\emptyset$, ed esattamente un sottoinsieme

di cardinalità n (cioè A stesso). Si noti che questo è consistente con le formule $C_{n,0} = C_{n,n} = n!/n! \cdot 0!$ una volta adottata la convenzione $0! = 1$.

2. $C_{n,1} = n$ perché i sottoinsiemi formati da 1 elemento sono tanti quanti gli elementi. Questo trova conferma nell'applicazione della formula della proposizione 3.6.2: $C_{n,1} = n!/1! \cdot (n-1)! = n$.

3. Sia $A = \{a, b, c, d\}$ e vogliamo contare le combinazioni di ordine 2. La formula fornisce $C_{4,2} = 4 \cdot 3/2! = 12/2 = 6$. Effettivamente i sottoinsiemi di A con 2 elementi sono

$$\{a,b\}, \quad \{a,c\}, \quad \{a,d\}, \quad \{b,c\}, \quad \{b,d\}, \quad \{c,d\}.$$

4. Un fioraio vende piante di 14 specie diverse. Una cliente vuole comprare 3 piante di specie diverse da regalare ad un'amica. Quante scelte ha? Dovendo scegliere 3 piante su 14 il numero delle possibilità è

$$C_{14,3} = \frac{14!}{3! \cdot 11!} = 14 \cdot 13 \cdot 2 = 364.$$

5. Nel SuperEnalotto vengono estratti 6 numeri su un totale di 90. Quante sono le estrazioni possibili? Poiché l'ordine di estrazione dei 6 numeri non conta ma conta solo quali numeri vengono estratti, un'estrazione è una combinazione di ordine 6 in I_{90} e pertanto il loro numero è

$$C_{90,6} = \frac{90 \cdot 89 \cdot 88 \cdot 87 \cdot 86 \cdot 85}{6!} = 622614630.$$

La proposizione seguente può essere utile qualche volta per semplificare il calcolo delle combinazioni.

Proposizione 3.6.3. *Siano n e k due numeri interi con $0 \le k \le n$. Allora $C_{n,k} = C_{n,n-k}$.*

Dimostrazione. Sia A un insieme con $|A| = n$. Associare ad un sottoinsieme $S \subset A$ il complementare $\mathcal{C}_A(S)$ definisce una funzione $c : P(A) \to P(A)$. Questa funzione è biettiva perché ammette inversa, infatti è l'inversa di se stessa: $c(c(A)) = \mathcal{C}_A(\mathcal{C}_A(S)) = S$.
Se $|A| = k$ allora $|c(A)| = |\mathcal{C}_A(S)| = n - k$ e quindi c scambia tra loro i sottoinsiemi di A di cardinalità k con quelli di cardinalità $n - k$ che quindi devono essere di numero uguale.
Alternativamente si può usare direttamente la formula per $C_{n,k}$ della proposizione 3.6.2:

$$C_{n,n-k} = \frac{n!}{(n-k)!(n-(n-k))!} = \frac{n!}{(n-k)!k!} = C_{n,k}. \quad \blacksquare$$

L'utilità pratica della proposizione si vede soprattutto quando n è grande e k è vicino ad n. Per esempio, usare direttamente la formula della proposizione

3.6.2 per calcolare $C_{100,96}$ porta a dei calcoli molto lunghi che possono essere semplificati enormemente osservando che

$$C_{100,96} = C_{100,4} = \frac{100 \cdot 99 \cdot 87 \cdot 97}{4!} = 3,921,225.$$

A volte la soluzione di problemi concreti non consiste in un calcolo diretto di un numero di combinazioni ma necessita una discussione più complessa che può richiedere l'applicazione ulteriore del metodo delle scelte successive oppure un'analisi di vari casi. Diamo alcuni esempi.

1. Ad una scuola di ballo partecipano 11 ballerine e 9 ballerini. Per realizzare una coreografia i maestri hanno bisogno di scegliere 5 ballerini e 3 ballerine. Quante sono, in totale, le scelte possibili? La soluzione comporta due scelte separate. Ci sono $C_{9,5} = C_{9,4} = 9 \cdot 8 \cdot 7 \cdot 6/4! = 84$ modi di scegliere i 5 ballerini e $C_{11,3} = 11 \cdot 10 \cdot 9/3! = 165$ modi di scegliere le 3 ballerine. Poiché le scelte sono indipendenti (qualsiasi gruppo di ballerini può essere accoppiato ad un qualsiasi gruppo di ballerine) si applica il metodo delle scelte successive e il numero totale delle scelte possibili è

$$C_{9,5} \cdot C_{11,3} = 84 \cdot 165 = 13860.$$

2. Una squadra di calcio ha una rosa di 3 portieri, 9 difensori, 7 centrocampisti e 4 attaccanti. Se l'allenatore decide di giocare con 2 attaccanti, 4 centrocampisti e 4 difensori, quante sono le formazioni teoricamente possibili che può schierare? L'allenatore può scegliere fra i giocatori a sua disposizione 1 portiere in $C_{3,1} = 3$ modi, 4 difensori in $C_{9,4} = 9 \cdot 8 \cdot 7 \cdot 6/4! = 126$ modi, 4 centrocampisti in $C_{7,4} = 7 \cdot 6 \cdot 5 \cdot 4/4! = 35$ modi e 2 attaccanti in $C_{4,2} = 4 \cdot 3/2! = 6$ modi. Siccome le scelte sono indipendenti possiamo applicare il metodo delle scelte successive e concludere che il numero delle formazioni teoricamente schierabili è

$$C_{3,1} \cdot C_{9,4} \cdot C_{7,4} \cdot C_{4,2} = 3 \cdot 126 \cdot 35 \cdot 6 = 79380.$$

3. Una gelateria vende gelati di 14 tipi diversi. I clienti possono acquistare coni da 1 a 4 gusti diversi. Quanti sono i coni diversi che si possono acquistare in quella gelateria? Il numero dei coni ottenibili con k gusti diversi è $C_{14,k}$ e k può essere un intero da 1 a 4. Suddividendo nei vari casi si hanno $C_{14,1} = 14$ gelati con un solo gusto, $C_{14,2} = 14 \cdot 13/2! = 91$ gelati con 2 gusti, $C_{14,3} = 14 \cdot 13 \cdot 12/3! = 364$ gelati con 3 gusti e $C_{14,4} = 14 \cdot 13 \cdot 12 \cdot 11/4! = 1001$ gelati con 4 gusti. Ora però le scelte di quanti gusti si vuole il cono non sono conseguenti, ma sono in alternativa e quindi in questa situazione non si applica il metodo delle scelte successive, bensì si sommano: il totale dei coni diversi acquistabili è

$$C_{14,1} + C_{14,2} + C_{14,3} + C_{14,4} = 14 + 91 + 364 + 1.001 = 1470.$$

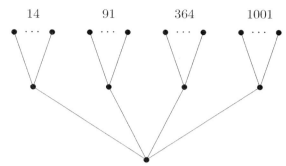

Per poter capire meglio la strategia della soluzione dell'ultimo problema sopra, in particolare perché il risultato finale si ottiene tramite una somma anziché una moltiplicazione, è utile ricorrere ad un diagramma ad albero del tipo descritto a pagina 57. I quattro nodi al primo livello dell'albero della figura accanto rappresentano le scelte di un cono con un numero di gusti da 1 a 4. A partire da ciascuno di essi si dipartono le varie scelte di combinazioni di gusti coi totali parziali calcolati. Appare ora chiaro che per ottenere il numero totale dei nodi del secondo livello non è possibile moltiplicare ma è necessario sommare i totali parziali in quanto questi differiscono da nodo a nodo.

Vogliamo ora analizzare la situazione in cui la scelta di un certo numero di elementi in un insieme possa contemplare la possibilità che uno stesso elemento sia scelto più volte.

Definizione 3.6.4. *Sia A un insieme finito con $|A| = n$ e sia k un intero non negativo. Si dice* **combinazione con ripetizione** *di ordine k in A una scelta di k elementi in A in cui ciascun elemento può essere scelto più volte.*

Nota 3.6.5. Poiché in questo caso un elemento può essere scelto più volte non c'è alcuna restrizione su k che può essere anche più grande di n (ad esempio possiamo scegliere lo stesso elemento k volte).

Come al solito vogliamo vogliamo determinare una formula che permetta di calcolare il numero $C'_{n,k}$ di combinazioni con ripetizione di ordine k. Questa volta però premettiamo all'enunciazione della formula alcuni esempi che illustrano casi che ricadono in questa situazione.

1. Quanti sono gli esiti possibili, prescindendo dall'ordine, del lancio ripetuto 10 volte di una moneta? Se poniamo $A = \{C, T\}$ dove C è l'elemento "croce" e T è l'elemento "testa" il problema chiede di calcolare le combinazioni con ripetizione di ordine 10 in A.

2. Una pasticceria produce cioccolatini di 8 tipi diversi e permette di far decidere ai clienti la composizione delle scatole. Quanti modi ha un cliente di comporre una scatola di 24 cioccolatini? In questo caso l'insieme A è l'insieme degli 8 tipi di cioccolatini e siccome un cliente può scegliere più cioccolatini dello stesso tipo il problema è quello di calcolare il numero delle combinazioni con ripetizione di ordine 24 nell'insieme A.

3. Quanti sono i monomi di grado 9 nelle variabili w, x, y e z? Siccome un monomio di grado 9 si ottiene moltiplicando tra loro 9 variabili e il risultato

non dipende dall'ordine di moltiplicazione, il problema risulta essere quello di calcolare le combinazioni con ripetizione di ordine 9 nell'insieme delle variabili $A = \{w, x, y, z\}$.

Per facilitare la comprensione della discussione generale che seguirà poi vediamo la strategia da seguire nel caso speciale del problema 3 sopra.

Dobbiamo operare la scelta ripetuta di 9 variabili sulle 4 a disposizione. Poiché nella scelta l'ordine non è importante possiamo procedere sistematicamente scegliendo un certo numero di w, un certo numero di x, eccetera, fino ad un totale di 9. Ad esempio otteniamo qualcosa del tipo

dove w è stato scelto 1 volta, x è stato scelto 2 volte, y è stato scelto 4 volte e z è stato scelto 2 volte: questa combinazione corrisponde al monomio $wx^2y^4z^2$. Osserviamo che la combinazione appena scelta è ricostruibile dai soli punti di separazione tra una variabile e l'altra, nel senso che la medesima combinazione corrisponde alla configurazione

dove abbiamo indicato con una doppia barretta i punti in cui si passa da una variabile alla successiva. Osserviamo anche che per separare 4 variabili dobbiamo indicare 3 punti di separazione: il primo dove la w diventa x, il secondo dove la x diventa y ed il terzo dove la y diventa z. Dunque per contare quanti sono i monomi possiamo contare quanti sono i modi per collocare tre punti di separazione nella fila di 9 caselle.

Il passo successivo è quello di aggiungere 3 caselle alle 9 iniziali e di segnare i punti di separazione non più come doppie sbarrette tra una casella e l'altra, bensì inserendo un simbolo speciale in 3 caselle che fungono così da separatrici. In questo modo la configurazione già descritta diventa

Il problema si è così trasformato in quello di scegliere un sottoinsieme di 3 caselle su 12 dove inserire i simboli di separazione e quindi la risposta è

$$C'_{9,4} = C_{12,3} = \frac{12!}{3! \cdot 9!} = 2 \cdot 11 \cdot 10 = 220.$$

Possiamo ora enunciare la proprietà in totale generalità.

Proposizione 3.6.6. *Sia A un insieme finito con $|A| = n$ e sia k un intero positivo. Allora il numero delle combinazioni con ripetizione di ordine k in A è*

$$C'_{n,k} = C_{k+n-1,n-1} = \frac{(k+n-1)!}{(n-1)!k!}.$$

Dimostrazione. Fissiamo un ordinamento degli elementi di A: scriviamo $A = \{a_1, a_2, ..., a_n\}$. Scegliere una combinazione con ripetizione di ordine k vuol dire scegliere r_1 volte l'elemento a_1, r_2 volte l'elemento a_2 e così via fino a scegliere r_n volte a_n dove gli r_i sono numeri interi non negativi (ovviamente $r_i = 0$ è permesso) tali che $\sum_{i=1}^{n} r_i = k$.

Tale scelta può essere rappresentata graficamente come una successione di k caselle, le prime r_1 delle quali occupate da a_1, le seconde r_2 occupate da r_2 e così via fino alle ultime r_n occupate da a_n:

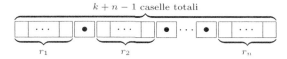

Questa suddivisione delle k caselle può anche riottenersi da una sequenza di $k + n - 1$ caselle in cui vengono inseriti solamente $n - 1$ elementi delimitatori (convenzionalmente denotati • nella figura sotto) che la ripartiscono in n blocchi:

Dunque contare le combinazioni con ripetizione di ordine k in un insieme con n elementi equivale a scegliere le $n - 1$ caselle tra $k + n - 1$ dove sistemare i simboli delimitatori e questo può farsi in $C_{k+n-1, n-1}$ modi. ■

Usando questa formula possiamo ora risolvere gli altri due problemi enunciati precedentemente.

1. Il numero totale degli esisti del lancio ripetuto 10 volte di una moneta è $C'_{2,10} = C_{11,1} = 11$.

2. Il numero delle scatole di 24 cioccolatini che si possono fare con 8 tipi diversi è $C'_{8,24} = C_{31,7} = 31!/7! \cdot 24!$.

3.7 Coefficienti binomiali

I numeri della forma $n!/k!(n-k)!$ che nella sezione precedente abbiamo trovato essere totali di combinazioni sono molto ricorrenti in matematica, tanto che in lettura si trovano indicati con un nome ed espressi con un simbolo apposito.

Definizione 3.7.1. *Siano k ed n numeri interi con $0 \leq k \leq n$. Definiamo* **coefficiente binomiale** *il numero*

$$\binom{n}{k} = \frac{n!}{k!(n-k)!}.$$

Quindi possiamo certamente scrivere

$$C_{n,k} = \binom{n}{k}.$$

Nella seguente proposizione raccogliamo alcune proprietà notevoli dei coefficienti binomiali.

Proposizione 3.7.2. *Valgono le formule seguenti.*

1. *Per ogni $n \geq 0$, $\binom{n}{0} = \binom{n}{n} = 1$.*

2. *Per ogni coppia di numeri interi k ed n tali che $n \geq 0$ e $0 \leq k \leq n$, $\binom{n}{k} = \binom{n}{n-k}$.*

3. *[**Formula di Stiefel**] Per ogni coppia di numeri interi k ed n tali che $n \geq 1$ e $1 \leq k \leq n$,*

$$\binom{n-1}{k-1} + \binom{n-1}{k} = \binom{n}{k}.$$

Dimostrazione.

1–2. Le uguaglianza $C_{n,0} = C_{n,n} = 1$ e $C_{n-k} = C_{n-k}$ sono state osservate già precedentemente.

3. Sia dunque A un insieme non vuoto con $|A| = n$ e fissiamo un elemento $a \in A$. Ricordiamo che una combinazione di ordine k in A è la scelta diun sottoinsieme $C \subset A$ con $|C| = k$. Ci sono due tipi di combinazioni di ordine k: quelle per cui $a \in C$ e quelle per cui $a \notin C$.

Una combinazione C del primo tipo può scriversi come $C = \{a\} \cup (C \setminus \{a\})$ e $C \setminus \{a\}$ è una combinazione di ordine $k - 1$ in $A \setminus \{a\}$. Viceversa, data una qualunque combinazione $C' \subset A \setminus \{a\}$ di ordine $k - 1$, l'unione $C = \{a\} \cup C'$ è una combinazione di ordine k in A. Dalle due osservazioni si deduce che le combinazioni di ordine k del primo tipo sono tante quante le combinazioni di ordine $k - 1$ in $A \setminus \{a\}$, cioè sono $C_{n-1,k-1}$.

Una combinazione C di ordine k del secondo tipo è anche una combinazione di ordine k in $A \setminus \{a\}$ e quindi esse sono tante quante queste ultime, cioè sono $C_{n-1,k}$. Siccome ogni combinazione è o del primo tipo o del secondo tipo deve aversi l'uguaglianza

$$C_{n,k} = C_{n-1,k} + C_{n-1,k-1},$$

che riletta in termini di coefficienti binomiali è la formula di Stiefel.

∎

Nota 3.7.3. Abbiamo dimostrato la formula di Stiefel nella condizione $1 \leq k \leq n$ per evitare valori negativi o maggiori di n per k nei coefficienti binomiali. Si può però osservare che la formula di Stiefel continua a valere per ogni valore di k se poniamo convenzionalmente $\binom{n}{k} = 0$ se $k < 0$ oppure $k > n$. Questa convenzione è in accordo col fatto che $\binom{n}{k}$ calcola il numero di combinazioni semplici.

Possiamo osservare che la formula di Stiefel può essere dimostrata alternativamente mediante una semplice manipolazione delle espressioni di $\binom{n}{k}$ In concreto:

$$\binom{n-1}{k-1} + \binom{n-1}{k} = \frac{(n-1)!}{(k-1)!(n-k)!} + \frac{(n-1)!}{k!(n-1-k)!} =$$

$$\frac{k(n-1)! + (n-k)(n-1)!}{k!(n-k)!} = \frac{n!}{k!(n-k)!} = \binom{n}{k}.$$

La formula di Stiefel suggerisce un metodo ricorsivo per tabulare i coefficienti binomiali $\binom{n}{k}$ per n crescente a partire da $n = 0$ che procede secondo i passi seguenti che definiscono un ciclo che può essere ripetuto un numero arbitrario di volte.

1. Inserire nella riga $n = 0$ e nel posto $k = 0$ il valore 1. Questo completa la riga $n = 0$.

2. Aumentare di 1 il valore di n e iniziare la nuova riga n-esima ponendo il valore 1 nel posto $k = 0$.

3. Per ogni k da 1 a $n - 1$ inserire nella riga n al posto k il valore ottenuto sommando i valori presenti nella riga precedente al posto k e al posto $k - 1$.

4. Completare la riga n-esima ponendo il valore 1 nel posto $k = n$.

5. Riprendere dal passo 2.

Il risultato dell'iterazione di questa procedura è la tabella seguente, nota per la sua forma come **triangolo di Pascal-Tartaglia**.

	$k=0$	$k=1$	$k=2$	$k=3$	$k=4$	$k=5$	$k=6$	$k=7$
$n=0$	1							
$n=1$	1	1						
$n=2$	1	2	1					
$n=3$	1	3	3	1				
$n=4$	1	4	6	4	1			
$n=5$	1	5	10	10	5	1		
$n=6$	1	6	15	20	15	6	1	
$n=7$	1	7	21	35	35	21	7	1
$\vdots$	$\vdots$	$\vdots$	$\vdots$	$\vdots$	$\vdots$	$\vdots$	$\vdots$	$\vdots$

Il teorema seguente (nota anche come **Formula del Binomio di Newton**) è la ragione del nome di coefficiente binomiale per i numeri $\binom{n}{k}$.

Teorema 3.7.4. *Per ogni numero intero $n \geq 1$ vale la formula*

$$(x+y)^n = \sum_{k=0}^{n} \binom{n}{k} x^{n-k} y^k = x^n + \binom{n}{1} x^{n-1} y + \binom{n}{2} x^{n-2} y^2 + \cdots + y^n.$$

Dimostrazione. Diamo una dimostrazione in cui usiamo la caratterizzazione dei coefficienti binomiali come numero di combinazioni. Usando la formula di Stiefel si può dare una dimostrazione alternativa per induzione su n, vedi esercizio 3.18.

Vogliamo dunque calcolare

$$(x+y)^n = \underbrace{(x+y)(x+y)\cdots(x+y)}_{n \text{ fattori}}$$

espandendo il prodotto di n fattori a destra ciascuno dei quali è uguale a $x+y$. Il calcolo si svolge così: si sceglie un termine tra x e y per ogni fattore, si moltiplicano fra di loro ottenendo un monomio della forma $x^{n-k}y^k$ quando si sceglie x in $n-k$ termini ed y nei restanti k e poi si sommano tutti i monomi così ottenuti facendo variare le scelte in tutti i modi possibili. Dunque il risultato dell'espansione è un'espressione della forma

$$\gamma_0 x^n + \gamma_1 x^{n-1}y + \gamma_2 x^{n-2}y^2 + \cdots + \gamma_n y^n$$

dove γ_k è il numero delle volte che il monomio $x^{n-k}y^k$ compare nell'espansione. Ma, ragionando sui "posti" in cui scegliere y, scegliere y un numero k di volte tra n termini è esattamente la stessa cosa che scegliere k oggetti tra n e quindi $\gamma_k = C_{n,k} = \binom{n}{k}$. ∎

Anche la proprietà dei coefficienti binomiali oggetto della prossima proposizione potrebbe essere derivata per induzione usando la formula di Stiefel (vedi esercizio 3.19).

Proposizione 3.7.5. *Per ogni numero intero $n \geq 0$ vale la formula*

$$\sum_{k=0}^{n} \binom{n}{k} = \binom{n}{0} + \binom{n}{1} + \binom{n}{2} + \cdots + \binom{n}{n} = 2^n.$$

Dimostrazione. La formula vale certamente nel caso $n = 0$ per cui possiamo assumere $n \geq 1$. Applichiamo allora la formula del binomio di Newton particolarizzata al caso $x = y = 1$. Si ha

$$2^n = (1+1)^n = \sum_{k=0}^{n} \binom{n}{k} 1^{n-k} \cdot 1^k = \sum_{k=0}^{n} \binom{n}{k}. ∎$$

Nota 3.7.6. Possiamo dimostrare la formula $\sum_{k=0}^{n} \binom{n}{k} = 2^n$ anche usando direttamente la caratterizzazione $C_{n,k} = \binom{n}{k}$. Infatti se A è un insieme finito con $|A| = n$ sappiamo che $|P(A)| = 2^n$ (è uno degli esempi di applicazione dell'induzione discussi dopo il teorema 1.4.1). D'altra parte l'insieme delle parti $P(A)$ si ripartisce come

$$P(A) = \bigcup_{k=0}^{n} P_k(A). \qquad \text{dove } P_k(A) = \{S \subset A \,|\, |S| = k\}.$$

Quindi, riassumendo,

$$2^n = |P(A)| = \sum_{k=0}^{n} |P_k(A)| = \sum_{k=0}^{n} C_{n,k} = \sum_{k=0}^{n} \binom{n}{k}.$$

Esercizi

Esercizio 3.1. Siano A e B due insiemi non vuoti, Dimostrare che:

1. se esiste una funzione iniettiva $f : A \to B$ allora esiste una funzione suriettiva $g : B \to A$;

2. se esiste una funzione suriettiva $f : A \to B$ allora esiste una funzione iniettiva $g : B \to A$.

Esercizio 3.2. Completare la dimostrazione alternativa del principio di inclusione–esclusione per 3 insiemi delineata nella nota 3.2.5.

Esercizio 3.3. Scrivere la formula del principio di inclusione-esclusione per 4 insiemi A, B, C, D nell'ipotesi c he ogni intersezione di 3 di essi è vuota.

Esercizio 3.4. Calcolare quanti sono i numeri interi

1. da 1 e 1680 che sono divisibili per almeno uno tra 2, 6 e 7;

2. da 1 e 2160 che non sono divisibili ne'per 5, ne' per 9 ne' per 12.

Esercizio 3.5. Un numismatico possiede una collezione che include 25 monete d'argento, 170 monete europee e 415 monete di formato rotondo. Sappiamo che ogni sua moneta possiede almeno una delle caratteristiche suddette. Sappiamo anche che: le monete d'argento tonde sono 22, le monete europee tonde sono 152 e le monete europee d'argento sono tutte tonde. Quante monete ci sono nella collezione?

Esercizio 3.6. Ad una festa c'erano 20 persone con i capelli biondi, 18 con i capelli neri, 15 con gli occhi azzurri e 12 con gli occhi verdi e ogni invitato aveva almeno una di queste caratteristiche. Sappiamo che delle persone bionde 12 avevano occhi azzurri e 4 occhi verdi mentre tra coloro che avevano capelli neri 1 aveva occhi azzurri e 7 occhi verdi. Quante persone erano presenti alla festa?

Esercizio 3.7. Sia $S = \{a, b, c, d, e, f, 1, 2, 3, 4\}$. Calcolare il numero degli ordinamenti di S tali che:

1. il primo e l'ultimo simbolo siano una lettera ed una cifra;

2. il primo e l'ultimo simbolo siano due lettere oppure due cifre.

Esercizio 3.8. Anna possiede 11 magliette, 5 paia di pantaloni, 6 paia di scarpe e 2 borsette.

1. In quanti modi diversi Anna può scegliere maglietta, pantaloni, scarpe e borsetta per vestirsi?

2. Anna ha comprato una scarpiera che ha 14 scomparti. In quanti modi diversi Anna può riporre le sue scarpe mettendo ogni paio di scarpe in un diverso scomparto nella scarpiera?

3. Anna parte per un weekend al mare e decide di portare con sè 4 magliette, 2 paia di pantaloni, 2 paia di scarpe e 1 borsetta. Quante sono le possibili scelte di questi capi?

Esercizio 3.9. Una ditta associa ad ogni impiegato un codice numerico di 6 cifre. Calcolare il numero dei codici possibili in ciascuno dei casi seguenti.

1. Un codice deve alternare cifre pari a cifre dispari e non può contenere cifre ripetute.

2. Un codice non può cominciare con la cifra 0 ed inoltre la somma delle cifre che lo compongono deve essere pari.

3. Un codice non può contenere la cifra 0 più di due volte.

Esercizio 3.10. Sei amici, Alessandro, Bruno, Carlo, Daniele, Enrico e Franco prendono posto su una fila di sei sedie. Calcolare in quanti modi i sei possono sedersi

1. senza restrizioni;

2. oppure in modo che Carlo e Franco siedano sulle due sedie centrali;

3. oppure in modo che Bruno e Daniele siedano vicini.

Esercizio 3.11. Ad un corso di ballo sono iscritti 11 uomini ed 9 donne. Si tengono due lezioni la settimana, il lunedì e il giovedì.

1. Se ad una lezione tutti gli studenti sono presenti, quante sono le possibili coppie (uomo-donna) che si possono formare durante la lezione?

2. Per uno spettacolo alla fine del corso i maestri scelgono fra gli studenti 5 uomini e 5 donne per una certa coreografia. Quante sono le scelte possibili di quei 10 studenti?

3. La scorsa settimana ogni studente era presente ad almeno una lezione: al lunedì erano presenti 8 donne e 7 uomini mentre al giovedì erano presenti 7 donne e 9 uomini. Quanti dei 20 studenti erano presenti ad entrambe le lezioni?

Esercizio 3.12. I circoli di tennis "Laver" e "Rosewall" si sfidano su un match di 7 incontri: 4 singolari maschili, 2 singolari femminili ed un doppio misto. Il doppio misto è giocato da tennisti e tenniste già selezionate per i singoli.

1. Il circolo "Laver" ha 8 tennisti e 5 tenniste di buon livello tra cui se-lezionare la squadra. Quante sono le squadre possibili tra cui il "Laver" deve sceglierne una?

2. Formate le squadre, i partecipanti verranno accoppiati casualmente (ten-nisti con tennisti e tenniste con tenniste) per i 6 singolari e un tennista ed una tennista per squadra verranno sorteggiati per il doppio misto. Quanti sono teoricamente i possibili accoppiamenti fra le due squadre?

3. I sette incontri vengono disputati consecutivamente: prima i 4 singoli maschili, poi i 2 singoli femminili, poi il doppio. Quanti sono i possibili ordinamenti dei sette incontri?

Esercizio 3.13. Viene formato un gruppo di lavoro costituito da 16 informatici per un progetto europeo a cui partecipano Italia, Francia, Belgio, Spagna.

1. Il gruppo di lavoro sarà denominato con una sigla formata dalle 4 iniziali I, F, B, S delle nazioni coinvolte. Quanti sono le possibili sigle?

2. Quante diverse distribuzioni per nazionalità può avere un tale gruppo se si richiede che sia presente almeno un membro per ciascuna nazione partecipante?

3. Una volta scelto il gruppo dei 16 informatici, si provvede ad attribuire i compiti: 7 di loro lavoreranno al sottoprogetto 1, 6 al sottoprogetto 2, i tre rimanenti ricopriranno il ruolo di coordinatore tra i due progetti, di responsabile del budget e di responsabile della presentazione dei risultati. In quanti modi in totale si possono attribuire i compiti?

Esercizio 3.14. Un fiorista vende rose di 5 colori diversi (rosa, rosse, gialle, bianche e azzurre).

1. Volendo acquistare un mazzo bicolore, quanti sono i possibili abbinamenti di colore?

2. Di quante rose deve essere costituito un mazzo per essere sicuri che ve ne siano almeno 5 dello stesso colore?

3. Quanti mazzi distinti di 12 rose si possono formare se si vuole che tutti i colori siano presenti?

Esercizio 3.15. Un chimico vuole preparare un profumo miscelando in parti uguali 8 essenze base a sua disposizione.

1. Quante sono in totale le miscele possibili usando 2, 3 o 4 essenze?

2. Una volta scelta la miscela. questa viene commercializzata in scatolette contenenti 6 boccette ciascuna, ognuna delle quali puøessere di 4 colori diversi. Quante sono le confezioni possibili se le 6 boccette sono prese a caso?

3. Quante invece sono le confezioni possibili se ogni scatola contiene 3 coppie di boccette dello stesso colore?

Esercizio 3.16. Alle semifinali olimpiche della gara dei 100 metri piani sono ammessi i 16 tempi migliori delle qualificazioni. I 16 atleti sono poi distribuiti in due semifinali da 8 atleti ciascuna. Determinare il numero delle possibili distribuzioni dei 16 atleti nelle due semifinali nei casi seguenti:

1. non si richiede nessuna condizione, tutte le possibilità sono ammesse;

2. i quattro atleti coi tempi migliori devono essere distribuiti equamente nelle due semifinali (due per ciascuna);

3. 9 atleti in semifinale sono europei e in ciascuna semifinale devono essere presenti non più di 6 atleti europei.

Esercizio 3.17. Calcolare il numero degli anagrammi delle parole seguenti,

ALGORITMO, INFORMATICA, TORINO,

DISPOSIZIONI, COROLLARIO.

Esercizio 3.18. Dimostrare la formula del binomio di Newton (teorema 3.7.4) per induzione sull'esponente n. Suggerimento: applicare la formula di Stiefel (proposizione 3.7.2).

Esercizio 3.19. Dimostrare la formula $\sum_{k=0}^{n} \binom{n}{k} = 2^n$ (proposizione 3.7.5) per induzione su n. Suggerimento: applicare la formula di Stiefel (proposizione 3.7.2).

Esercizio 3.20. Dimostrare che per $n \geq 2$ si ha

$$\binom{n}{k} = \binom{n-2}{k-2} + 2\binom{n-1}{k-1} + \binom{n-2}{k}.$$

(tenere presente la nota 3.7.3)

Esercizio 3.21. Sia n dispari. Dimostrare che

$$\sum_{k \text{ pari}} \binom{n}{k} = \sum_{k \text{ dispari}} \binom{n}{k}.$$

L'uguaglianza è vera anche se n è pari?

Capitolo 4

I Numeri Interi

In questo capitolo raccogliamo alcuni risultati fondamentali sull'aritmetica dei numeri interi. Molti di questi risultati sono sicuramente già ben noti a chi legge ma ne daremo qui una dimostrazione abbastanza rigorosa col linguaggio e le tecniche della teoria degli insiemi fin qui sviluppate. È interessante osservare, benché la cosa vada al di là degli obiettivi di questo corso, che l'aritmetica dei numeri interi che discuteremo qui è il prototipo e l'ispirazione per lo sviluppo di strutture algebriche ben più generali.

4.1   Operazioni e divisibilità

Come ricordato nella sezione 2.5 'insieme $\mathbb{Z}$ dei numeri interi possiede due operazioni naturali: una è l'addizione

$$s : \mathbb{Z} \times \mathbb{Z} \longrightarrow \mathbb{Z}, \qquad s(a, b) = a + b,$$

l'altra è la moltiplicazione

$$m : \mathbb{Z} \times \mathbb{Z} \longrightarrow \mathbb{Z}, \qquad m(a, b) = ab.$$

La **somma** di a e $b \in \mathbb{Z}$ è il risultato $a + b$ dell'operazione di addizione ed il loro **prodotto** è il risultato ab dell'operazione di moltiplicazione. Le operazioni sono entrambe commutative, associative e possiedono elemento neutro: 0 è neutro per l'addizione, 1 è neutro per la moltiplicazione. Inoltre ogni elemento di $\mathbb{Z}$ è invertibile per l'addizione (l'inverso additivo è più comunemente detto **opposto** di a) mentre solo $\{1, -1\}$ sono invertibili per la moltiplicazione.

Inoltre vale una proprietà di compatibilità tra somma e moltiplicazione detta **proprietà distributiva**:

$$\forall a \text{ e } \forall x, y \in \mathbb{Z} \qquad a(x + y) = ax + ay.$$

Rispetto all'addizione la struttura di $\mathbb{Z}$ è molto semplice. Abbiamo l'elemento neutro 0 e abbiamo il numero 1 che ha la seguente proprietà: tutti i multipli

di 1 insieme ai loro opposti esauriscono l'intero insieme $\mathbb{Z}$. Infatti iterando
l'addizione solo sul numero 1 otteniamo

$$0, \quad 1, \quad 2 = 1+1, \quad 3 = 1+1+1 \quad \cdots \quad n = \underbrace{1+1+\cdots+1}_{n \text{ addendi}}, \quad \cdots$$

che ci restituisce $\mathbb{N}$ e $\mathbb{Z}$ è costituito da $\mathbb{N}$ insieme agli opposti dei suoi elementi.

La struttura di $\mathbb{Z}$ rispetto alla moltiplicazione è però alquanto più complessa.
Il fenomeno descritto sopra non accade: qualunque numero intero n si consideri
le sue potenze non esauriscono $\mathbb{Z}$. È necessario introdurre alcuni concetti nuovi
iniziando dalla **divisibilità**.

Definizione 4.1.1. *Siano a e b due numeri interi. Diciamo che a **divide** b
(o che a è un **divisore** di b, o che b è divisibile per a), talvolta simbolicamente
scritto $a \mid b$, se esiste un numero intero k tale che $b = ka$.*

Per esempio -4 divide 20 perché $-4 \cdot (-5) = 20$ ma 3 non divide 10 perché
non esiste alcun $k \in \mathbb{Z}$ tale che $3k = 10$. Si noti che:

1. ogni $n \in \mathbb{Z}$ divide 0 in quanto $n \cdot 0 = 0$ ma 0 divide solo 0 in quanto non
   si può ottenere $0 \cdot k = n$ se $n \neq 0$;

2. i numeri invertibili dividono ogni n in quanto $1 \cdot n = n$ e $(-1) \cdot (-n) = n$
   qualunque sia n e sono i soli numeri ad avere questa proprietà. Infatti se
   $n \neq \pm 1$ allora n non divide 1.

Una proprietà della divisibilità di una somma che si usa spesso è la seguente.

Proposizione 4.1.2. *Siano a e b numeri interi e sia $s = a + b$. Allora:*

1. *un divisore di a e b è anche un divisore di s;*

2. *un divisore di s e di uno degli addendi è un divisore anche dell'altro addendo.*

Dimostrazione. La dimostrazione usa la proprietà distributiva.

1. Se $dj = a$ e $dk = b$, allora $s = a + b = dj + dk = d(j + k)$ e quindi $d \mid s$.

2. Se d divide s e uno degli addendi si procede allo stesso identico modo
   riscrivendo la somma come $b = s - a$ oppure come $a = s - b$.

∎

La classificazione seguente apparirà "strana" in prima lettura ed in contraddizione con quella tradizionale di uso corrente.

Definizione 4.1.3. *Sia n un numero intero, $n \notin \{0, 1, -1\}$.*

1. *Diciamo che n è **irriducibile** se ogni qualvolta $n = ab$ allora uno dei
   fattori è invertibile.*

2. *Diciamo che n è* **riducibile** *se non è irriducibile, ovvero se esistono modi di scrivere n = ab dove ne' a ne' b sono invertibili.*

3. *Diciamo che n è* **primo** *se ogni qualvolta n | ab allora n è anche un divisore di a oppure di b.*

In base a queste definizioni possiamo dire, ad esempio:

1. che 7 è irriducibile perché i soli modi di scrivere 7 come prodotto sono $7 = 7 \cdot 1 = (-7) \cdot (-1)$ ed entrambi includono invertibili tra i fattori;

2. che -10 è riducibile in quanto si ha una decomposizione $-10 = 2 \cdot (-5)$ che non include invertibili;

3. che 6 non è primo perchè $6 \mid 30 = 3 \cdot 10$ ma 6 non è divisore di 3 e neanche di 10.

È una conseguenza della definizione che se n è un intero irriducibile allora l'insieme dei suoi divisori è esattamente $\{1, -1, n, -n\}$. In generale, un $n \neq 0$ può avere molti divisori ma comunque un numero finito perchè se $d \mid n$ allora $|d| \leq |n|$ ed esistono solo un numerofinito di numeri interi compresi nell'intervallo $[-n, n]$. Inoltre qualunque sia n i numeri 1 e -1 sono tra i divisori di n per cui gli insiemi dei divisori dei vari numeri interi non sono mai disgiunti. Quindi ha sempre senso parlare di *divisori comuni* e la seguente definizione è del tutto naturale.

Definizione 4.1.4. *Siano a e b due numeri interi non entrambi nulli. Si definisce* **massimo comun divisore** *di a e b il numero*

$$\mathrm{MCD}(a, b) = \max \{d \in \mathbb{Z} \mid d \mid a \text{ e } d \mid b\}.$$

Si noti che una conseguenza immediata della definizione è che $\mathrm{MCD}(a, b) > 0$ indipendentemente dal segno di a e di b e che $\mathrm{MCD}(0, b) = |b|$ per ogni intero $b \neq 0$.

Quando a e b sono numeri sufficientemente piccoli il calcolo del loro massimo comun divisore si può fare semplicemente ispezionando gli insiemi dei loro divisori potendo peraltro limitarsi ai divisori positivi. Ad esempio è molto facile convincersi che $\mathrm{MCD}(15, -40) = 5$, $\mathrm{MCD}(28, 100) = 4$ e simili. Questa strategia è però molto poco efficace nel caso di numeri "grandi" perchè produrre una lista completa dei divisori di n è una procedura che diventa mediamente sempre più laboriosa man mano che n cresce. Nella prossima sezione discuteremo un algoritmo che produce rapidamente il massimo comun divisore di due numeri senza bisogno di ricavare preventivamente la lista dei loro divisori.

4.2   La divisione euclidea

La divisione euclidea non è altro che la formalizzazione dell'algoritmo per calcolare la divisione con resto fra numeri interi che abbiamo tutti imparato ad usare nella scuola elementare. Risulterà essere, per alcune sue conseguenze che enunceremo, uno strumento importante per l'analisi delle proprietà aritmetiche dei numeri interi.

Teorema 4.2.1. *Siano a e b numeri interi con $b \neq 0$. Allora esistono e sono unici numeri interi q e r con $0 \leq r < |b|$ tali che*

$$a = qb + r.$$

Dimostrazione. La dimostrazione è divisa in due parti: nella prima dimostriamo che q e r esistono come richiesto. Nella seconda parte dimostriamo che i q ed r che soddisfano la richiesta sono unici.

Per quanto riguarda l'esistenza di q e r possiamo limitarci al caso $a \geq 0$ e $b > 0$. Infatti se sappiamo trovare q e r nella situazione appena descritta, possiamo trovarli in qualunque altra combinazione di segni come facciamo vedere subito.

1. Se $a \geq 0$ e $b < 0$, dalla scrittura $a = q(-b) + r$ (che sappiamo ricavare perché $-b > 0$) otteniamo $a = (-q)b + r$.

2. Se $a < 0$ e $b > 0$, dalla scrittura $-a = qb + r$ (che sappiamo ricavare perché $-a \geq 0$) otteniamo $a = (-q)b$ se $r = 0$ e $a = (-q-1)b + (b-r)$ se $r \neq 0$. In particolare quest'ultima espressione soddisfa la richiesta perché $0 < b - r < b$.

3. Se $a \leq 0$ e $b < 0$ dalla scrittura $-a = q(-b) + r$ (che sappiamo ricavare perché $-a \geq 0$ e $-b > 0$) otteniamo $a = qb$ se $r = 0$ e $a = qb - r = (q+1) + (-b-r)$ se $r \neq 0$ dove la richiesta è nuovamente soddisfatta in quanto $0 < -b - r = |b| - r < |b|$.

Consideriamo dunque il caso $a \geq 0$ e $b > 0$ procedendo per induzione su a. Se $a = 0$ possiamo prendere semplicemente $q = r = 0$ e la richiesta dell'enunciato è soddisfatta.

Assumiamo dunque che una coppia di numeri come richiesto esista per ogni intero non negativo $\alpha < a$ e per ogni $b > 0$ e troviamone una per la coppia (a, b).

Se $a < b$ basta prendere $q = 0$ e $r = a$ per soddisfare la richiesta, quindi assumiamo anche $a \geq b$. Ma allora $\alpha = a - b$ è non negativo e per ipotesi induttiva esistono q' e r' con $0 \leq r' < b$ tali che

$$\alpha = q'b + r'.$$

Esplicitando a dall'ultima identità otteniamo

$$a = \alpha + b = q'b + r' + b = (q' + 1)b + r'$$

e quindi per a e b la richiesta del teorema è soddisfatta da $q = q' + 1$ e $r = r'$.

Per dimostrare l'unicità di q ed r supponiamo di avere

$$a = qb + r = q'b + r'$$

con entrambi r ed r' inclusi tra 0 e $b-1$ e dove possiamo assumere, a meno di rinominare gli elementi, $r \geq r'$. Questa uguaglianza può essere riscritta

$$(q' - q)b = r - r'$$

rendendo evidente che $r - r'$ è un multiplo di b. Siccome si ha $0 \leq r - r' < b$ deve risultare $r - r' = 0$, cioè $r = r'$. Ma allora, ritornando all'uguaglianza sopra risulta anche $q = q'$ completando la dimostrazione dell'unicità. ∎

Dati a (detto **dividendo**) e b (detto **divisore**) il calcolo effettivo di q ed r (detti rispettivamente **quoziente** e **resto**) si effettua mediante il ben noto algoritmo elementare che qui non ricordiamo. Otteniamo per esempio

$$(a = 1903, b = 72) \mapsto 1903 = 26 \cdot 72 + 31$$

oppure

$$(a = 811, b = 104) \mapsto 7 \cdot 104 + 83.$$

Sottolineiamo invece come, seguendo il ragionamento della dimostrazione, possiamo trattare i casi in cui dividendo o divisore o entrambi sono negativi. Ad esempio se $a = -827$ e $b = 11$ otteniamo dapprima

$$827 = 75 \cdot 11 + 2 \qquad \text{e quindi} \qquad -827 = (-76) \cdot 11 + 9,$$

oppure se $a = -391$ e $b = -24$ otteniamo dapprima

$$391 = 16 \cdot 24 + 7 \qquad \text{e quindi} \qquad -391 = 17 \cdot (-24) + 17.$$

Una prima applicazione dell'algoritmo di divisione euclidea riguarda la **notazione posizionale**. Ricordiamo che la notazione posizionale di un numero è un metodo di scrivere i numeri in cui le cifre indicano un coefficiente moltiplicatore di una potenza sempre maggiore di 10. Ad esempio

$$24075 = 5 \cdot 1 + 7 \cdot 10 + 0 \cdot 100 + 4 \cdot 1000 + 2 \cdot 10000 =$$
$$5 \cdot 10^0 + 7 \cdot 10^1 + 0 \cdot 10^2 + 4 \cdot 10^3 + 2 \cdot 10^4.$$

Il legame con l'algoritmo di divisione euclidea è nel fatto che le cifre della notazione possono ottenersi come resti di divisioni successive. Nell'esempio sopra

$$
\begin{aligned}
24075 &= 2407 \cdot 10 + 5 \\
2407 &= 240 \cdot 10 + 7 \\
240 &= 24 \cdot 10 + 0 \\
24 &= 2 \cdot 10 + 4 \\
2 &= 0 \cdot 10 + 2
\end{aligned}
$$

e vediamo come le cifre 5, 7, 0, 4 e 2, a partire da destra, cioè dai coefficienti delle potenze di 10 di grado minore, si ottengono come resti di divisioni per 10 in cui il dividendo nella prima divisione è il numero di partenza e nelle divisioni successive è il quoziente della divisione precedente.

La scelta della base 10 ha ragioni di praticità, convenienza e tradizione ma non è obbligata. Poiché i computer memorizzano dati usando interruttori che hanno 2 posizioni (acceso/spento) in informatica torna comodo esprimere i numeri usando basi potenze di 2, in particolare 2, 8 e 16. Possiamo quindi procedere in totale generalità.

Definizione 4.2.2. *Sia $b \geq 2$ un numero intero (detto* **base***) e sia C un insieme di b simboli (detti* **cifre***) che rappresentano i numeri interi da 0 a $b-1$ inclusi. Si dice* **notazione posizionale** *di un numero intero $N \geq 0$* **in base** *b la successione di cifre*

$$N = c_n \cdots c_2 c_1 c_0 \qquad dove \quad N = c_0 b^0 + c_1 b + c_2 b^2 + \cdots + c_n b^n.$$

Nota 4.2.3. Quando $b \leq 10$ si possono usare le consuete cifre $C = \{0, 1, 2, ...\}$ fin dove necessario. Quando $b \geq 11$ e le solite 10 cifre non bastano più: è prassi usare le lettere con la convenzione

$$A = 10, \quad B = 11, \quad C = 12, ...$$

Poiché l'uso di basi grandi è del tutto infrequente, la convenzione appena illustrata è sufficiente a tutti i casi concreti[1]

Ad esempio in base 2, **notazione binaria**, usiamo le cifre $\{0, 1\}$ e la successione dei numeri naturali si scrive

$$0, \quad 1, \quad 10, \quad 11, \quad 100, \quad 101, \quad 110, \quad 111, \quad 1000, \quad ....$$

In base 3 usiamo le cifre $\{0, 1, 2\}$ e la successione dei numeri naturali si scrive

$$0, \quad 1, \quad 2, \quad 10, \quad 11, \quad 12, \quad 20, \quad 21, \quad 22, \quad 100, \quad 101, \quad ....$$

Nota 4.2.4. L'uso contemporaneo di più di una base può portare a qualche ambiguità notazionale. Per evitare confusioni, quando non è chiaro dal contesto quale base si sta usando scriveremo la notazione posizionale come

$$c_n \cdots c_2 c_1 c_{0[b]}$$

per specificare l'uso della base b.

Vogliamo ora spiegare come si fa a convertire un numero N dalla notazione in base b alla notazione in base B. Da un punto di vista pratico la strategia migliore è quella di convertire prima il numero dalla base b in base 10 e poi dalla base 10 all'altra base B. Quindi il problema si suddivide in due, e le due parti sono come passare da una base diversa da 10 in base 10 e viceversa. Trattiamo solo il caso $N > 0$. Se $N < 0$ basta trattare il numero positivo $|N|$ e apporre un segno meno al termine della conversione.

---

[1]Da un punto di vista storico è interessante osservare che i Babilonesi usavano un sistema posizionale sessagesimale (base 60). La suddivisione dell'ora in 60 minuti e dell'angolo giro in 360 gradi sono un'eredità babilonese.

1. Passare dalla base b alla base 10. Per questo basta ricordare il significato della notazione posizionale:

$$c_n \cdots c_2 c_1 c_{0[b]} = c_0 b^0 + c_1 b + c_2 b^2 + \cdots + c_n b^n,$$

data la scrittura a sinistra basta calcolare l'espressione a destra usando la notazione decimale. Ad esempio

$$31057_{[8]} = 7 \cdot 1 + 5 \cdot 8 + 0 \cdot 8^2 + 1 \cdot 8^3 + 3 \cdot 8^4 =$$
$$7 + 40 + 0 + 512 + 12288 = 12847;$$

oppure

$$6A3B_{[12]} = 11 \cdot 1 + 3 \cdot 12 + 10 \cdot 12^2 + 6 \cdot 12^3 =$$
$$11 + 36 + 1440 + 10368 = 11855.$$

2. Passare dalla base 10 alla base b. Per ottenere la notazione posizionale in base b di un numero N implementiamo l'idea delle divisioni successive con divisore b già usata sopra nell'esempio di ricostruzione della notazione decimale del numero 24075. Otteniamo il seguente **algoritmo** dove $\mathcal{C}$ è l'insieme delle cifre da usare in base b:

Passo 1 : Poniamo $a = N$ e $\sigma = \{\}$ la stringa vuota di elementi di $\mathcal{C}$.

Passo 2 : Usiamo la divisione euclidea con divisore b per scrivere $a = qb + r$ ed inseriamo r in σ scrivendolo a sinistra dell'ultimo elemento scritto.

Passo 3 : Se $q = 0$ l'algoritmo termina e la stringa σ è la notazione decimale di N in base b; se $q \neq 0$ ripetiamo il passo 2 con $a = q$.

È chiaro che la successione dei quozienti che si calcolano man mano è decrescente e quindi l'algoritmo termina dopo un certo numero di passi. Calcoliamo due esempi espliciti nella tabella sotto riportando anche i passaggi intermedi.

$N = 6342, b = 6$	σ	$N = 45138, b = 11$	σ
$6342 = 1057 \cdot 6 + 0$	0	$45138 = 4103 \cdot 11 + 5$	5
$1057 = 17 \cdot 6 + 1$	10	$4103 = 373 \cdot 11 + 0$	05
$176 = 29 \cdot 6 + 2$	210	$373 = 33 \cdot 11 + 10$	A05
$29 = 4 \cdot 6 + 5$	5210	$33 = 3 \cdot 11 + 0$	0A05
$4 = 0 \cdot 6 + 4$	$\boxed{45210}$	$3 = 0 \cdot 6 + 3$	$\boxed{30A05}$

Una seconda applicazione dell'algoritmo di divisione euclidea è un algoritmo che per mette di calcolare rapidamente il massimo comun divisore di due numeri. Tale algoritmo si basa sulla proprietà seguente della divisione euclidea.

Proposizione 4.2.5. *Siano a e b due numeri interi con $b \neq 0$ e supponiamo $a = qb + r$. Allora l'insieme dei divisori comuni ad a e b coincide con l'insieme dei divisori comuni a b e r. In particolare si ha* $\mathrm{MCD}(a, b) = \mathrm{MCD}(b, r)$.

Dimostrazione.

1. Sia δ un divisore comune ad a e b. Dunque possiamo scrivere $a = \delta\alpha$ e $b = \delta\beta$ per opportuni numeri interi α e β e $a = qb + r$ diventa $\delta\alpha = qd\beta + r$ da cui, isolando r,
$$r = \delta\alpha - q\delta\beta = \delta(\alpha - q\beta)$$
che mostra come δ divida anche r. Per cui i divisori comuni ad a e b dividono r (e b).

2. Sia δ un divisore comune a b e r. Dunque possiamo scrivere $b = \delta\beta$ e $r = \delta\rho$ per opportuni numeri interi β e ρ da cui
$$a = qb + r = q\delta\beta + \delta\rho = \delta(q\beta + \rho)$$
che mostra come δ divida anche a. Per cui i divisori comuni ad b e r dividono a (e b).

Presi insieme questi due passaggi dimostrano che l'insieme dei divisori comuni ad a e b coincide con l'insieme dei divisori comuni a b e r. L'affermazione sui MCD è chiara perché insiemi coincidenti devono avere lo stesso massimo. ∎

Per calcolare il MCD di due numeri interi a e b con $b \neq 0$ procediamo come segue. Calcoliamo in successione le divisioni euclidee

$$
\begin{aligned}
a &= q_1 b + r_1 \\
b &= q_2 r_1 + r_2 \\
r_1 &= q_3 r_2 + r_3 \\
r_2 &= q_4 r_3 + r_4 \\
&\ \ \vdots
\end{aligned}
$$

dove nelle divisioni successive alla prima il dividendo è il divisore e il divisore è il resto della divisione precedente. Applicando la proposizione appena dimostrata a tutti i passi della successione di divisioni otteniamo una catena di uguaglianze

$$\mathrm{MCD}(a, b) = \mathrm{MCD}(b, r_1) = \mathrm{MCD}(r_1, r_2) = \mathrm{MCD}(r_2, r_3) = \mathrm{MCD}(r_3, r_4) = \cdots.$$

Osserviamo che nel dimostrazione della proposizione 4.2.5 non abbiamo mai usato il fatto che $0 \leq r < |b|$. Se però applichiamo questo fatto otteniamo delle disuguaglianze strette

$$|b| > r_1 > r_2 > r_3 > r_4 > \cdots > 0$$

e quindi per un certo valore n otteniamo $r_{n+1} = 0$, cioè la successione di divisioni euclidee termina con

$$
\begin{aligned}
\vdots \qquad \vdots \\
r_{n-3} &= q_{n-1}r_{n-2} + r_{n-1} \\
r_{n-2} &= q_n r_{n-1} + r_n \\
r_{n-1} &= q_{n+1}r_n.
\end{aligned}
$$

Allora

$$
\mathrm{MCD}(a,b) = \mathrm{MCD}(b,r_1) = \cdots = \mathrm{MCD}(r_{n-2}, r_{n-1}) = \\
\mathrm{MCD}(r_{n-1}, r_n) = \mathrm{MCD}(r_n, 0) = r_n,
$$

da cui risulta che $\mathrm{MCD}(a.b)$ è uguale all'ultimo resto non nullo nella successione di divisioni euclidee. Come esempio, usiamo l'algoritmo appena descritto per calcolare

$$
\mathrm{MCD}(5355, 651) = 21 \quad \text{e} \quad \mathrm{MCD}(3575, 654) = 1.
$$

$$
\begin{aligned}
5355 &= 8 \cdot 651 + 147 \\
651 &= 4 \cdot 147 + 63 \\
147 &= 2 \cdot 63 + \boxed{21} \\
63 &= 3 \cdot 21 + 0
\end{aligned}
\qquad
\begin{aligned}
3575 &= 5 \cdot 654 + 305 \\
654 &= 2 \cdot 305 + 44 \\
305 &= 6 \cdot 44 + 41 \\
44 &= 1 \cdot 41 + 3 \\
41 &= 13 \cdot 3 + 2 \\
3 &= 1 \cdot 2 + \boxed{1} \\
2 &= 2 \cdot 1 + 0.
\end{aligned}
$$

Un corollario della possibilità di calcolare $d = \mathrm{MCD}(a,b)$ tramite una successione di divisioni euclidee è l'esistenza di un'identità che lega a, b e d che prende il nome di **Identità di Bezout** ed è l'oggetto del prossimo teorema.

Teorema 4.2.6. *Siano a e b due numeri interi e sia $d = \mathrm{MCD}(a,b)$. Allora esistono numeri interi A e B tali che*

$$
d = aA + bB.
$$

Dimostrazione. Sappiamo che $d = \mathrm{MCD}(a,b)$ si può ottenere come ultimo resto non nullo di una sequenza di divisioni euclidee in cui i dividendi e i divisori di ciascuna divisione successiva alla prima sono, rispettivamente, il divisore ed il resto della divisione precedente: cioè $d = r_n$ dove

$$
\begin{aligned}
a &= q_1 b + r_1 \\
b &= q_2 r_1 + r_2 \\
r_1 &= q_3 r_2 + r_3 \\
\vdots \qquad \vdots \\
r_{n-2} &= q_n r_{n-1} + r_n \\
r_{n-1} &= q_{n+1} r_n.
\end{aligned}
$$

Possiamo allora procedere a ritroso: iniziamo ricavando $d = r_n$ dall'ultima divisione con resto non nullo:

$$d = r_n = r_{n-2} - q_n r_{n-1}.$$

Il membro destro di questa uguaglianza contiene i due resti ancora precedenti r_{n-2} e r_{n-1}; possiamo allora usare la divisione che dà resto r_{n-1} per scrivere, a partire dalla precedente espressione per d,

$$d = r_{n-2} - q_n(r_{n-3} - q_{n-1} r_{n-2}) =$$
$$(1 + q_n q_{n-1}) r_{n-2} - q_n r_{n-3} = a_{n-2} r_{n-2} + b_{n-2} r_{n-3}$$

dove a_{n-2} e b_{n-2} sono numeri interi. L'espressione per d ottenuta è una combinazione di r_{n-3} e r_{n-2}. Proseguendo ed iterando questa procedura si termina con un'espressione per d come combinazione di a e b che è l'identità cercata. ∎

Nota 4.2.7. Osserviamo che se δ è un divisore comune ad a e b allora per ogni scelta di A e B il numero $Aa + Bb$ è un multiplo di δ e quindi, in particolare, è un multiplo di MCD(a, b). L'identità di Bezout afferma che è possibile trovare valori particolari di A e B tali da ottenere *esattamente* il massimo comun divisore.

Come esempio ricaviamo le identità di Bezout per le coppie $(a = 5355, b = 651)$ e $(a = 3575, b = 654)$ utilizzando il calcolo delle divisioni euclidee svolto sopra. Per la prima coppia

$$\begin{aligned}
21 &= 147 - 2 \cdot 63 \\
&= 147 - 2(651 - 4 \cdot 147) = 9 \cdot 147 - 2 \cdot 651 \\
&= 9(5355 - 8 \cdot 651) - 2 \cdot 651 = \boxed{9 \cdot 5355 - 74 \cdot 651}
\end{aligned}$$

Per la seconda coppia

$$\begin{aligned}
1 &= 3 - 2 \\
&= 3 - (41 - 13 \cdot 3) = 14 \cdot 3 - 41 \\
&= 14(44 - 41) - 41 = 14 \cdot 44 - 15 \cdot 41 \\
&= 14 \cdot 44 - 15 \cdot (305 - 6 \cdot 44) = 104 \cdot 44 - 15 \cdot 305 \\
&= 104(654 - 2 \cdot 305) - 15 \cdot 305 = 104 \cdot 654 - 223 \cdot 305 \\
&= 104 \cdot 654 - 223(3575 - 5 \cdot 654) = \boxed{1219 \cdot 654 - 223 \cdot 3575}
\end{aligned}$$

Nota 4.2.8. I valori A e B che realizzano l'identità di Bezout non sono unici. Ad esempio

$$1 = 3 - 2 = 3 \cdot 3 - 4 \cdot 2 = 5 \cdot 3 - 7 \cdot 2 = 7 \cdot 3 - 10 \cdot 2 = \cdots$$

sono tutte realizzazioni dell'identità di Bezout per MCD$(2, 3) = 1$. L'algoritmo appena descritto per la determinazione dell'identità di Bezout fornisce una coppia di valori (A, B) ben specifica.

4.3   Il teorema fondamentale dell'aritmetica

Ora che abbiamo a disposizione la divisione euclidea e l'esistenza dell'identità di Bezout possiamo chiarire le relazioni tra i concetti introdotti nella definizione 4.1.3.

Teorema 4.3.1. *Sia n un numero intero, $n \notin \{0, 1, -1\}$. Allora n è irriducibile se e soltanto se n è primo.*

Dimostrazione.

1. Supponiamo n irriducibile. Vogliamo dimostrare che n è primo, quindi supponiamo che $n \mid ab$ dove a e b sono due interi e n non divide a. Scriviamo $ab = nk$ con k intero. Poiché i soli divisori di n sono $\{\pm 1, \pm n\}$ si ha $\mathrm{MCD}(a, n) = 1$ e possiamo trovare numeri interi A e B tali che $1 = Aa + Bn$ (identità di Bezout, teorema 4.2.6). Allora

$$b = b \cdot 1 = b(Aa + Bn) = Aab + Bbn = Ank + Bbn = n(Ak + Bb),$$

   ovvero $n \mid b$. Dunque n soddisfa la definizione 4.1.3 di numero primo.

2. Supponiamo n primo e supponiamo $n = ab$ con a e b numeri interi. Allora n deve dividere o a o b e a meno di rinominare i due fattori possiamo supporre che $n \mid a$, ovvero possiamo supporre che $a = nk$ per un intero k. Allora

$$n = ab = nkb \quad \text{e cancellando } n \text{ ad entrambi i membri} \quad 1 = bk.$$

   Ma 1 si ottiene come prodotto di due numeri interi solo come $1 \cdot 1$ o come $(-1) \cdot (-1)$. Dunque $b = \pm 1$ e n soddisfa la definizione 4.1.3 di numero irriducibile.

∎

Possiamo ora dimostrare un risultato molto importante che prende il nome di **Teorema Fondamentale dell'Aritmetica**.

Teorema 4.3.2. *Sia n un numero intero, $n \notin \{0, 1, -1\}$. Allora esiste un'unica fattorizzazione*

$$n = \pm p_1 p_2 \cdots p_s,$$

dove i p_i sono numeri primi positivi.

Dimostrazione. L'enunciato del teorema contiene due affermazioni: la prima è che la fattorizzazione in numeri primi esiste, la seconda è che essa unica. la dimostrazione è quindi divisa in due parti. Nella prima dimostriamo che esiste una fattorizzazione di n come prodotto di numeri irriducibili (e quindi primi, grazie al teorema 4.3.1). Nella seconda parte dimostriamo che tale fattorizzazione è unica.

1. Per dimostrare l'esistenza di una fattorizzazione possiamo supporre $n > 0$. Infatti una volta dimostrata l'esistenza di una fattorizzazione per $n > 0$, la fattorizzazione per $n < 0$ si ottiene semplicemente anteponendo il segno meno.

   Dunque $n \geq 2$ e possiamo procedere per induzione su n. Il primo caso è $n = 2$ per cui l'esistenza della fattorizzazione è ovvia: siccome 2 è irriducibile basta prendere $p_1 = 2$ (e $s = 1$).

   Allora supponiamo, come ipotesi induttiva, che l'esistenza della fattorizzazione in irriducibili esita per ogni intero tra 2 e $n - 1$ inclusi. Ci sono 2 possibilità: n irriducibile o n riducibile. Se n è irriducibile allora l'esistenza della fattorizzazione per n è di nuovo ovvia: basta prendere $p_1 = n$ (e $s = 1$). Se n è riducibile allora esiste una fattorizzazione $n = ab$ con a e b positivi ed entrambi minori di n. Allora a e b sono entrambi inclusi tra 2 e $n - 1$ e ad essi è applicabile l'ipotesi induttiva: a e b si fattorizzano entrambi come prodotto di irriducibili, diciamo

$$a = p_1 \cdots p_j, \qquad b = q_1 \cdots q_k.$$

   Dunque $n = ab = p_1 \cdots p_j q_1 \cdots q_k$ è una decomposizione in irriducibili per n.

2. Supponiamo ora di avere

$$n = p_1 p_2 \cdots p_s = q_1 q_2 \cdots q_t.$$

   A meno di scambiare le fattorizzazioni tra di loro possiamo certamente supporre $s \leq t$. Consideriamo il fattore irriducibile p_1, quindi primo. È un fattore di $n = q_1 q_2 \cdots q_t$, quindi iterando la proprietà che definisce p_1 come primo, risulta che p_1 divide uno dei fattori q_i e siccome q_i è anch'esso irriducibile (e quindi privo di fattori propri) deve essere $p_1 = q_i$ e di fatto (riordinando fra loro i fattori q) $p_1 = q_1$. Possiamo riscrivere la relazione originale come $p_1 p_2 \cdots p_s = p_1 q_2 \cdots q_t$ da cui, cancellando p_1,

$$p_2 \cdots p_s = q_2 \cdots q_t.$$

   Possiamo ora ripetere il ragionamento a partire da quest'ultima uguaglianza col fattore p_2 che riusciamo a dire uguale a q_2 (di nuovo, a patto di riordinare i fattori q) e a cancellarlo da entrambi i prodotti. Dopo aver ripetuto il ragionamento s volte, arriviamo ad un'uguaglianza

$$1 = q_{s+1} \cdots q_t.$$

   Siccome 1 non ha fattori numeri irriducibili siamo obbligati a concludere che $s = t$ ed allora le due fattorizzazioni sono la stessa perché abbiamo già verificato che $p_1 = q_1$, $p_2 = q_2$, ..., $p_s = q_s$.

Il Teorema Fondamentale dell'Aritmetica rende più precisa l'osservazione fatta ad inizio capitolo che la struttura di $\mathbb{Z}$ rispetto alla moltiplicazione è più complessa: i numeri interi si ricostruiscono moltiplicativamente a partire dai numeri primi positivi e ogni numero intero ammette un'unica "ricostruzione". La sequenza iniziale dei numeri primi positivi è

$$2, \quad 3, \quad 5, \quad 7, \quad 11, \quad 13, \quad 17, \quad 19, \quad 23, \quad 29, \quad 31, \quad 37, \quad 41, \dots.$$

Il risultato seguente era noto già ad Euclide.

Teorema 4.3.3. *Esistono infiniti numeri primi.*

Dimostrazione. Siano $p_1, \dots, p_r$ numeri primi positivi. Consideriamo il numero intero

$$n = p_1 \cdot \dots \cdot p_r + 1.$$

Poiché $n > 1$ per il Teorema Fondamentale dell'Aritmetica n ammette una fattorizzazione come prodotto di primi e quindi esiste un primo p che divide n. Deve succedere che $p \notin \{p_1, \dots, p_r\}$. Infatti se fosse $p = p_i$ avremmo che p divide anche il prodotto $p_1 \cdot \dots \cdot p_r$. Dunque, dividendo una somma ed uno degli addendi (vedi proposizione 4.1.2), p dovrebbe dividere 1, ma questo non è possibile.
Il ragionamento appena fatto dimostra che dato un qualunque insieme finito di numeri primi è sempre possibile trovare un primo che non gli appartiene. Dunque i primi devono essere infiniti. ∎

È possibile essere più precisi circa l'infinità dei numeri primi: si sa che i numeri primi compresi tra 1 e n sono circa $n/\log n$ e questa stima diventa sempre più precisa al crescere di n. La dimostrazione di questo fatto[2] richiede però tecniche analitiche alquanto intricate che vanno ben oltre gli scopi di queste note.

Assegnato un numero n si pongono 2 problemi tra loro ovviamente collegati.

1. Decidere se n è primo (irriducibile) o riducibile.

2. Nel caso in cui n è riducibile trovare esplicitamente una fattorizzazione di n come prodotto di numeri primi.

Non entriamo in questa sede nei dettagli tecnici di questi problemi. Ci limitiamo a riportare che non esistono al momento algoritmi particolarmente efficienti per la loro soluzione. Il test di primalità AKS pubblicato nel 2002 fornisce un algoritmo che decide la primalità di un numero n in un tempo polinomiale rispetto al numero delle cifre di n. La situazione del problema di fattorizzazione non è migliore. Non per nulla i moderni protocolli crittografici di sicurezza (ad esempio quelli utilizzati nell'e-commerce) si basano sull'impossibilità pratica di fattorizzare in tempo utile un numero che sia prodotto di numeri primi molto grandi (dell'ordine di 10^{100}).

---

[2]Fatto noto in letteratura come Teorema dei Numeri Primi. Fu congetturato da A.-M. Legendre nel 1798 e dimostrato per la prima volta da J. Hadamard e C. de la Vallé-Poussin nel 1896.

Nota 4.3.4. Concludiamo il capitolo con tre osservazioni.

1. Il motivo per cui il numero 1 (e anche -1) non è considerato primo è puramente convenzionale e di comodo. Se accettassimo 1 come primo verrebbe a mancare l'unicità della fattorizzazione del Teorema Fondamentale dell'Aritmetica. Infatti, ad esempio,

$$6 = 2 \cdot 3 = 1 \cdot 2 \cdot 3 = 1 \cdot 1 \cdot 2 \cdot 3 = 1 \cdot 1 \cdot 1 \cdot 2 \cdot 3 = \cdots$$

sarebbero infinite distinte fattorizzazioni del numero 6. Per ovviare a questo diverrebbe necessario ogni qualvolta si scrive una fattorizzazione specificare che 1 non appare. Torna più conveniente eliminare 1 dalla lista dei primi.

2. Il Teorema Fondamentale dell'Aritmetica permette il calcolo del massimo comun divisore di due numeri a partire dalle loro fattorizzazioni: il massimo comune divisore di a e b è il prodotto dei primi che compaiono in entrambe le fattorizzazioni col massimo esponente comune. Ad esempio per calcolare $\mathrm{MCD}(32775, 6120)$ possiamo usare le fattorizzazioni

$$32775 = 3 \cdot 5^2 \cdot 19 \cdot 23, \qquad 6120 = 2^3 \cdot 3^2 \cdot 5 \cdot 17$$

per concludere che $\mathrm{MCD}(32775, 6120) = 3 \cdot 5 = 15$. Questo metodo è sicuramente più veloce del metodo descritto nella sezione precedente tramite la divisione euclidea quando i valori di a e b sono piccoli e quindi facilmente fattorizzabili. Per quanto detto poco sopra sulla difficoltà pratica di calcolare le fattorizzazioni in generale, l'algoritmo della divisione euclidea diventa enormemente più veloce per valori grandi di a e b ed è infatti quello normalmente implementato nel calcolo automatico.

3. Perché distinguere tra le nozioni di numero irriducibile e numero primo nella definizione 4.1.3 se poi i due concetti si dimostrano essere equivalenti (vedi teorema 4.3.1)? Il punto è che le nozioni di numero irriducibile e primo si estendono a situazioni di insiemi numerici diversi da $\mathbb{Z}$ e in quei contasti non sono sempre equivalenti portando a complicazioni di carattere aritmetico. Anche in questo caso l'approfondimento di queste questioni va oltre gli scopi del corso ma è bene essere consci sin d'ora di questi futuri sviluppi.

Esercizi

Esercizio 4.1. Calcolare la divisione euclidea per le seguenti coppie di dividendo a e divisore b.

1. $a = 26754$, $b = -307$

2. $a = -29244$, $b = 289$

3. $a = 781116$, $b = 1101$

Esercizio 4.2. Calcolare i seguenti massimi comuni denominatori e realizzare l'identità di Bezout.

1. MCD$(1156, 75)$.

2. MCD$(1377, 1071)$.

3. MCD$(3973, 1853)$.

4. MCD$(26125, 17043)$.

5. MCD$(40257, 5439)$.

6. MCD$(153664, 24321)$

Esercizio 4.3. Dire se le seguenti equazioni lineari in 2 variali ammettono soluzioni in $\mathbb{Z} \times \mathbb{Z}$:

$$8X - 11Y = 6, \quad 15X - 6Y = 42, \quad 9X - 12Y = 22, \quad 28X + 49Y = 91.$$

Esercizio 4.4. Convertire in base 10 i seguenti numeri scritti nelle basi indicate.

$11001_{[2]}$, $20110_{[3]}$, $13203_{[4]}$, $14403_{[5]}$, $25034_{[6]}$, $57704_{[8]}$, $1BA8_{[12]}$, $E1C45_{[16]}$.

Esercizio 4.5. Convertire nelle basi b indicate di volta in volta i seguenti numeri scritti in base 10.

1. Base 2: 570, 2095, 11003.

2. Base 3: 198, 1532, 10707.

3. Base 4: 221, 3037, 17627.

4. Base 8: 617, 4038, 21639.

5. Base 12: 455, 6169, 37093.

6. Base 16: 331, 4773, 35916.

Esercizio 4.6. Trovare la fattorizzazione come prodotto di primi dei seguenti numeri interi:

224,   1584,   6125,   11343,   17901,   37422,   40033,   69629,   81191.

Esercizio 4.7. Siano a, $b \in \mathbb{Z}$ tali che MCD$(a, b) = 1$ e supponiamo $a \mid bc$ per un certo $c \in \mathbb{Z}$. Allora $a \mid c$.

Esercizio 4.8. Siano $a, b \in \mathbb{Z}$ tali che $\mathrm{MCD}(a, b) = 1$. Dimostrare che soluzioni in numeri interi dell'equazione

$$aX + bY = 0$$

sono della forma $X = bk$, $Y = -ak$ per ogni $k \in \mathbb{Z}$.

Fatto ciò, dimostrare che se $Aa + Bb = 1$ è l'identità di Bezout per (a, b) allora ogni altra soluzione in numeri interi dell'equazione

$$aX + bY = 1$$

è della forma $X = A + bk$, $Y = B - ak$ per $k \in \mathbb{Z}$.

Capitolo 5

Permutazioni

Le permutazioni, il cui studio dettagliato è l'argomento di questo capitolo, sono il primo esempio importante di insieme dotato di un'operazione che non soddisfa la proprietà commutativa. Ci occuperemo esclusivamente del caso in cui l'insieme in questione è finito mettendo in luce fenomeni dovuti alla non commutatività dell'operazione.

Insieme ai numeri interi con l'operazione di addizione, le permutazioni costituiscono il prototipo della struttura algebrica astratta detta *gruppo* che sarà oggetto del capitolo successivo.

5.1 Definizione e notazioni

Iniziamo con la definizione di permutazione.

Definizione 5.1.1. *Sia X un insieme non vuoto. Si dice* **permutazione di** X *una funzione biettiva*

$$f \colon X \longrightarrow X.$$

L'insieme di tutte le permutazioni di X si denota $\mathcal{S}_X$.

Come prima cosa ricordiamo che qualunque sia X la funzione identità id_X è una biezione e quindi $\mathcal{S}_X \neq \emptyset$.

L'insieme $\mathcal{S}_X$ delle permutazioni di X è dotato di un'operazione: la composizione. Infatti sappiamo che componendo due funzioni biettive il risultato è ancora una funzione biettiva (proposizione 2.3.5). Sappiamo anche che

1. L'operazione di composizione in $\mathcal{S}_X$ è associativa (proposizione 2.3.2).

2. La funzione identità id_X è elemento neutro per la composizione.

3. Ogni permutazione in $\mathcal{S}_X$ è invertibile in quanto funzione biettiva (teorema 2.4.2) e l'inversa è ancora una permutazione, quindi ancora in $\mathcal{S}_X$.

La commutatività peró in generale non è soddisfatta. Infatti possiamo osservare quanto segue.

1. Se $X = \{a\}$ è costituito da un solo elemento allora l'unica permutazione di X è la funzione identità e quindi l'operazione in $\mathcal{S}_X$ è commutativa.

2. Se $X = \{a, b\}$ è costituito da due elementi allora $\mathcal{S}_X = \{\mathrm{id}_X, \pi\}$ dove π è la funzione tale che $\pi(a) = b$ e $\pi(b) = a$. Allora un semplice calcolo diretto mostra che

$$\mathrm{id}_X \circ \mathrm{id}_X = \pi \circ \pi = \mathrm{id}_X \qquad e \qquad \pi \circ \mathrm{id}_X = \mathrm{id}_X \circ \pi = \pi$$

e quindi anche in questo caso l'operazione di composizione è commutativa

3. Se X contiene 3 elementi distinti a, b e c possiamo considerare le permutazioni π, $\sigma \in \mathcal{S}_X$ tali che

$$\pi(a) = b,\ \pi(b) = a \text{ e } \pi(x) = x, \forall x \notin \{a, b\}$$
$$\sigma(a) = c,\ \sigma(c) = a \text{ e } \sigma(x) = x, \forall x \notin \{a, c\}.$$

Allora

$$(\sigma \circ \pi)(a) = \sigma(\pi(a)) = \sigma(b) = b, \qquad (\pi \circ \sigma)(a) = \pi(\sigma(a)) = \pi(c) = c,$$

e quindi $\sigma \circ \pi \neq \pi \circ \sigma$: in questo caso la composizione di funzioni non è commutativa.

In queste lezioni siamo interessati esclusivamente al caso in cui X è un insieme finito. In particolare, se $X = I_n = \{1, 2, ..., n\}$ l'insieme delle permutazioni è denotato $\mathcal{S}_n$ per brevità. La proposizione seguente dice che per studiare $\mathcal{S}_X$ dove X è un insieme finito basta studiare $\mathcal{S}_n$ dove $|X| = n$.

Proposizione 5.1.2. *Sia X un insieme finito con $|X| = n$. Allora c'è una biezione $f : \mathcal{S}_X \to \mathcal{S}_n$ tale che per ogni π, $\sigma \in \mathcal{S}_X$ si ha $f(\sigma \circ \pi) = f(\sigma) \circ f(\pi)$. In particolare $|\mathcal{S}_X| = n!$.*

Dimostrazione. Dire $|X| = n$ significa dire che esiste una biezione $\alpha : I_n \to X$. Per ogni permutazione $\pi \in \mathcal{S}_X$ poniamo $f(\pi) = \alpha^{-1} \circ \pi \circ \alpha$ (vedi diagramma)

$$I_n \xrightarrow{\ \alpha\ } X \xrightarrow{\ \pi\ } X \xrightarrow{\ \alpha^{-1}\ } I_n \ .$$
$$\underbrace{\qquad\qquad\qquad\qquad}_{f(\pi)}$$

Siccome π, α e α^{-1} sono funzioni biettive anche $f(\pi)$, che è la loro composizione, lo è, e quindi $f(\pi) \in \mathcal{S}_n$.

Dunque f è una funzione con domino $\mathcal{S}_X$ e codominio $\mathcal{S}_n$. La funzione f è a sua volta una biezione. Per dimostrare questo fatto consideriamo la funzione $g : \mathcal{S}_n \to \mathcal{S}_X$ definita come $g(\sigma) = \alpha \circ \sigma \circ \alpha^{-1}$ per ogni $\sigma \in \mathcal{S}_n$ e mostriamo che g è la funzione inversa di f. Infatti:

1. per ogni $\pi \in \mathcal{S}_X$ si ha $(g \circ f)(\pi) = g(f(\pi)) = \alpha \circ f(\pi) \circ \alpha^{-1} = \alpha \circ \alpha^{-1} \circ \pi \circ \alpha \circ \alpha^{-1} = \pi$,

2. per ogni $\sigma \in \mathcal{S}_n$ si ha $(f \circ g)(\sigma) = f(g(\sigma)) = \alpha^{-1} \circ g(\sigma) \circ \alpha = \alpha^{-1} \circ \alpha \circ \sigma \circ \alpha^{-1} \circ \alpha = \sigma$,

cioè $g \circ f = \mathrm{id}_{\mathcal{S}_X}$ e $f \circ g = \mathrm{id}_{\mathcal{S}_n}$ e le funzioni f e g sono inverse dell'altra e quindi biettive (vedi la definizione 2.4.1 e la prima osservazione seguente).

La seconda proprietà di f segue da un calcolo diretto: se π, $\sigma \in \mathcal{S}_X$ abbiamo

$$f(\sigma) \circ f(\pi) = f(\pi) = \alpha^{-1} \circ \sigma \circ \alpha \circ \alpha^{-1} \circ \pi \circ \alpha = \alpha^{-1} \circ \sigma \circ \pi \circ \alpha = f(\sigma \circ \pi).$$

Infine, il fatto che esista una biezione tra $\mathcal{S}_X$ e $\mathcal{S}_n$ implica che i due insiemi hanno lo stesso numero di elementi. D'altra parte, una permutazione $\pi : I_n \to I_n$ è anche un ordinamento di I_n (definizione 3.4.1) e sappiamo che ci sono $n!$ ordinamenti di I_n (proposizione 3.4.3), per cui $|\mathcal{S}_X| = |\mathcal{S}_n| = n!$. ∎

Da ora in poi, per comodità, limiteremo il nostro studio delle permutazioni a $\mathcal{S}_n$ visto che grazie alla proposizione appena dimostrata ogni risultato che otteniamo per $\mathcal{S}_n$ può essere "trasportato" a $\mathcal{S}_X$ semplicemente numerando gli elementi di X.

Iniziamo lo studio di $\mathcal{S}_n$ descrivendo una notazione che rende agevole rappresentare una permutazione $\pi \in \mathcal{S}_n$ e calcolare la composizione di permutazioni. Ricordiamo che una permutazione $\pi \in \mathcal{S}_n$ è, per definizione, una funzione biettiva

$$\pi : I_n \longrightarrow I_n$$

e quindi, per descriverla, dobbiamo specificare i valori $\pi(1)$, $\pi(2)$, ..., $\pi(n)$. Scriviamo allora la seguente tabella su due righe

$$\begin{pmatrix} 1 & 2 & 3 & \cdots & n \\ \pi(1) & \pi(2) & \pi(3) & \cdots & \pi(n) \end{pmatrix}$$

dove nella riga superiore abbiamo scritto il dominio ordinato, per convenienza, secondo l'ordine naturale dei numeri interi e nella riga inferiore abbiamo scritto il codominio ordinandolo in modo che ogni elemento del dominio stia sopra la sua immagine nel codominio. Ad esempio, la tabella

$$\begin{pmatrix} 1 & 2 & 3 & 4 & 5 & 6 & 7 \\ 3 & 2 & 6 & 1 & 5 & 7 & 4 \end{pmatrix}$$

rappresenta la permutazione $\pi \in \mathcal{S}_7$ tale che $\pi(1) = 3$, $\pi(2) = 2$, $\pi(3) = 6$, $\pi(4) = 1$, $\pi(5) = 5$, $\pi(6) = 7$, $\pi(7) = 4$. Siccome le permutazioni sono funzioni biettive tutti i numeri da 1 ad n inclusi devono apparire una ed una sola volta nella riga inferiore della tabella. Ad esempio la tabella

$$\begin{pmatrix} 1 & 2 & 3 & 4 & 5 & 6 \\ 4 & 1 & 2 & 5 & 4 & 6 \end{pmatrix}$$

può essere pensata certamente come il dato di una funzione $f : I_n \to I_n$, ma non è una permutazione in quanto $f(1) = f(5) = 4$ e quindi non è iniettiva (oppure osservando che $3 \notin \mathrm{Im}(f)$ e quindi f non è suriettiva).

Calcolo della permutazione inversa. Data una permutazione $\pi \in \mathcal{S}_n$ sappiamo che esiste la permutazione inversa $\pi^{-1} \in \mathcal{S}_n$ caratterizzata dalla proprietà $\pi \circ \pi^{-1} = \pi^{-1} \circ \pi = \mathrm{id}_{I_n}$. Se $\pi(a) = b$ risulta $\pi^{-1}(b) = a$. Dunque, se

$$\pi: \begin{pmatrix} 1 & 2 & 3 & \cdots & n \\ \pi(1) & \pi(2) & \pi(3) & \cdots & \pi(n) \end{pmatrix}$$

è la tabella che rappresenta π, la tabella

$$\pi^{-1}: \begin{pmatrix} 1 & 2 & 3 & \cdots & n \\ \pi^{-1}(1) & \pi^{-1}(2) & \pi^{-1}(3) & \cdots & \pi^{-1}(n) \end{pmatrix}$$

che rappresenta π^{-1} si ottiene dalla precedente semplicemente scambiando le righe e riordinandola secondo la riga superiore. Ad esempio l'inversa della permutazione $\pi \in \mathcal{S}_7$ definita più sopra è rappresentata dalla tabella

$$\begin{pmatrix} 3 & 2 & 6 & 1 & 5 & 7 & 4 \\ 1 & 2 & 3 & 4 & 5 & 6 & 7 \end{pmatrix} \quad \rightsquigarrow \quad \begin{pmatrix} 1 & 2 & 3 & 4 & 5 & 6 & 7 \\ 4 & 2 & 1 & 7 & 5 & 3 & 6 \end{pmatrix}$$

(la prima è quella che si ottiene scambiando le righe e la seconda si ottiene dalla prima riordinandola secondo la riga superiore).

Calcolo della composizione di permutazioni. Date due permutazioni π e $\sigma \in \mathcal{S}_n$ e le tabelle che le rappresentano

$$\pi: \begin{pmatrix} 1 & 2 & \cdots & n \\ \pi(1) & \pi(2) & \cdots & \pi(n) \end{pmatrix}, \quad \sigma: \begin{pmatrix} 1 & 2 & \cdots & n \\ \sigma(1) & \sigma(2) & \cdots & \sigma(n) \end{pmatrix}$$

possiamo calcolare la tabella che rappresenta $\sigma \circ \pi$ scrivendo prima la tabella con tre righe

$$\pi: \begin{pmatrix} 1 & 2 & \cdots & n \\ \pi(1) & \pi(2) & \cdots & \pi(n) \\ \sigma(\pi(1)) & \sigma(\pi(2)) & \cdots & \sigma(\pi(n)) \end{pmatrix}$$

ottenuta aggiungendo sulla terza riga le immagini tramite σ degli elementi sulla seconda e poi quella su due righe che si ottiene dalla precedente cancellando la riga intermedia:

$$\sigma \circ \pi: \begin{pmatrix} 1 & 2 & \cdots & n \\ \sigma(\pi(1)) & \sigma(\pi(2)) & \cdots & \sigma(\pi(n)) \end{pmatrix}.$$

È chiaro che l'ultima tabella scritta è quella che rappresenta $\sigma \circ \pi$ in quanto $(\sigma \circ \pi)(k) = \sigma(\pi(k))$ per ogni $k = 1, .., n$.

Ad esempio se σ e $\pi \in \mathcal{S}_8$ sono le permutazioni

$$\sigma: \begin{pmatrix} 1 & 2 & 3 & 4 & 5 & 6 & 7 & 8 \\ 5 & 4 & 1 & 8 & 6 & 2 & 3 & 7 \end{pmatrix}, \quad \pi: \begin{pmatrix} 1 & 2 & 3 & 4 & 5 & 6 & 7 & 8 \\ 2 & 3 & 7 & 8 & 4 & 1 & 6 & 5 \end{pmatrix}$$

la tabella di $\sigma \circ \pi$ è

$$
\begin{pmatrix}
1 & 2 & 3 & 4 & 5 & 6 & 7 & 8 \\
2 & 3 & 7 & 8 & 4 & 1 & 6 & 5 \\
4 & 1 & 3 & 7 & 8 & 5 & 2 & 6
\end{pmatrix}
\rightsquigarrow
\begin{pmatrix}
1 & 2 & 3 & 4 & 5 & 6 & 7 & 8 \\
4 & 1 & 3 & 7 & 8 & 5 & 2 & 6
\end{pmatrix}
$$

(come prima riportiamo entrambi i passaggi: prima la sovrapposizione delle tre righe, poi la cancellazione di quella intermedia).

Abbiamo descritto dettagliatamente la costruzione della tabella nel caso della composizione di due permutazioni, ma è chiaro che la procedura si estende in modo naturale al caso della composizione di tre (o più) permutazioni. Ad esempio, se

$$
\tau = \begin{pmatrix} 1 & 2 & 3 & 4 \\ 2 & 3 & 1 & 4 \end{pmatrix}, \qquad
\sigma = \begin{pmatrix} 1 & 2 & 3 & 4 \\ 1 & 4 & 2 & 3 \end{pmatrix}, \qquad
\pi = \begin{pmatrix} 1 & 2 & 3 & 4 \\ 2 & 1 & 4 & 3 \end{pmatrix}
$$

sono tre permutazioni in $\mathcal{S}_4$ la tabella di $\tau \circ \sigma \circ \pi$ è

$$
\begin{pmatrix}
1 & 2 & 3 & 4 \\
2 & 1 & 4 & 3 \\
4 & 1 & 3 & 2 \\
4 & 2 & 1 & 3
\end{pmatrix}
\rightsquigarrow
\begin{pmatrix}
1 & 2 & 3 & 4 \\
4 & 2 & 1 & 3
\end{pmatrix}
$$

dove stavolta la tabella finale si ottiene da quella intermedia cancellando le due righe centrali.

5.2   Cicli

L'obiettivo di questa sezione è quello di isolare e studiare un particolare sottoinsieme $\mathcal{C} \subset \mathcal{S}_n$ di permutazioni che avrà le seguenti due proprietà:

1. ogni permutazione in $\mathcal{S}_n$ si può ricostruire usando elementi di $\mathcal{C}$;

2. il calcolo della composizione di elementi in $\mathcal{C}$ è semplice.

La realizzazione di questo obiettivo permette di semplificare lo studio di $\mathcal{S}_n$ e la manipolazione di espressioni contenenti permutazioni. Iniziamo definendo le permutazioni che vanno a formare il sottoinsieme $\mathcal{C}$.

Definizione 5.2.1. *Sia* $2 \le \ell \le n$ *un intero e siano* t_1, t_2, ... t_ℓ *elementi a due a due distinti di* I_n. *Si dice* **ciclo** *di* $\mathcal{S}_n$ *la permutazione* $\pi \in \mathcal{S}_n$ *tale che*

$$
\pi(k) = \begin{cases}
t_{i+i} & \text{se } k = t_i \ e \ i = 1, ..., \ell - 1, \\
t_1 & \text{se } k = t_\ell \\
k & \text{se } k \notin \{t_1, ..., t_\ell\}.
\end{cases}
$$

L'intero ℓ *è detto* **lunghezza** *del ciclo e talvolta un ciclo di lunghezza* ℓ *è detto* ℓ-**ciclo**. *Un ciclo di lunghezza* 2 *è detto* **trasposizione** *o* **scambio**.

Ad esempio la permutazione

$$
\pi : \begin{pmatrix}
1 & 2 & 3 & 4 & 5 & 6 & 7 & 8 & 9 \\
1 & 5 & 7 & 8 & 3 & 6 & 4 & 2 & 9
\end{pmatrix}
$$

è un ciclo di $\mathcal{S}_9$ di lunghezza 6 in
quanto $\pi(2) = 5$, $\pi(5) = 3$, $\pi(3) = 7$,
$\pi(7) = 4$, $\pi(4) = 8$, $\pi(8) = 2$ e $\pi(k) = k$ se $k \notin \{2,3,4,5,7,8\}$: dunque la
definizione è soddisfatta con $\ell = 6$ e
$t_1 = 2$, $t_2 = 5$, $t_3 = 3$, $t_4 = 7$, $t_5 = 4$
e $t_6 = 8$. Ne vediamo accanto una
rappresentazione grafica.

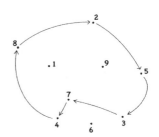

Invece, la permutazione

$$\sigma : \begin{pmatrix} 1 & 2 & 3 & 4 & 5 \\ 2 & 5 & 4 & 3 & 1 \end{pmatrix}$$

non è un ciclo di $\mathcal{S}_6$ in quanto $\sigma(1) = 2$, $\sigma(2) = 5$, $\sigma(5) = 1$ ma non è vero che
$\sigma(k) = k$ se $k \notin \{1,2,5\}$ (ad esempio $\sigma(3) = 4 \neq 3$).

Per i cicli useremo una notazione semplificata più agile rispetto a quella della
tabella su due righe. Il ciclo della definizione 5.2.1 sarà denotato

$$(t_1 \ t_2 \ t_3 \ \ldots \ t_\ell)$$

e quindi il ciclo $\pi \in \mathcal{S}_9$ dato come esempio sopra può essere scritto

$$(2\ 5\ 3\ 7\ 4\ 8).$$

Nota 5.2.2. Data la natura circolare dei cicli (il primo elemento viene mutato
nel secondo, il secondo nel terzo e così via fino all'ultimo di nuovo nel primo)
la scelta di dove iniziare il ciclo, cioè la scelta dell'elemento t_1, è arbitraria e
difatti possiamo iniziare a descrivere il ciclo a partire da un qualunque elemento
coinvolto. In concreto questo vuol dire che possiamo denotare il medesimo ciclo
in molti modi. Usando ancora lo stesso esempio sopra con $\pi \in \mathcal{S}_9$ abbiamo
scritture equivalenti

$$(2\ 5\ 3\ 7\ 4\ 8) = (5\ 3\ 7\ 4\ 8\ 2) = (3\ 7\ 4\ 8\ 2\ 5) =$$
$$(7\ 4\ 8\ 2\ 5\ 3) = (4\ 8\ 2\ 5\ 3\ 7) = (8\ 2\ 5\ 3\ 7\ 4).$$

Con questa notazione è molto semplice calcolare l'inverso di un ciclo.

Proposizione 5.2.3. *L'inverso di un ciclo di lunghezza ℓ è ancora un ciclo di
lunghezza ℓ e più precisamente*

$$(t_1 \ t_2 \ t_3 \ \ldots \ t_\ell)^{-1} = (t_\ell \ \ldots \ t_3 \ t_2 \ t_1).$$

Dimostrazione. Se l'immagine di t_i è t_{i+1} (e l'immagine di t_ℓ è t_1) secondo
il ciclo originario, invertendo l'ordine in cui i vari elementi compaiono nel ciclo
l'immagine di t_{i+1} diventa t_i (e l'immagine di t_1 diventa t_ℓ). Ma questa è proprio
la relazione che intercorre tra una funzione e la sua inversa. ∎

Dalla proposizione risulta chiaro che l'inverso di uno scambio s è lo scambio s stesso, cioè, in formule,

$$s^{-1} = s.$$

Infatti scritto $s = (a\ b)$ abbiamo $s^{-1} = (b\ a)$, ma come cicli $(a\ b) = (b\ a)$ perché le due scritture differiscono solo per il punto iniziale del ciclo (vedi nota precedente).

Introduciamo ora una nozione che sarà importante nel seguito. La terminologia si rifà alla definizione 1.5.1.

Definizione 5.2.4. *Due cicli* $\sigma = (s_1\ \cdots\ s_\ell)$ *e* $\tau = (t_1\ \cdots\ t_{\ell'})$ *si dicono* **disgiunti** *se*

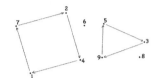

$$\{s_1, \ldots, s_\ell\} \cap \{t_1, \ldots, t_{\ell'}\} = \emptyset.$$

Ad esempio

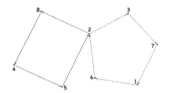

1. $(2\ 4\ 1\ 7)$ e $(3\ 9\ 5)$ sono cicli disgiunti di $\mathcal{S}_9$;

2. $(4\ 5\ 2\ 8)$ e $(1\ 6\ 2\ 3\ 7)$ non sono cicli disgiunti di $\mathcal{S}_8$ perché 2 appartiene ad entrambi i sottoinsiemi di I_8 che li definiscono.

Una rappresentazione grafica è data nella figura sopra, dove il ciclo $(1\ 6\ 2\ 3\ 7)$ è stato tratteggiato per distinguerlo più chiaramente dall'altro.

La proposizione seguente va nella direzione del secondo obiettivo prospettato all'inizio della sezione.

Proposizione 5.2.5. *Siano* σ *e* τ *cicli disgiunti. Allora* σ *e* τ *commutano:* $\tau \circ \sigma = \sigma \circ \tau$.

Dimostrazione. Scriviamo $\sigma = (s_1\ s_2\ s_3\ \cdots\ s_\ell)$ e $\tau = (t_1\ t_2\ t_3\ \cdots\ t_{\ell'})$ dove $\{s_1, s_2, s_3, \ldots, s_\ell\} \cap \{t_1, t_2, t_3, \ldots, t_{\ell'}\} = \emptyset$. Calcoliamo $(\tau \circ \sigma)(k)$ e $(\sigma \circ \tau)(k)$ per ogni $k \in I_n$. Per semplificare la scrittura dell'argomentazione intendiamo $s_{\ell+1} = s_1$ e $t_{\ell'+1} = t_1$.

1. Se $k = s_i$ si ha $(\tau \circ \sigma)(s_i) = \tau(\sigma(s_i)) = \tau(s_{i+1}) = s_{i+1}$ e $(\sigma \circ \tau)(s_i) = \sigma(\tau(s_i)) = \sigma(s_i) = s_{i+1}$. Dunque $(\tau \circ \sigma)(k) = (\sigma \circ \tau)(k)$ in questo caso.

2. Se $k = t_i$ si ha $(\tau \circ \sigma)(t_i) = \tau(\sigma(t_i)) = \tau(t_i) = t_{i+1}$ e $(\sigma \circ \tau)(t_i) = \sigma(\tau(t_i)) = \sigma(t_{i+1}) = t_{i+1}$. Dunque $(\tau \circ \sigma)(k) = (\sigma \circ \tau)(k)$ in questo caso.

3. Se $k \notin \{s_1, s_2, s_3, \ldots, s_\ell\} \cup \{t_1, t_2, t_3, \ldots, t_{\ell'}\}$ si ha $(\tau \circ \sigma)(k) = \tau(\sigma(k)) = \tau(k) = k = \sigma(k) = \sigma(\tau(k)) = (\sigma \circ \tau)(k)$.

In conclusione $(\tau \circ \sigma)(k) = (\sigma \circ \tau)(k)$ per ogni $k \in I_n$ e quindi le due funzioni $\tau \circ \sigma$ e $\sigma \circ \tau$ sono uguali. ∎

Il teorema seguente è la motivazione principale per introdurre il concetto di cicli disgiunti.

Teorema 5.2.6. *Ogni permutazione $\pi \neq \mathrm{id}_{\mathcal{S}_n}$ si può scrivere in modo essenzialmente unico come composizione di cicli disgiunti.*

Dimostrazione. Siccome $\pi \neq \mathrm{id}_{\mathcal{S}_n}$ il sottoinsieme di I_n dei k tali che $\pi(k) \neq k$ è non vuoto. Scegliamo uno di tali k e poniamo $s_1 = k$. Consideriamo allora la successione di elementi di I_n costruita come segue:

$$s_1 = k, \quad s_2 = \pi(s_1), \quad s_3 = \pi(s_2), \quad s_4 = \pi(s_3), \quad \cdots .$$

Poiché I_n è finito tale successione non può andare avanti indefinitamente senza che vi siano ripetizioni. Sia dunque $r > 2$ il più piccolo intero tale che s_r è ripetuto, ovvero tale che $s_r = s_j$ per un $1 \leq j < r$. Non può essere $j > 1$ perché se così fosse si avrebbe $s_r = \pi(s_{r-1}) = s_j = \pi(s_{j-1})$, ma ciò contraddice l'iniettività di π. Dunque $s_r = s_1$ e sull'insieme $\{s_1, s_2, \ldots, s_r\}$ la permutazione π si comporta come il ciclo $c_1 = (s_1 \ s_2 \ \ldots \ s_r)$.

Consideriamo ora l'insieme $I_n \setminus \{s_1, s_2, \ldots, s_r\}$. Se in questo insieme non esistono k tali che $\pi(k) \neq k$ allora $\pi = c_1$ e il teorema è verificato per la permutazione π.

Se invece esiste $k \in I_n \setminus \{s_1, s_2, \ldots, s_r\}$ tale che $\pi(k) \neq k$ ripetiamo l'argomento di prima a partire da $t_1 = k$ ottenendo un nuovo ciclo $c_2 = (t_1 \ t_2 \ \ldots \ t_{r'})$. I cicli c_1 e c_2 sono chiaramente disgiunti perché gli elementi t_i sono in $I_n \setminus \{s_1, s_2, \ldots, s_r\}$ per costruzione. Si ripresenta quindi la duplice possibilità di prima: se non esiste un $k \in I_n \setminus \{s_1, s_2, \ldots, s_r, t_1, t_2, \ldots, t_{r'}\}$ allora $\pi = c_1 \circ c_2$. Altrimenti reiteriamo la costruzione a partire da un tale k, ottenendo un nuovo ciclo c_3 disgiunto dai precedenti e così via.

La procedura però non può proseguire indefinitamente: ad ogni iterazione ci si restringe ad un sottoinsieme di I_n più piccolo del precedente e quindi dopo un certo numero di passi o ci si riduce o al sottoinsieme $\emptyset$ o ad un sottoinsieme formato da elementi k tali che $\pi(k) = k$. In entrambi i casi la procedura termina e π è la composizione dei cicli costruiti fino a quel punto. ∎

Nota 5.2.7. La scrittura di una permutazione come composizione di cicli disgiunti dimostrata col teorema precedente è *essenzialmente* unica nel senso seguente: i singoli cicli che compaiono nella scrittura sono univocamente determinati, quello che può cambiare è l'ordine in cui vengono ricostruiti. D'altra parte la proposizione 5.2.5 ci assicura che nel calcolo della composizione l'ordine in cui appaiono tali cicli è ininfluente perché disgiunti.

In concreto la decomposizione in cicli disgiunti si trova seguendo la strategia della dimostrazione. Ad esempio, consideriamo la seguente permutazione $\pi \in S_{13}$:

$$\pi = \begin{pmatrix} 1 & 2 & 3 & 4 & 5 & 6 & 7 & 8 & 9 & 10 & 11 & 12 & 13 \\ 8 & 5 & 11 & 4 & 7 & 10 & 9 & 2 & 1 & 3 & 6 & 13 & 12 \end{pmatrix}$$

Osserviamo prima di tutto che $\{k \mid \pi(k) = k\} = \{4\}$. Poiché $\pi(1) \neq 1$ possiamo iniziare ad estrarre il primo ciclo partendo da 1. Indicando simbolicamente $i \mapsto j$ la relazione $\pi(i) = j$ si ha

$$1 \mapsto 8 \mapsto 2 \mapsto 5 \mapsto 7 \mapsto 9 \mapsto 1$$

completando il primo ciclo. Il numero 3 non è incluso nel ciclo trovato e $\pi(3) \neq 3$ per cui otteniamo un secondo ciclo

$$3 \mapsto 11 \mapsto 6 \mapsto 10 \mapsto 3$$

disgiunto dal primo. Questo non esaurisce ancora gli elementi k tali che $\pi(k) \neq k$ perché si ha ancora

$$12 \mapsto 13 \mapsto 12.$$

Dunque, usando la notazione propria dei cicli introdotta sopra, possiamo infine scrivere

$$\pi = (1\ 8\ 2\ 5\ 7\ 9)(3\ 11\ 6\ 10)(12\ 13).$$

Nota 5.2.8. Si noti come nella scrittura di una permutazione come prodotto di cicli come quella appena ottenuta il simbolo $\circ$ di composizione tra un ciclo e un altro non viene scritto ma lasciato sottinteso. Adotteremo questa notazione semplificata sistematicamente, ogniqualvolta abbiamo una composizione di cicli non importa se disgiunti o meno. Si osservi come questa convenzione segue la linea generale di omettere il simbolo di operazione quando non c'è ambiguità annunciata nella nota 2.5.2.

In pratica capita spesso che una permutazione non sia definita tramite la tabella a due righe che abbiamo sin qui usato ma come prodotto di cicli anche non disgiunti. È importante sapere che possiamo ricavare la sua scrittura in cicli disgiunti direttamente, senza passare dalla tabella a due righe come passaggio intermedio. Per capire come fare non discutiamo la procedura in modo teorico ma consideriamo direttamente un esempio.

Supponiamo di voler trovare la scrittura in cicli disgiunti della permutazione

$$\sigma = \underbrace{(1\ 5\ 8)}_{c_4}\underbrace{(2\ 8\ 9\ 6)}_{c_3}\underbrace{(9\ 7\ 4\ 1)}_{c_2}\underbrace{(2\ 3)}_{c_1} \in \mathcal{S}_9$$

definita come composizione di quattro cicli non disgiunti. Osserviamo subito due cose:

1. in una situazione del genere non è immediato dire chi sono gli elementi k tali che $\sigma(k) = k$;

2. poiché i cicli non sono disgiunti, essi non commutano per cui diventa importante rispettare l'ordine di composizione: ricordiamo allora che in una composizione di due o più funzioni l'ordine di applicazione è *da destra a sinistra* (per questo abbiamo numerato i cicli in σ a partire da destra).

Dunque procediamo come segue.

1. Iniziamo col numero 1 (è una scelta di comodo, si potrebbe partire con ogni altro numero) e calcoliamo $\sigma(1)$ calcolando l'effetto di ogni ciclo da destra a sinistra.

2. Ripetiamo il passo precedente partendo da $\sigma(1)$ e così via dal risultato di questo fino a riottenere 1 completando così un ciclo.

3. Se i cicli costruiti esauriscono tutti gli elementi la procedura termina, altrimenti si riprende dal passo 1 con un numero non considerato fino a quel punto.

4. Esauriti i numeri, si ottengono i cicli disgiunti della scrittura della permutazione.

Applicando questa procedura alla permutazione σ sopra si ottiene la seguente tabella

i	c_1	c_2	c_3	c_4	$\sigma(i)$	
1	1	9	6	6	6	
6	6	6	2	2	2	
2	3	3	3	3	3	
3	2	2	8	1	1	•
4	4	1	1	5	5	
5	5	5	5	8	8	
8	8	8	9	9	9	
9	9	7	7	7	7	
7	7	4	4	4	4	•

Nelle caselle delle colonne c_i è indicato l'effetto del ciclo c_i sul numero nella casella sulla stessa riga ma un posto a sinistra. Il simbolo • segnala la chiusura di un ciclo. Confrontando la prima e l'ultima colonna della tabella si vede subito che la scrittura di σ in cicli disgiunti è

$$\sigma = (1\ 6\ 2\ 3)(4\ 5\ 8\ 9\ 7).$$

Nota 5.2.9. Abbiamo scritto esplicitamente la tabella sopra a puro scopo didattico. Nell'uso pratico la scrittura di una tabella simile è inutile e costituirebbe uno spreco di tempo: è sufficiente tenere traccia dell'azione dei vari cicli scrivendo man mano il risultato. Così si inizia a scrivere

$$(1$$

e dopo aver calcolato $\sigma(1) = 6$, aggiungiamo 6 a destra ottenendo

$$(1\ 6$$

e così via un passo alla volta. Dopo aver ottenuto $\sigma(3) = 1$ e completato il primo ciclo scriviamo

$$(1\ 6\ 2\ 3)(4$$

iniziando con 4 il nuovo ciclo e proseguendo in questo modo fino alla fine.

Poiché nella scrittura di una permutazione come composizione di cicli disgiunti i cicli sono individualmente completamente determinati la seguente definizione è sensata.

Definizione 5.2.10. *Sia* $\pi \in \mathcal{S}_n$ *una permutazione,* $\pi \neq \mathrm{id}_{\mathcal{S}_n}$, *e sia*

$$\pi = c_1 \circ c_2 \circ \cdots \circ c_r$$

la sua scrittura in cicli disgiunti, con $c_1, c_2, \ldots c_r$ *di lunghezza* $\ell_1 \geq \ell_2 \geq \cdots \geq \ell_r$ *rispettivamente. Si dice* **tipo** *di* π *la* r-*pla di numeri interi*

$$(\ell_1, \ell_2, \ldots, \ell_r).$$

Facciamo alcune osservazioni.

1. La condizione che i cicli c_1, c_2, $\ldots c_r$ siano ordinati in modo che le loro lunghezze siano decrescenti può essere sempre ottenuta riordinandoli e sappiamo che siccome i cicli sono disgiunti questo riordinamento non altera la loro composizione.

2. In un tipo le lunghezze possono essere ripetute. Ad esempio la permutazione

$$\pi = (1\ 4\ 6)(2\ 10\ 9)(5\ 7)(3\ 8) \in \mathcal{S}_{10}$$

   ha tipo $(3, 3, 2, 2)$.

3. Poiché i cicli sono disgiunti, la quantità totale di elementi coinvolti non può essere maggiore di n; quindi se $\pi \in \mathcal{S}_n$ ha tipo $(\ell_1, \ell_2, \ldots, \ell_r)$ deve risultare

$$\ell_1 + \ell_2 + \cdots + \ell_r \leq n.$$

4. Viceversa, assegnata una r-pla di numeri interi $\ell_1 \geq \ell_2 \geq \cdots \geq \ell_r \geq 2$ con $\ell_1 + \ell_2 + \cdots + \ell_r \leq n$ è sempre possibile trovare $\pi \in \mathcal{S}_n$ di tipo $(\ell_1, \ell_2, \ldots, \ell_r)$. Ad esempio basta prendere

$$\pi = \underbrace{(1\ \cdots\ \ell_1)}_{\ell_1}\underbrace{(\ell_1 + 1\ \cdots\ \ell_1 + \ell_2)}_{\ell_2}\cdots\underbrace{(l\ \cdots\ l + \ell_r)}_{\ell_r}$$

   dove $l = \ell_1 + \cdots + \ell_{r-1} + 1$.

5. Se π è un ciclo di lunghezza ℓ il suo tipo è semplicemente (ℓ)

Vogliamo ora usare le tecniche enumerative del capitolo 3 per calcolare quante sono le permutazioni di un dato tipo. Cioè, fissato $n \geq 1$ e fissati numeri interi $\ell_1 \geq \ell_2 \geq \cdots \geq \ell_r \geq 2$ con $\ell_1 + \ell_2 + \cdots + \ell_r \leq n$ vogliamo calcolare quante permutazioni in $\mathcal{S}_n$ hanno tipo $(\ell_1, \ell_2, \ldots, \ell_r)$.

Iniziamo con il caso dei cicli. Per assegnare un ciclo di lunghezza ℓ in $\mathcal{S}_n$, ovviamente sarà $\ell \leq n$, occorre scegliere ordinatamente ℓ elementi a due a due distinti in I_n, cioè bisogna considerare disposizioni semplici di ordine ℓ in I_n (definizione 3.5.3). Abbiamo però già osservato (nota 5.2.2) che il medesimo ciclo ammette diverse scritture equivalenti, potendosi scegliere uno qualunque degli elementi che lo costituiscono come elemento iniziale del ciclo. Se il ciclo ha lunghezza ℓ ci sono quindi ℓ modi equivalenti (ma che corrispondono a disposizioni diverse) di scriverlo. Pertanto il numero dei cicli di lunghezza ℓ in $\mathcal{S}_n$ è

$$\frac{1}{\ell} D_{n,\ell} = \frac{1}{\ell} \frac{n!}{(n-\ell)!}.$$

Ad esempio ci sono $\frac{1}{4} 7!/3! = 7 \cdot 6 \cdot 5 = 210$ cicli di lunghezza 4 in $\mathcal{S}_7$ o $\frac{1}{3} 10!/7! = 10 \cdot 3 \cdot 8 = 240$ cicli di lunghezza 3 in $\mathcal{S}_8$.

Per calcolare il numero delle permutazioni di tipo generale $(\ell_1, \ell_2, \ldots, \ell_r)$ usiamo il metodo delle scelte successive. Calcoliamo prima quanti cicli di lunghezza ℓ_1 si possono formare con n elementi, poi quanti cicli di lunghezza ℓ_2 si possono formare coi restanti $n - \ell_1$ elementi, poi quanti cicli di lunghezza ℓ_3 si possono formare coi restanti $n - \ell_1 - \ell_2$ elementi, e così via, per poi moltiplicare tutti questi risultati parziali fra di loro.

Ad esempio, il numero di permutazioni di tipo $(7, 5, 4, 2)$ in $\mathcal{S}_{20}$ è:

$$\left(\frac{1}{7} D_{20,7}\right) \left(\frac{1}{5} D_{13,5}\right) \left(\frac{1}{4} D_{8,4}\right) \left(\frac{1}{2} D_{4,2}\right) =$$

$$\frac{1}{7}\frac{20!}{13!} \cdot \frac{1}{5}\frac{13!}{8!} \cdot \frac{1}{4}\frac{8!}{4!} \cdot \frac{1}{2}\frac{4!}{2!} = \frac{20!}{7 \cdot 5 \cdot 4 \cdot 2}$$

(si noti che le semplificazioni tra i fattoriali non sono casuali). Però questo metodo va applicato con cautela nel caso in cui il tipo della permutazione abbia numeri ripetuti, perché così come appena illustrato fornisce la risposta sbagliata.

Per capire dov'è il problema consideriamo la situazione forse più semplice: contiamo le permutazioni di tipo $(2,2)$ in $\mathcal{S}_4$. È facile elencarle tutte, sono tre:

$$(1\ 2)(3\ 4), \qquad (1\ 3)(2\ 4), \qquad (1\ 4)(2\ 3).$$

Se però applichiamo il metodo sopra otteniamo $\frac{1}{2} D_{4,2} \cdot \frac{1}{2} D_{2,0} = \frac{1}{4} 4!/2! \cdot \frac{1}{2} 2!/0! = 4!/2 \cdot 2 = 6$. Il punto è che contando in questo modo, ogni permutazione viene contata 2 volte; infatti, siccome

$$(a\ b)(c\ d) = (c\ d)(a\ b)$$

ogni permutazione viene contata una volta quando si prende $(a\ b)$ come primo ciclo di lunghezza 2 e $(c\ d)$ come secondo ciclo e una seconda volta quando si prende $(c\ d)$ come primo ciclo di lunghezza 2 e $(a\ b)$ come secondo ciclo. Pertanto la formula corretta include un'ulteriore divisione per 2:

$$\frac{1}{2} \cdot \frac{4!}{2 \cdot 2} = \frac{1}{2} \cdot 6 = 3.$$

Allo stesso modo, se c'è una lunghezza ℓ ripetuta k volte nel tipo ogni permutazione è contata $k!$ volte col metodo delle scelte successive, una volta per ogni loro riordinamento, e quindi occorre dividere per $k!$ l'espressione ottenuta secondo il metodo delle scelte successive. Piuttosto che enunciare una formula generale, comunque di difficile memorizzazione, diamo un paio di esempi ad illustrazione del principio.

1. Ci sono $25!/5^3 \cdot 3 \cdot 2^2 \cdot 3! \cdot 2|$ permutazioni di tipo $(5,5,5,3,2,2)$ in $\mathcal{S}_{25}$.

2. Ci sono $46!/7^2 \cdot 4^4 \cdot 3^5 \cdot 2! \cdot 4! \cdot 5|$ permutazioni di tipo $(7,7,4,4,4,4,3,3,3,3,3)$ in $\mathcal{S}_{46}$.

Un problema ben più complesso è quello di determinare quanti sono, fissato $n \geq 1$, i possibili tipi di permutazioni in $\mathcal{S}_n$. Dato un tipo $(\ell_1, \ell_2, \ldots, \ell_r)$ possiamo, se necessario, aggiungere alla lista dei numeri una quantità di 1 in modo che il totale sia esattamente n. Quella che si ottiene è una **partizione** di n, cioè una scrittura di n come somma di addendi positivi e un classico problema in teoria dei numeri è quello di studiare la funzione $p(n)$ che restituisce il numero delle partizioni di n. I primi valori di $p(n)$ sono

n	$p(n)$	partizioni
1	1	1
2	2	$2 = 1+1$
3	3	$3 = 2+1 = 1+1$
4	5	$4 = 3+1 = 2+2 = 2+1+1 = 1+1+1+1$
5	7	$5 = 4+1 = 3+2 = 3+1+1 = 2+2+1 = \cdots$

Sebbene in letteratura esistano delle stime abbastanza precise sulla crescita di $p(n)$ all'aumentare di n non sono note formule che forniscano il valore esatto di $p(n)$ per ogni n.

5.3 Scambi e parità

Il prossimo obiettivo è vedere come ogni permutazione sia ricostruibile a partire da scambi, cioè da cicli di lunghezza 2. Rispetto alla scrittura come composizione di cicli disgiunti studiata nella sezione precedente, la scrittura di una permutazione come composizione di scambi perde le proprietà di unicità e commutatività tra i suoi fattori ma permette di definire una certa proprietà numerica che si comporta in modo controllato rispetto alla composizione di permutazioni.

Proposizione 5.3.1. *Ogni ciclo di lunghezza ℓ è composizione di $\ell - 1$ scambi.*

Dimostrazione. Questo risultato si ottiene osservando che vale l'identità

$$(m_1 \ m_2 \ \ldots \ m_\ell) = (m_1 \ m_\ell)(m_1 \ m_{\ell-1}) \cdots (m_1 \ m_3)(m_1 \ m_2).$$

Per verificarla, occorre controllare che la composizione a destra dell'uguaglianza è la funzione tale che

$$m_1 \mapsto m_2, \quad m_2 \mapsto m_3, \quad \cdots \quad m_{\ell-1} \mapsto m_\ell, \quad m_\ell \mapsto m_1$$

e $k \mapsto k$ per ogni $k \notin \{m_1, m_2, \ldots, m_\ell\}$, cioè quella definita dal ciclo a sinistra. Se procediamo a calcolare la composizione a destra nel modo illustrato nella sezione precedente vediamo che:

1. $m_1 \mapsto m_2$ con lo scambio più a destra e l'elemento m_2 non compare più nei successivi per cui l'effetto complessivo è $m_1 \mapsto m_2$;

2. ogni m_i con $2 \le i < \ell$ compare nella composizione a destra una sola volta nel segmento
$$\cdots (m_1 \ m_{i+1})(m_1 \ m_i) \cdots$$
e pertanto l'effetto complessivo è $m_i \mapsto m_1 \mapsto m_{i+1}$;

3. l'elemento m_ℓ compare solo nello scambio finale (cioè quello scritto più a sinistra) pertanto $m_\ell \mapsto m_1$ nella composizione.

Siccome nessun $k \notin \{m_1, m_2, ..., m_\ell\}$ compare nella decomposizione a destra la verifica è terminata. ∎

Da questa proposizione otteniamo immediatamente uno degli obiettivi della sezione.

Teorema 5.3.2. *Ogni permutazione è composizione di scambi.*

Dimostrazione. Sia $\pi \in \mathcal{S}_n$ una permutazione. Sappiamo per il teorema 5.2.6 che π si può scrivere come composizione di cicli:

$$\pi = c_1 c_2 \cdots c_r$$

(sappiamo anche che i cicli sono disgiunti e che la scrittura è unica, ma questi fatti ora non entrano in gioco). Per la proposizione precedente ogni ciclo che compare nella scrittura di π può scriversi come composizione di scambi, quindi se sostituiamo ogni c_i con la sua scrittura come composizione di scambi l'effetto finale è che π stesso si scrive come composizione di scambi. ∎

Sia
$$\pi = s_1 s_2 \cdots s_t$$

la scrittura di una permutazione come composizione di scambi la cui esistenza è garantita dal teorema appena dimostrato. Poiché gli scambi s_i non sono in generale disgiunti, come appare chiaro dalla dimostrazione della proposizione 5.3.1, non è possibile commutarli. Inoltre tale scrittura non è neanche unica: ad esempio

$$(a \ b \ c) = (a \ b)(b \ c) = (a \ c)(a \ b).$$

Quello che si sta dicendo è che la scrittura di un ciclo come prodotto di scambi usata nella dimostrazione della proposizione 5.3.1 è solo una delle tante possibili.

Nota 5.3.3. Sebbene la scrittura di una permutazione come composizione di scambi non ha le proprietà di quella in cicli disgiunti, la sua esistenza è ancora importante soprattutto perché, rovesciando un po' il discorso, permette di dire che gli scambi "generano" $\mathcal{S}_n$ nel senso che componendo scambi in tutti i modi possibili otteniamo tutte le permutazioni. Questo può avere la sua importanza in certe applicazioni e anche nell'implementazione del calcolo delle permutazioni in una macchina, visto che gli scambi sono molto più facili da descrivere e sono complessivamente $\binom{n}{2} = \frac{1}{2}n(n-1)$, quindi molto meno dei cicli.

Pur non essendo unica, la scrittura di una permutazione come composizione di scambi ha una sua proprietà più nascosta, espressa dal seguente teorema. Diciamo che le scritture

$$\pi = s_1 s_2 \cdots s_p = s'_1 s'_2 \cdots s'_q$$

di π come composizione di p scambi (la prima) e q scambi (la seconda) hanno la stessa **parità** se i numeri interi p e q sono entrambi pari oppure entrambi dispari. Si noti che due numeri interi sono entrambi pari oppure entrambi dispari esattamente quando la loro somma è pari, mentre uno e pari e l'altro dispari quando la loro somma è dispari.

Teorema 5.3.4. *Ogni due scritture di una permutazione $\pi \in \mathcal{S}_n$ come composizione di scambi hanno la stessa parità.*

Dimostrazione. Usiamo un'argomentazione per assurdo: supponiamo, cioè, che sia possibile avere composizioni di scambi

$$\pi = s_1 s_2 \cdots s_p = s'_1 s'_2 \cdots s'_q$$

con p pari e q dispari e ne deriviamo una contraddizione. L'argomentazione ha due passi principali. Nel primo ci riconduciamo ad una certa proprietà della permutazione id $= \mathrm{id}_{\mathcal{S}_n}$ e nel secondo dimostriamo che questa proprietà è impossibile.

1. [**riduzione a** id] Usiamo il fatto che $\pi = s_1 s_2 \cdots s_p$ per scrivere

$$\pi^{-1} = s_p \cdots s_2 s_1.$$

La formula appena scritta è vera perché l'inverso di una composizione di permutazioni è la composizione delle inverse prese nell'ordine inverso (la 2.4.6 si generalizza subito ad un numero arbitrario di permutazioni) e l'inverso di uno scambio è lo scambio stesso (vedi la discussione dopo la proposizione 5.2.3). Allora usando le due scritture per π otteniamo

$$\mathrm{id}_{\mathcal{S}_n} = \pi^{-1} \circ \pi = \underbrace{(s_p \cdots s_2 s_1) \circ (s'_1 s'_2 \cdots s'_q)}_{p + q \text{ scambi}},$$

cioè otteniamo una scrittura di id come composizione di un numero dispari di scambi.

2. [**impossibilità di scrivere** id **come composizione di un numero dispari di scambi**] L'idea ora è questa: vogliamo descrivere una procedura che permetta, data una scrittura di id come composizione di scambi di ridurre man mano il numero degli scambi coinvolti fino ad arrivare ad una situazione in qualche senso minimale da cui si possa trarre facilmente una conclusione. Useremo ripetutamente l'identità

$$(a\ b)(a\ c) = (a\ c)(b\ c)$$

che era stata già usata sopra per osservare come la scrittura come composizione di scambi non è unica. Partiamo dunque da una scrittura di id come composizione di scambi

$$\mathrm{id} = s_1 s_2 \cdots s_m.$$

Iniziamo col dire che ogni elemento $i \in I_n$ non può comparire, tra gli scambi a destra, un'unica volta. Infatti se a destra ci fosse un unico scambio che coinvolge i e quindi della forma della forma $(i \ x)$ la composizione totale non avrebbe la proprietà che i è l'immagine di i e quindi non potrebbe essere l'identità id. Quindi, se i compare tra gli scambi deve comparire almeno 2 volte.

Fissiamo l'attenzione su $i = 1$ e supponiamo che 1 compaia tra gli scambi. Se gli scambi in cui 1 compare non sono contigui possiamo avvicinarli spostando chi necessario verso destra: se $(a, 1)$ ha a destra uno scambio disgiunto possiamo semplicemente commutarli, mentre il segmento $(a \ 1)(a \ c)$ può essere sostituito con $(a \ c)(1 \ c)$ usando l'identità sopra con $b = 1$. Una volta che tutti gli scambi che includono 1 sono contigui si possono presentare due situazioni.

(a) Ogni segmento $(1 \ b)(1 \ c)$ con $b \neq c$ può essere sostituito col segmento $(1 \ c)(b \ c)$ usando ancora l'identità sopra, questa volta con $a = 1$.

(b) Ogni segmento $(1 \ b)(1 \ b)$ può essere cancellato completamente dalla composizione poiché ogni scambio coincide col suo inverso.

Ogni qualvolta si applica (a) il numero degli scambi totali resta invariato ma quelli in cui compare 1 scende di un'unità. Ogni qualvolta si applica (b) il numero degli scambi totali scende di due unità. Siccome per il medesimo ragionamento fatto più sopra non è possibile che resti un solo scambio che includa 1, alla fine si deve cadere almeno una volta nella situazione (b) con l'effetto che il numero totale degli scambi presenti nella combinazione diminuisce e 1 scompare completamente.

A questo punto fissiamo l'attenzione su $i = 2$ ripetendo l'intera procedura fino a far scomparire anche gli scambi contenenti 2. Si osservi che ad ogni sostituzione gli scambi vengono sostituiti con altri che coinvolgono gli stessi elementi, quindi eliminando dalla composizione gli scambi con 2 non si reintroducono scambi con 1. Pertanto alla fine riusciamo a eliminare sia gli scambi che contengono 1 che gli scambi che contengono 2.

Ora iteriamo la procedura con $i = 3, 4$, eccetera, fino ad n. Così facendo eliminiamo tutti gli scambi nella composizione semplificandola a id anche a destra.

L'unico passo in cui il numero totale degli scambi scende è il passo (b) sopra e per esso il numero di scambi scende di due. Ma se il numero totale di scambi arriva a 0 scendendo di due alla volta, vuol dire che il numero originale di scambi era pari. Quindi nella scrittura di partenza di id come composizione di scambi il numero m deve essere pari e questo termina la dimostrazione.

∎

Il teorema appena dimostrato permette di introdurre la nozione di **parità** di una permutazione.

Definizione 5.3.5. *Sia $\pi \in \mathcal{S}_n$. Diremo che la permutazione π è*

1. **pari** *se π si scrive come composizione di un numero pari di scambi;*

2. **dispari** *se π si scrive come composizione di un numero dispari di scambi.*

È possibile determinare la parità di una permutazione senza calcolare esplicitamente una sua scrittura come prodotto di scambi. Per poter fare ciò sono necessarie le due proposizioni seguenti.

Proposizione 5.3.6. *Sia c un ciclo di lunghezza ℓ. Allora*

- *c è pari se ℓ è dispari,*

- *c è dispari se ℓ è pari.*

Dimostrazione. La determinazione della parità dei cicli segue immediatamente, per definizione, dalla proposizione 5.3.1 secondo la quale un ciclo di lunghezza ℓ è sempre scrivibile come composizione di $\ell - 1$ scambi. ∎

Proposizione 5.3.7. *Siano π e $\sigma \in \mathcal{S}_n$. Allora la composizione $\sigma \circ \pi$ è*

1. **pari** *se π e σ hanno stessa parità,*

2. **dispari** *se π e σ hanno diverse parità.*

Dimostrazione. Se $\pi = s_1 \circ \cdots \circ s_p$ e $\sigma = s'_1 \circ \cdots \circ s'_q$ sono scritture come composizione di scambi si ha

$$\sigma \circ \pi = \underbrace{s'_1 \circ \cdots \circ s'_q \circ s_1 \circ \cdots \circ s_p}_{p+q \text{ scambi}}.$$

Dunque l'affermazione discende dal fatto che $p + q$ è pari se e soltanto se p e q sono entrambi pari o entrambi dispari. ∎

Combinando l'ultima proposizione con la proprietà associativa della composizione si può determinare facilmente la parità di una composizione di un numero arbitrario di permutazioni a partire da quelle delle permutazioni stesse. Ad esempio, se $\pi = \pi_1 \circ \pi_2 \circ \pi_3$ è composizione di 3 permutazioni si ha che π è pari se e soltanto se una o tutte delle π_i è pari, eccetera.

Siccome ogni permutazione è composizione di cicli disgiunti, la combinazione delle proposizioni 5.3.6 e 5.3.7 permette di calcolare la parità di una permutazione a partire dal suo tipo.

Data una permutazione $\pi \in \mathcal{S}_n$ di tipo $(\ell_1, \ell_2, .., \ell_r)$ poniamo

$$P = (\ell_1 - 1) + (\ell_2 - 1) + \cdots + (\ell_r - 1) = \ell_1 + \ell_2 + \cdots \ell_r - r.$$

Vale allora la proposizione seguente.

Proposizione 5.3.8. *La permutazione π è pari se e soltanto se P è un numero pari.*

Dimostrazione. Scrivendo π come composizione di cicli e riscrivendo ogni ciclo di lunghezza ℓ come composizione di $\ell - 1$ scambi risulta che π è composizione di P scambi. L'affermazione segue allora per definizione. ∎

Ad esempio, la permutazione

$$(1\ 4\ 9)(2\ 11\ 5\ 7\ 3)(8\ 12)(6\ 10\ 13) \in \mathcal{S}_{13}$$

ha tipo $(5, 3, 3, 2)$ e quindi è dispari in quanto $(5-1)+(3-1)+(3-1)+(2-1) = 9$ è dispari.

Nota 5.3.9. Per applicare la proposizione 5.3.7 ad una composizione di cicli non è necessario che i cicli siano disgiunti. Quindi la tecnica appena descritta si applica anche a permutazioni date come composizione di cicli qualunque senza bisogno di passare per la decomposizione in cicli disgiunti. Ad esempio la permutazione

$$(2\ 4\ 7)(1\ 4\ 5\ 8\ 2)(5\ 2\ 7\ 6)(6\ 9\ 4\ 8\ 1\ 5) \in \mathcal{S}_9$$

è pari come prodotto di cicli di lunghezze 3, 5, 4 e 6 (quindi due pari e due dispari).

Terminiamo questa sezione contando le permutazioni pari e dispari in $\mathcal{S}_n$.

Proposizione 5.3.10. *Ci sono $\frac{1}{2}n!$ permutazioni pari e $\frac{1}{2}n!$ permutazioni dispari in $\mathcal{S}_n$.*

Dimostrazione. Denotiamo $\mathcal{P}_n \subset \mathcal{S}_n$ il sottoinsieme delle permutazioni pari e $\mathcal{D}_n \subset \mathcal{S}_n$ il sottoinsieme delle permutazioni dispari. Fissiamo uno scambio $s \in \mathcal{S}_n$, ad esempio $s = (1\ 2)$.

Comporre una permutazione $\pi \in \mathcal{S}_n$ con s ne cambia la parità di π in quanto aggiunge uno scambio ad una scrittura di π come composizione di scambi. Quindi restano definite due funzioni[1]:

$$f : \mathcal{P}_n \longrightarrow \mathcal{D}_n, \quad f(\pi) = s \circ \pi \qquad e \qquad g : \mathcal{D}_n \longrightarrow \mathcal{P}_n, \quad g(\pi) = s \circ \pi.$$

Siccome $s^{-1} = s$ le funzioni f e g sono una l'inversa dell'altra. Infatti

1. $(g \circ f)(\pi) = g(f(\pi)) = g(s \circ \pi) = s \circ s \circ \pi = \pi$ e dunque $g \circ f = \mathrm{id}_{\mathcal{P}_n}$;

2. $(f \circ g)(\pi) = f(g(\pi)) = f(s \circ \pi) = s \circ s \circ \pi = \pi$ e dunque $f \circ g = \mathrm{id}_{\mathcal{D}_n}$.

---

[1]Dalle formule sembrerebbe che le due funzioni siano la stessa ma non è così perché dominio e codominio delle due funzioni non coincidono, vedi la discussione al punto 4 a pagina 26.

Dal fatto che f e g sono funzioni inverse l'una dell'altra segue che sono biezioni. Quindi $|\mathcal{P}_n| = |\mathcal{D}_n|$. D'altra parte i sottoinsiemi $\mathcal{P}_n$ e $\mathcal{D}_n$ definiscono una partizione di $\mathcal{S}_n$ (nel senso della definizione 1.6.3) e quindi

$$|\mathcal{P}_n| = |\mathcal{D}_n| = \frac{1}{2}|\mathcal{S}_n| = \frac{1}{2}n!. \quad \blacksquare$$

5.4   Periodi

Nell'ultima sezione di questo capitolo vogliamo studiare cosa succede quando componiamo una permutazione π con se stessa ed iteriamo, ovvero quando consideriamo la successione delle potenze (vedi definizione 2.5.7) di π:

$$\text{id} = \pi^0, \qquad \pi = \pi^1, \qquad \pi^2 = \pi \circ \pi, \qquad \pi^3 = \pi \circ \pi \circ \pi, \qquad \text{eccetera.}$$

Cominciamo col caso più semplice, quello in cui π è un ciclo.

Proposizione 5.4.1. *Sia π un ciclo di lunghezza $\ell \geq 2$,*

$$\pi = (t_1 \; t_2 \; \cdots t_\ell).$$

Allora $\pi^\ell = \text{id}$ e $\pi^k \neq \text{id}$ per ogni $k = 1, ..., \ell - 1$.

Dimostrazione. Si ha

$$\pi(t_1) = t_2, \qquad \pi^2(t_1) = t_3, \qquad \cdots \qquad \pi^{\ell-1} = t_\ell$$

per cui evidentemente $\pi^k \neq \text{id}$ per ogni $k = 1, ..., \ell - 1$. D'altra parte $\pi^\ell(t_1) = t_1$ e allo stesso modo otteniamo

$$\pi^\ell(t_j) = t_j \qquad \forall j = 1, ..., \ell$$

e quindi $\pi^\ell = \text{id}$. $\blacksquare$

Nota 5.4.2. In generale è falso che le potenze di un ciclo siano cicli. Ad esempio consideriamo $\pi = (1\;2\;3\;4) \in \mathcal{S}_4$. Un calcolo immediato mostra che

$$\pi^2 = (1\;3)(2\;4)$$

non è un ciclo.

Consideriamo ora il caso di una permutazione arbitraria $\pi \in \mathcal{S}_n$. Poiché il numero totale delle permutazioni in $\mathcal{S}_n$ è finito, nella successione $\pi^0 = \text{id}$, $\pi^1 = \pi$, π^2, π^3, ... dovranno avvenire ripetizioni. Dunque esisteranno due numeri interi $0 \leq r < s$ tali che

$$\pi^r = \pi^s.$$

Componendo entrambi i membri di questa uguaglianza con $\pi^{-r} = (\pi^r)^{-1}$ e usando la regola delle potenze otteniamo

$$\text{id} = \pi^r \circ \pi^{-r} = \pi^s \circ \pi^{-r} = \pi^{s-r}.$$

Si noti che $0 < s - r < s$. Dunque, nella successione delle potenze di π la prima potenza che si ripete è proprio $\text{id} = \pi^0$.

Definizione 5.4.3. *Data una permutazione* $\pi \in \mathcal{S}_n$ *si dice* **periodo** *di* π, *denotato* $\mathrm{per}(\pi)$, *il più piccolo intero positivo nell'insieme* $\{k \in \mathbb{Z} \,|\, \pi^k = \mathrm{id}\}$.

Facciamo alcune osservazioni.

1. Per il discorso fatto prima della definizione di periodo, il periodo di una permutazione esiste sempre.

2. Per la proposizione 5.4.1 il periodo di un ciclo è uguale alla sua lunghezza.

3. Sia $p = \mathrm{per}(\pi)$. Per ogni $m \in \mathbb{Z}$ usiamo la divisione euclidea per scrivere $m = qp + r$ (con $0 \le r < p$). Allora per la regola delle potenze

$$\pi^m = \pi^{qp+r} = (\pi^p)^q \circ \pi^r = (\mathrm{id})^q \circ \pi^r.$$

Da questo conto segue che l'insieme delle potenze di una permutazione π di periodo p è costituito dalle p permutazioni

$$\left\{ \mathrm{id}, \pi, \pi^2, ..., \pi^{p-1} \right\}.$$

La proposizione seguente risolve il problema del calcolo del periodo di una permutazione arbitraria mostrando come il periodo è legato al tipo. Il risultato è un'applicazione importante dell'esistenza della scrittura di una permutazione in cicli disgiunti.

Proposizione 5.4.4. *Sia* $\pi \in \mathcal{S}_n$ *una permutazione di tipo* $(\ell_1, \ell_2, ..., \ell_r)$. *Allora il periodo della permutazione è il minimo comune multiplo delle lunghezze nel tipo; in formule:*

$$\mathrm{per}(\pi) = \mathrm{mcm}(\ell_1, \ell_2, ..., \ell_r).$$

Dimostrazione. Che il tipo di π sia $(\ell_1, \ell_2, ..., \ell_r)$ significa che esiste una scrittura

$$\pi = c_1 \circ c_2 \circ \cdots \circ c_r$$

dove c_i è un ciclo di lunghezza ℓ_i, $i = 1, ..., r$, e i cicli sono a due a due disgiunti. Allora

$$\pi^k = c_1^k \circ c_2^k \circ \cdots \circ c_r^k$$

per ogni $k \ge 0$. Quest'ultima formula può essere provata per induzione. Nei casi $k = 0$ e $k = 1$ è ovviamente vera. Se è vera per k si ha

$$\begin{aligned}
\pi^{k+1} = \pi^k \circ \pi &= \left(c_1^k \circ c_2^k \circ \cdots \circ c_r^k \right) \circ c_1 \circ c_2 \circ \cdots \circ c_r \\
&= c_1^{k+1} \circ c_2^{k+1} \circ \cdots \circ c_r^{k+1}
\end{aligned}$$

dove l'ultima disuguaglianza è giustificata dal fatto che i cicli coinvolti sono disgiunti e quindi commutano: ognuno dei c_i nell'ultima espressione può quindi essere spostato insieme ai suoi omonimi senza alterare, per la commutatività, l'espressione stessa.

Posto $m = \text{mcm}(\ell_1, \ell_2, ..., \ell_r)$ si ha $c_i^m = \text{id}$ per ogni $i = 1, ..., r$ in quanto m è multiplo di $\ell_i = \text{per}(c_i)$. Quindi

$$\pi^m = c_1^m \circ c_2^m \circ \cdots \circ c_r^m = \text{id} \circ \text{id} \circ \cdots \circ \text{id} = \text{id}$$

e resta da vedere solo che m è il più piccolo intero positivo con tale proprietà. D'altra parte nella potenza $\pi^k = c_1^k \circ c_2^k \circ \cdots \circ c_r^k$ con $0 < k < m$ deve aversi $c_i^k \neq \text{id}$ per almeno un indice i e quindi deve esistere $t \in I_n$ tale che $c_i(t) \neq t$. Ma siccome i cicli sono disgiunti deve anche aversi $c_j(t) = t$ per ogni $j \neq i$ e pertanto π^k non può essere uguale a id perché $\pi(t) \neq t$. ∎

Diamo un paio di esempi.

1. La scrittura in cicli disgiunti della permutazione

$$\pi = \begin{pmatrix} 1 & 2 & 3 & 4 & 5 & 6 & 7 & 8 & 9 \\ 4 & 5 & 2 & 1 & 6 & 9 & 8 & 7 & 3 \end{pmatrix} \in \mathcal{S}_9$$

è $(2\ 5\ 6\ 9\ 3)(1\ 4)(7\ 8)$, quindi il tipo è $(5, 2, 2)$ ed il periodo

$$\text{per}(\pi) = \text{mcm}(5, 2, 2) = 10.$$

2. La scrittura in cicli disgiunti della permutazione

$$\pi = (3\ 7)(2\ 5\ 1\ 7)(6\ 1\ 3)(2\ 3\ 7\ 5\ 4)(5\ 8)$$

è $(1\ 7)(2\ 6\ 3)(4\ 5\ 8)$, quindi il tipo è $(3, 3, 2)$ ed il periodo

$$\text{per}(\pi) = \text{mcm}(3, 3, 2) = 6.$$

Si noti come il periodo 6 non ha nulla a che vedere con le lunghezze dei cicli (non disgiunti) della definizione originaria di π.

Poiché il periodo di una permutazione è calcolabile e dipende solo dal suo tipo, la determinazione dei tipi possibili in $\mathcal{S}_n$ permette di tabulare i periodi per le permutazioni $\pi \in \mathcal{S}_n$. Come esempio, riportiamo la situazione per $\mathcal{S}_8$ che ha 21 possibili tipi

tipo	$\text{ord}(\pi)$	tipo	$\text{ord}(\pi)$	tipo	$\text{ord}(\pi)$
(8)	8	$(4,4)$	4	$(3,2,2)$	6
(7)	7	$(4,3)$	12	$(3,2)$	6
$(6,2)$	6	$(4,2,2)$	4	3	3
(6)	6	$(4,2)$	4	$(2,2,2,2)$	2
$(5,3)$	15	(4)	4	$(2,2,2)$	2
$(5,2)$	10	$(3,3,2)$	6	$(2,2)$	2
(5)	5	$(3,3)$	3	(2)	2

Dalla tabella si evince che i periodi delle permutazioni in $\mathcal{S}_8$ sono

$$\{2, 3, 4, 5, 6, 7, 8, 10, 12, 15\}.$$

Esercizi

Esercizio 5.1. Siano date le seguenti permutazioni in $\mathcal{S}_7$:

$$\sigma = \begin{pmatrix} 1 & 2 & 3 & 4 & 5 & 6 & 7 \\ 2 & 4 & 3 & 1 & 7 & 5 & 6 \end{pmatrix}, \qquad \tau = \begin{pmatrix} 1 & 2 & 3 & 4 & 5 & 6 & 7 \\ 5 & 2 & 1 & 6 & 3 & 7 & 4 \end{pmatrix}.$$

Calcolare σ^2, $\sigma\tau$, $\tau\sigma$, τ^2, $\sigma\tau\sigma$, $\tau\sigma\tau$.

Esercizio 5.2. Determinare la decomposizione in cicli disgiunti delle seguenti permutazioni in $\mathcal{S}_8$:

$$\pi_1 = \begin{pmatrix} 1 & 2 & 3 & 4 & 5 & 6 & 7 & 8 \\ 3 & 8 & 5 & 7 & 2 & 6 & 4 & 1 \end{pmatrix}, \qquad \pi_2 = \begin{pmatrix} 1 & 2 & 3 & 4 & 5 & 6 & 7 & 8 \\ 4 & 6 & 2 & 8 & 3 & 5 & 1 & 7 \end{pmatrix},$$

$$\pi_3 = \begin{pmatrix} 1 & 2 & 3 & 4 & 5 & 6 & 7 & 8 \\ 5 & 3 & 2 & 7 & 1 & 8 & 4 & 6 \end{pmatrix}, \qquad \pi_4 = \begin{pmatrix} 1 & 2 & 3 & 4 & 5 & 6 & 7 & 8 \\ 3 & 6 & 7 & 8 & 2 & 5 & 1 & 4 \end{pmatrix}.$$

Esercizio 5.3. Per ciascuna coppia σ, τ di permutazioni in $\mathcal{S}_n$ data nei punti seguenti, calcolare la decomposizione in cicli disgiunti il tipo e la parità di σ, τ, $\sigma\tau$, $\tau\sigma$.

1. $n = 5$: $\sigma = (2\ 4\ 5)(1\ 4\ 3)$, $\tau = (1\ 3)(2\ 3\ 5)$.

2. $n = 6$: $\sigma = (1\ 6\ 2\ 4)(3\ 4\ 6\ 5)$, $\tau = (2\ 5)(1\ 2\ 4\ 6)$.

3. $n = 7$: $\sigma = (2\ 4\ 7\ 1\ 5\ 3)$, $\tau = (2\ 5)(1\ 5\ 6\ 4)(1\ 2\ 3\ 7)$.

4. $n = 9$: $\sigma = (1\ 4\ 9\ 5)(3\ 4\ 6\ 7)(8\ 7\ 2)$, $\tau = (2\ 8)(3\ 8\ 9\ 1\ 4\ 7\ 6\ 5)(2\ 8)$.

Esercizio 5.4. Siano π e σ permutazioni in $\mathcal{S}_n$.

1. Dimostrare che le permutazioni π e π^{-1} hanno la stessa parità.

2. Dimostrare che π, $\sigma\pi\sigma$, $\sigma\pi\sigma^{-1}$ hanno la stessa parità.

Esercizio 5.5. Sia $\pi \in \mathcal{S}_n$ una permutazione dispari. Dimostrare che il periodo di π è pari.

Esercizio 5.6. Determinare la parità ed il periodo di una permutazione in $\mathcal{S}_n$ di tipo assegnato come segue:

1. $n = 9$: tipo $(2, 3, 4)$, tipo $(3, 3, 3)$.

2. $n = 10$: tipo $(3, 7)$, tipo $(2, 2, 2, 3)$.

3. $n = 14$: tipo $(3, 11)$, tipo $(2, 4, 7)$, tipo $(4, 4, 6)$.

4. $n = 20$: tipo $(3, 5, 6, 6)$, tipo $(8, 12)$, tipo $(2, 2, 2, 2, 2, 2, 3, 4)$.

Esercizio 5.7. Sia $c \in \mathcal{S}_n$ un ciclo di lunghezza $\ell \in \{2, 3, 4, 5, 6\}$. In ciascun caso determinare il tipo di c^2, c^3 e c^4.

Esercizio 5.8. Calcolare il numero dei cicli

1. di lunghezza 4 in $\mathcal{S}_7$;

2. di lunghezza 6 in $\mathcal{S}_8$;

3. di lunghezza 10 in $\mathcal{S}_{13}$.

Esercizio 5.9. Calcolare il numero delle permutazioni

1. di tipo $(2,3)$ in $\mathcal{S}_6$;

2. di tipo $(2,2,4)$ in $\mathcal{S}_8$;

3. di tipo $(3,3)$ in $\mathcal{S}_9$;

4. di tipo $(2,4,5)$ in $\mathcal{S}_{12}$;

5. di tipo $(3,3,4,4)$ in $\mathcal{S}_{14}$.

Esercizio 5.10. Sia $\sigma \in \mathcal{S}_n$ una permutazione qualunque.

1. Dimostrare che se $c \in \mathcal{S}_n$ è un ciclo di lunghezza ℓ, allora anche $\sigma c \sigma^{-1}$ è un ciclo di lunghezza ℓ.

2. Dimostrare che se $\pi \in \mathcal{S}_n$ è una permutazione qualunque, allora π e $\sigma \pi \sigma^{-1}$ hanno lo stesso tipo.

Suggerimento: per il punto b) usare il punto a) insieme al fatto che una permutazione si scrive come prodotto di cicli disgiunti.

Esercizio 5.11. Elencare tutti i possibili tipi che può avere una permutazione $\pi \in \mathcal{S}_7$ con la proprietà che $\pi(k) \neq k$ per ogni $k \in \{1, 2, ..., 7\}$.

Esercizio 5.12. Calcolare $p(6)$, $p(7)$ e $p(8)$ dove $p(n)$ è il numero delle partizioni di n.

Capitolo 6

Gruppi

Nei due capitoli precedenti abbiamo studiato in dettaglio due insiemi dotati di un'operazione. Uno è l'insieme $\mathbb{Z}$ dei numeri interi con l'operazione di somma, l'altro l'insieme $\mathcal{S}_n$ delle permutazioni di I_n (con n fissato) con l'operazione di composizione. Sebbene tali insiemi siano di natura alquanto diversa, essi soddisfano delle proprietà comuni: le operazioni sono entrambe associative, ammettono un elemento neutro e ogni elemento ha un inverso.

Il fatto che esistano insiemi costituiti da oggetti di natura diversa la cui operazione però soddisfa le stesse proprietà formali suggerisce di lavorare in astratto con un generico insieme i cui elementi non abbiano una natura precisata ma dotato di un'operazione con le medesime proprietà formali. Si arriva così alla nozione di **gruppo** la cui definizione formale sarà data sotto. Il vantaggio dell'astrazione è quello che ogni proprietà e ogni teorema dimostrato per un gruppo generico continuerà a valere per ogni esempio concreto venendo così a realizzare un'economia di lavoro.

Negli ultimi 150 anni circa si è scoperto che il concetto di gruppo è basilare per l'intera matematica ed appare nelle sue diverse incarnazioni in molti settori della matematica essendo, in un certo senso, il meccanismo astratto dietro l'apparizione di simmetrie e di molte regolarità in strutture matematiche anche molto sofisticate. Noi non toccheremo neanche tutta questa ricchezza concettuale limitandoci allo studio di alcune proprietà generali di base con un attenzione particolare al caso in cui il gruppo in questione è un gruppo finito.

6.1 Definizione ed esempi

Iniziamo con alcune definizioni ed esempi. Facciamo riferimento, anche negli esempi successivi alla definizione, alla discussione generale sulle operazioni (binarie) condotta nel capitolo 2, in particolare alle nozioni generali di elemento neutro, di inverso di un elemento e le loro proprietà di unicità.

Definizione 6.1.1. *Sia $(A, *)$ una coppia formata da un insieme A non vuoto e un'operazione binaria $*$ su A. Diremo:*

1. *che* $(A, *)$ *è un* **semigruppo** *se* $*$ *è associativa;*

2. *che* $(A, *)$ *è un* **monoide** *se* $*$ *è associativa e se esiste un elemento neutro* $e \in A$ *per* $*$;

3. *che* $(A, *)$ *è un* **gruppo** *se* $*$ *è associativa, se esiste un elemento neutro* $e \in A$ *per* $*$ *e se ogni elemento* $a \in A$ *è invertibile.*

Nota 6.1.2. Poiché le richieste sono via via più inclusive è chiaro che un monoide è anche un semigruppo e che un gruppo è anche un monoide ed un semigruppo.

Nota 6.1.3. La proprietà commutativa per $*$ non viene mai generalmente richiesta e non vale necessariamente. Però nei casi in cui essa è o si richiede soddisfatta aggiungeremo l'aggettivo **commutativo** (o **abeliano**[1]) alla terminologia. Ad esempio un **gruppo commutativo** è un gruppo $(G, *)$ in cui l'operazione $*$ soddisfa la proprietà commutativa.

Definizione 6.1.4. *Sia* $(G, *)$ *un gruppo (o monoide, o semigruppo). Chiamiamo* **ordine** *di* $(G, *)$ *la cardinalità* $|G|$. *In particolare un gruppo (o monoide, o semigruppo)* $(G, *)$ *si dirà finito od infinito se l'insieme* G *è finito od infinito rispettivamente.*

Diamo alcuni esempi concreti.

1. L'insieme $\mathbb{N}$ dei numeri naturali positivi con l'operazione di addizione definisce monoide commutativo che non è un gruppo, in quanto la somma tra numeri interi è associativa e commutativa, l'elemento neutro 0 è in $\mathbb{N}$, ma i numeri naturali positivi non hanno inverso additivo. Il sottoinsieme $\mathbb{N}^{>0}$ dei numeri naturali positivi è chiuso rispoetto all'addizione ma non contiene più l'elemento neutro e quindi costituisce un semigruppo.

2. Dato un insieme X e le operazioni di unione ed intersezione in X definiscono monoidi commutativi $(P(X), \cup)$ e $(P(X), \cap)$ che non sono gruppi. Infatti le operazioni di unione ed intersezione sono associative e commutative ed ammettono un elemento neutro ($\emptyset$ e X rispettivamente, vedi l'esempio 4 a pagina 39) ma non esistono gli inversi.

3. Dato un insieme X non vuoto, l'operazione di composizione di funzioni nell'insieme $\mathcal{F}_X = \{$funzioni $f \colon X \longrightarrow X\}$ definisce una struttura di monoide non commutativo. Non è un gruppo in quanto solo le funzioni biettive sono invertibili mentre $\mathcal{F}_X$ include tutte le funzioni con dominio e codominio X, anche quelle non biettive. Il monoide $\mathcal{F}_X$ è infinito se e soltanto se l'insieme X è infinito.

---

[1] In onore del matematico norvegese Niels Abel (1802–1829) che nonostante scomparve in giovane età riuscì a dare contributi fondamentali all'Algebra e alla teoria delle funzioni. Il governo norvegese assegna dal 2002 il Premio Abel per la Matematica anche per sopperire alla mancanza di un Premio Nobel in questa categoria.

4. In certi contesti, ad esempio in teoria dell'informazione, si usa la seguente terminologia: un insieme finito (non vuoto) i cui elementi sono simboli è detto un **alfabeto** e i suoi stessi elementi sono detti **lettere**. Dato un alfabeto $\mathcal{A}$ una **parola** è una successione arbitraria ma finita di lettere, inclusa la successione priva di lettere (la parola vuota $\emptyset$).

Ad esempio nel caso dell'alfabeto $\mathcal{A} = \{A, B\}$ costituito da due sole lettere l'insieme $\mathcal{P}_\mathcal{A}$ delle parole ordinate per numero crescente di lettere è

$$\mathcal{P}_\mathcal{A} = \{\emptyset, A, B, AA, AB, BA, BB, AAA, AAB, ABA, ABB, BAA, ...\}.$$

Sull'insieme $\mathcal{P}_\mathcal{A}$ è definita un'operazione naturale: la **concatenazione**. Concatenare due parole significa scriverle una dietro l'altra senza interruzione, ad esempio

$$(AABBABAB) * (BABAAA) = AABBABABBABAAA.$$

L'operazione di concatenazione è chiaramente associativa e ammette la parola vuota $\emptyset$ come elemento neutro e quindi $(\mathcal{P}_\mathcal{A}, *)$ è un monoide infinito. (non commutativo: ad esempio $AB * BA = ABBA \neq BAAB = BA * AB$). Non è un gruppo in quanto le parole non vuote sono prive di inverse: siccome la concatenazione aumenta la lunghezza delle parole coinvolte è impossibile ottenere $\emptyset$ come risultato di una concatenazione tranne per il caso $\emptyset * \emptyset = \emptyset$.

5. $(\mathbb{Z}, +)$, $(\mathbb{Q}, +)$ e $(\mathbb{R}, +)$ sono esempi di gruppi commutativi infiniti.

6. Per ogni n l'insieme $\mathcal{S}_n$ con l'operazione di composizione $\circ$ è un gruppo finito, non commutativo se $n \geq 3$.

Vogliamo ora studiare, in relazione alle strutture della definizione 6.1.1, la moltiplicazione in $\mathbb{Z}$, $\mathbb{Q}$ ed $\mathbb{R}$. Come già ricordato nella sezione 2.5 la moltiplicazione tra numeri è associativa, commutativa e ha il numero 1 come elemento neutro. Dunque $(\mathbb{Z}, \cdot)$, $(\mathbb{Q}, \cdot)$ e $(\mathbb{R}, \cdot)$ sono senz'altro dei monoidi commutativi. Non sono però dei gruppi in quanto il numero 0 non ha inverso.

Fissiamo l'attenzione su $\mathbb{Q}$ e $\mathbb{R}$. Osserviamo che per entrambi 0 è l'unico elemento non invertibile: se $0 \neq x \in \mathbb{Q}$ (o $\mathbb{R}$) allora $\frac{1}{x} \in \mathbb{Q}$ (o $\mathbb{R}$). Inoltre l'insieme dei numeri razionali (o reali) non nulli è chiuso (vedi definizione 2.5.9) per la moltiplicazione: il prodotto di numeri non nulli è ancora non nullo. Queste osservazioni suggeriscono che si può considerare la moltiplicazione come un'operazione sui sottoinsiemi

$$\mathbb{Q}^\times = \{q \in \mathbb{Q} \,|\, q \neq 0\}, \qquad \mathbb{R}^\times = \{r \in \mathbb{R} \,|\, q \neq 0\}.$$

Poiché eliminato 0 ogni numero è invertibile, $(\mathbb{Q}^\times, \cdot)$ e $(\mathbb{R}^\times, \cdot)$ sono gruppi, detti rispettivamente il **gruppo moltiplicativo dei razionali** e il **gruppo moltiplicativo dei reali** .

La situazione per $\mathbb{Z}$ è diversa in quanto non tutti gli interi non nulli sono invertibili, ad esempio 2 è sì invertibile come numero razionale (o reale) ma non come numero intero perché $\frac{1}{2} \in \mathbb{Q} \setminus \mathbb{Z}$. Come osservato nel capitolo 2 gli elementi invertibili di $\mathbb{Z}$ sono soltanto due e più precisamente gli elementi del sottoinsieme

$$\mathbb{Z}^\times = \{1, -1\} \subset \mathbb{Z}.$$

Osservato che $\mathbb{Z}^\times$ è chiuso rispetto alla moltiplicazione (infatti $1 \cdot 1 = (-1) \cdot (-1) = 1$ e $1 \cdot (-1) = (-1) \cdot 1 = -1$) possiamo concludere che $(\mathbb{Z}^\times, \cdot)$ è un gruppo.

Nota 6.1.5. Specificare un gruppo (un monoide, un semigruppo) significa specificare il dato $(G, *)$ di un insieme G e di un'operazione $*$ su G che soddisfa alcune proprietà. In pratica, però, per semplificare la notazione $*$ viene sottintesa e si dirà "il gruppo G" o "sia G un gruppo" e simili. Siccome nei casi notevoli concreti c'è generalmente una sola operazione che rende un insieme un gruppo non c'è bisogno di specificarla. Diremo ad esempio "il gruppo $\mathbb{Z}$" o "il gruppo $\mathbb{R}^\times$" o "il gruppo $\mathcal{S}_n$" per intendere i gruppi $(\mathbb{Z}, +)$, $(\mathbb{R}^\times, \cdot)$ o $(\mathcal{S}_n, \circ)$ rispettivamente, riservando la notazione completa per enfasi o nei casi in cui si può incorrere in qualche ambiguità.

Nota 6.1.6. Per un gruppo $(G, *)$ si adotta in generale una notazione ed una terminologia moltiplicativa, per cui scriveremo abitualmente gh invece di $g * h$ chiamandolo "prodotto di g e $h \in G$", scriveremo g^n le potenze e g^{-1} l'inverso di $g \in G$.

Se però G è commutativo la prassi è usare la notazione e la terminologia additiva, scrivendo $g + h$ per la "somma" di g e h e parlando di multipli $n \cdot g$ anziché di potenze di g e di opposto $-g$ anziché di inverso di $g \in G$. Fanno eccezione i casi di $\mathbb{Z}^\times$, $\mathbb{Q}^\times$ e $\mathbb{R}^\times$ in cui, pur essendo abeliani, continuiamo ad usare la notazione moltiplicativa, come naturale.

Nella prossima proposizione raccogliamo alcune proprietà fondamentali che valgono in ogni gruppo.

Proposizione 6.1.7. *Sia* $(G, *)$ *un gruppo. Valgono i fatti seguenti.*

1. *G ammette un unico elemento neutro e.*

2. *Ogni elemento $g \in G$ ammette un unico inverso g^{-1}.*

3. *Per ogni g, $h \in G$ si ha $(g * h)^{-1} = h^{-1} * g^{-1}$.*

4. *[**Legge di cancellazione**] Se per g, g' e $h \in G$ vale l'uguaglianza $g * h = g' * h$ (oppure $h * g = h * g'$) allora $g = g'$.*

Dimostrazione. I fatti 1, 2 e 3 sono stati dimostrati nel contesto più generale di un qualunque insieme dotato di un'operazione associativa che ammette un elemento neutro (proposizioni 2.5.4, 2.5.6 e 2.5.10).

Per quanto riguarda l'ultimo fatto, partendo dall'uguaglianza $g * h = g' * h$ possiamo moltiplicare entrambi i membri per h^{-1} a destra e ottenere

$$(g * h) * h^{-1} = (g' * h) * h^{-1}$$

da cui $g = g'$ segue applicando la proprietà associativa. In modo del tutto analogo (moltiplicando a sinistra per h^{-1} invece che a destra) si tratta l'uguaglianza $h * g_1 = h * g_2$. ■

Nota 6.1.8. Nel caso si abbia a che fare con più gruppi contemporaneamente l'elemento neutro del gruppo G può essere denotato e_G per maggior chiarezza.

Come ultimo esempio in questa sezione facciamo vedere come una costruzione della teoria degli insiemi si può usare per costruire nuovi gruppi a partire da gruppi noti. Siano $(G_1, *)$ e $(G_2, \star)$ due gruppi. Nell'insieme prodotto cartesiano $G_1 \times G_2$ consideriamo l'operazione $\bullet$ definita come segue:

$$(g_1, g_2) \bullet (g_1', g_2') = (g_1 * g_1', g_2 \star g_2').$$

Si suole dire che l'operazione $\bullet$ avviene "componente per componente", nel senso che su ciascuna componente della coppia si opera con l'operazione corrispondente. Allora $(G_1 \times G_2)$ è un gruppo perché

1. l'operazione $\bullet$ è associativa, in quanto è associativa su ciascuna componente per ipotesi;

2. se e_i denota l'elemento neutro di G_i $(i = 1, 2)$ la coppia $(e_1, e_2) \in G_1 \times G_2$ è un elemento neutro per $\bullet$;

3. la coppia (g_1, g_2) ha inverso (g_1^{-1}, g_2^{-1}).

Il gruppo $G_1 \times G_2$ così costruito si chiama **gruppo prodotto** di G_1 e G_2 ed in modo del tutto analogo si può costruire il gruppo prodotto di tre o più gruppi. Nel caso in cui i due, o più, gruppi che concorrono nel prodotto siano lo stesso gruppo usiamo lo stesso simbolo per l'operazione nelle componenti e tra le coppie. Dunque, per esempio usiamo il simbolo $+$ e parliamo di "somma" in $\mathbb{Z} \times \mathbb{Z}$, $\mathbb{R} \times \mathbb{R}$, $\mathbb{R} \times \mathbb{R} \times \mathbb{R}$, eccetera[2].

6.2 Sottogruppi

Come un insieme ha sottoinsiemi, così un gruppo ha **sottogruppi**. Non tutti i sottoinsiemi di un gruppo sono suoi sottogruppi, però. La definizione è la seguente.

Definizione 6.2.1. *Sia* $(G, *)$ *un gruppo. Un* **sottogruppo** H *di* G *è un sottoinsieme di* G *tale che* H *è anch'esso un gruppo per l'operazione* $*$. *Per indicare che* H *è un sottogruppo di* G *scriviamo* $H < G$.

Concretamente, per controllare che un sottoinsieme $H \subset G$ sia un sottogruppo occorre verificare che:

---

[2]I gruppi $\mathbb{R} \times \mathbb{R}$ e $\mathbb{R} \times \mathbb{R} \times \mathbb{R}$ non sono altro che il gruppo dei vettori nel piano e nello spazio rispettivamente e la "somma" è di fatto la somma vettoriale.

1. H è chiuso rispetto a $*$, cioè che per ogni h, $h' \in H$ si ha $h * h' \in H$;

2. H contiene l'elemento neutro di $*$;

3. H contiene l'inverso di ogni suo elemento, cioè verificare che se $h \in H$, allora $h^{-1} \in H$.

Nota 6.2.2. Quando si vuole verificare che un dato $(G, *)$ definisce un gruppo occorre verificare che l'operazione $*$ sia associativa perché questa è una delle richieste. Se però si sa già che $(G, *)$ è un gruppo e si vuole stabilire se un certo sottoinsieme $H \subset G$ è un sottogruppo non è necessario verificare che $*$ sia associativa: lo sarà senz'altro perché la cosa è implicita nell'affermazione che G è un gruppo e gli elementi di H sono particolari elementi di G.

Vediamo qualche esempio di sottogruppi dei gruppi che conosciamo sin qui.

1. Qualunque sia il gruppo G, i sottoinsiemi $\{e\}$ e G sono sottogruppi di G: essi sono detti i **sottogruppi banali**

2. $\mathbb{Z}$, $\mathbb{Q}$ e $\mathbb{R}$ sono tutti gruppi rispetto all'operazione di somma. Siccome ci sono inclusioni $\mathbb{Z} \subset \mathbb{Q} \subset \mathbb{R}$ possiamo concludere che $\mathbb{Z}$ è sottogruppo di $\mathbb{Q}$ e di $\mathbb{R}$ e che $\mathbb{Q}$ è un sottogruppo di $\mathbb{R}$.

3. Come nell'esempio precedente, $\mathbb{Q}^\times$ e $\mathbb{R}^\times$ sono entrambi gruppi rispetto alla moltiplicazione e c'è un'inclusione di insiemi $\mathbb{Q}^\times \subset \mathbb{R}^\times$. Dunque $\mathbb{Q}^\times < \mathbb{R}^\times$. Inoltre ricordando che $\{1 - 1\}$ è il gruppo $\mathbb{Z}^\times$ degli interi invertibili rispetto alla moltiplicazione esso è sottogruppo sia di $\mathbb{Q}^\times$ che di $\mathbb{R}^\times$.

4. Sia $\mathcal{A}_n \subset \mathcal{S}_n$ il sottoinsieme delle permutazioni pari su n elementi. Poiché la composizione di permutazioni pari è pari (vedi proposizione 5.3.7) $\mathcal{A}_n$ è chiuso per la composizione. Inoltre $\mathrm{id} \in \mathcal{A}_n$ (l'identità è pari perché si scrive come composizione di 0 scambi) e se π è pari anche π^{-1} lo è (vedi esercizio 5.4). In conclusione $\mathcal{A}_n$ è un sottogruppo di $\mathcal{S}_n$, esso prende il nome di **gruppo alterno** su n elementi.

In alcuni casi, specialmente di carattere teorico, il criterio stabilito nella proposizione seguente permette una verifica più rapida che un dato sottoinsieme di un gruppo è (o non è) un sottogruppo.

Proposizione 6.2.3. *Sia $(G, *)$ un gruppo e sia $H \subset G$ un suo sottoinsieme non vuoto. Allora H è un sottogruppo di G se e soltanto se*

$$per \ ogni \ h_1, \ h_2 \in H \ si \ ha \ che \ h_1 * h_2^{-1} \in H.$$

Dimostrazione. Se $H < G$ l'affermazione della proposizione è sicuramente valida. Infatti dati h_1 e $h_2 \in H$ risulta $h_2^{-1} \in H$ perché H contiene l'inverso di ogni suo elemento e poi $h_1 * h_2^{-1} \in H$ perché H è chiuso rispetto a $\star$.

Supponiamo invece che l'affermazione sia vera. Poiché H è non vuoto, esiste un elemento $h \in H$. Applicando l'affermazione a $h_1 = h_2 = h$ otteniamo $h * h^{-1} = e \in H$, cioè H deve contenere l'elemento neutro.

Se $H = \{e\}$ la verifica termina qui e H è in effetti un sottogruppo di G. Se invece H contiene anche un elemento $h \neq e$ allora possiamo applicare l'affermazione ai due elementi $h_1 = e$ e $h_2 = h$ ottenendo $h_1 * h_2^{-1} = e * h^{-1} = h^{-1} \in H$ e quindi H contieme l'inverso di ogni suo elemento.

Infine, dati h e h' in H, siccome sappiamo già che $h'^{-1} \in H$, possiamo applicare l'affermazione ai due elementi $h_1 = h$ e $h_2 = h'^{-1}$ ottenendo $h * (h'^{-1})^{-1} = h * h' \in H$. Allora abbiamo controllato anche che H è chiuso rispetto a $*$ completando così la verifica che H è un sottogruppo. ∎

Vogliamo studiare i sottogruppi di $(\mathbb{Z}, +)$ per ottenerne una classificazione. Fissato un intero $n \in \mathbb{Z}$ consideriamo il sottoinsieme

$$n\mathbb{Z} = \{m \in \mathbb{Z} \,|\, m = nk \text{ con } k \in \mathbb{Z}\} \subset \mathbb{Z}.$$

Il sottoinsieme $n\mathbb{Z}$ può essere descritto a parole come l'insieme dei multipli di n in $\mathbb{Z}$. Osserviamo subito che $n\mathbb{Z}$ è un sottogruppo di $\mathbb{Z}$ per ogni $n \in \mathbb{Z}$. Per verificare ciò possiamo usare il criterio della proposizione 6.2.3: siano $m_1 = nk_1$ e $m_2 = nk_2$ due multipli di n, allora

$$m_1 - m_2 = nk_1 - nk_2 = n(k_1 - k_2) \in n\mathbb{Z}$$

è ancora un multiplo di n. Si noti che per $n = 0$ e $n = 1$ si riottengono i sottogruppi banali: $0\mathbb{Z} = \{0\}$ e $1\mathbb{Z} = \mathbb{Z}$. Inoltre $n\mathbb{Z} = (-n)\mathbb{Z}$ per ogni n, giacchè n e $-n$ sono multipli uno dell'altro.

Possiamo chiederci se esistono altri sottogruppi di $\mathbb{Z}$ oltre gli $n\mathbb{Z}$. Il prossimo teorema risponde completamente a questa domanda.

Teorema 6.2.4. *I sottogruppi di $(\mathbb{Z}, +)$ sono tutti e soli quelli della forma $n\mathbb{Z}$ per $n \in \mathbb{N}$.*

Dimostrazione. Poiché $\mathbb{Z}$ è commutativo, usiamo la terminologia additiva (nota 6.1.6). Sia $H < \mathbb{Z}$. Se $H = \{0\}$ allora, come già notato, $H = 0\mathbb{Z}$ è della forma desiderata. Assumiamo quindi che $H \neq \{0\}$ ovvero che esiste un intero $0 \neq h \in H$.

Siccome H è un sottogruppo i due numeri interi h e $-h$ sono entrambi in H poiché sono uno l'opposto dell'altro. Siccome sicuramente uno dei due è positivo deve risultare

$$H^+ = H \cap \{k \in \mathbb{N} \,|\, k > 0\} = \{k \in H \,|\, k > 0\} \neq \emptyset.$$

Chiamiamo n il minimo in H^+. Siccome H è un sottogruppo e $n \in H$ tutti i multipli di n sono anch'essi in H, cioè $n\mathbb{Z} \subset H$.

Sia ora $m \in H$. Dividendo m per n con la divisione euclidea otteniamo $m = qn + r$ con $0 \leq r < n$. Riscrivendo la divisione come

$$r = \underbrace{m - qn}_{\in H}$$

si vede che deve risultare $r \in H$ in quanto differenza di due elementi del sottogruppo H. Ma per come è stato definito n il numero 0 è l'unico intero in H

nell'intervallo $[0, n-1]$ e dunque $r = 0$. Questo prova che $m \in n\mathbb{Z}$ e quindi che $H = n\mathbb{Z}$. ∎

Rispetto ai sottogruppi di un gruppo G le operazioni di intersezione e unione hanno comportamenti dissimili. Da un lato vale la proposizione seguente.

Proposizione 6.2.5. *Sia G un gruppo e siano H_1 e H_2 sottogruppi di G. Allora $H_1 \cap H_2$ è un sottogruppo di G.*

Dimostrazione. Poiché l'elemento neutro e appartiene ad ogni sottogruppo di G, l'intersezione $H_1 \cap H_2$ non è vuota. Possiamo allora applicare il criterio della proposizione 6.2.3.

Siano dunque h e $h' \in H_1 \cap H_2$. In quanto elementi di H_1 si ha senz'altro $h(h')^{-1} \in H_1$ e anche in quanto elementi di H_2 si ha senz'altro $h(h')^{-1} \in H_2$. Pertanto $h(h')^{-1} \in H_1 \cap H_2$ e otteniamo la conclusione. ∎

Osserviamo che il medesimo ragionamento si applica all'intersezione di una famiglia arbitraria di sottogruppi di G, vedi esercizio 6.9.

Dall'altro lato, invece, l'unione insiemistica di sottogruppi non è un sottogruppo. Ad esempio consideriamo i sottogruppi $2\mathbb{Z}$ e $3\mathbb{Z}$ di $\mathbb{Z}$. Chiaramente

$$2\mathbb{Z} \cup 3\mathbb{Z} = \{n \in \mathbb{Z} \mid n \text{ è multiplo di 2 oppure multiplo di 3}\}.$$

Però $2 \in 2\mathbb{Z} \cup 3\mathbb{Z}$ e $3 \in 2\mathbb{Z} \cup 3\mathbb{Z}$ ma $5 = 2 + 3 \notin 2\mathbb{Z} \cup 3\mathbb{Z}$ (5 non è ne' multiplo di 2, ne' di 3) e dunque $2\mathbb{Z} \cup 3\mathbb{Z}$ non è un sottogruppo di $\mathbb{Z}$.

6.3   Il teorema di Lagrange

Nel caso di un gruppo finito G possiamo chiederci se deve esserci qualche relazione tra l'ordine di G e quello di un suo sottogruppo H. Il teorema di Lagrange che dimostreremo più sotto dà una prima, parziale ma importante, risposta a questa questione. Prima di enunciarlo e dimostrarlo è però necessario introdurre uno strumento tecnico per cui l'ipotesi che G sia finito non è necessaria.

Definizione 6.3.1. *Sia G un gruppo e sia H un suo sottogruppo. Dato un elemento $g \in G$ si dice*

1. **laterale sinistro** *di H definito da g il sottoinsieme*

$$gH = \{gh \mid h \in H\} \subset G;$$

2. **laterale destro** *di H definito da g il sottoinsieme*

$$Hg = \{hg \mid h \in H\} \subset G.$$

*In entrambi i casi l'elemento g si dice **rappresentante** del laterale.*

Per chiarire il concetto diamo qualche esempio e facciamo qualche osservazione.

1. Il sottogruppo H stesso è un laterale, sia sinistro che destro, di se stesso in quanto, ad esempio,

$$H = eH = He$$

dove $e \in G$ denota, come al solito, l'elemento neutro.

2. Se G è commutativo si ha $gh = hg$ qualunque siano gli elementi $h \in H$ e $g \in G$ e quindi $gH = Hg$, cioè laterali sinistri e destri coincidono. Però in generale $gH \neq Hg$. Ad esempio l'insieme delle due permutazioni

$$H = \{\mathrm{id}, \pi = (1\ 2)\} \subset \mathcal{S}_3$$

è un sottogruppo di $\mathcal{S}_3$ e se prendiamo $\sigma = (1\ 2\ 3)$ otteniamo

$$\sigma H = \{\sigma, (1\ 3)\} \neq H\sigma = \{\sigma, (2\ 3)\}.$$

3. Nel caso in cui si adotta la notazione additiva per G, i laterali sinistri e destri si scrivono

$$g + H \qquad \text{e} \qquad H + g$$

rispettivamente. Ad esempio nel caso $G = \mathbb{Z}$ la notazione $n\mathbb{Z}$ denota, come abbiamo visto nella sezione precedente, un sottogruppo e non un laterale. Un laterale del sottogruppo $n\mathbb{Z}$ ha la forma

$$n\mathbb{Z} + r = \{nk + r \mid k \in \mathbb{Z}\}$$

e di fatto è costituito da tutti gli interi che divisi per n danno resto r (se si è scelto $0 \leq r < n$). Ci si può sempre ridurre a questa situazione in quanto, tanto per fare un esempio concreto,

$$\cdots = 8\mathbb{Z} - 13 = 8\mathbb{Z} - 5 = 8\mathbb{Z} + 3 = 8\mathbb{Z} + 11 = 8\mathbb{Z} + 19 = \cdots,$$

ovvero si può sempre scegliere un rappresentante tra 0 e $n-1$.

La proposizione seguente raccoglie le proprietà fondamentali dei laterali sinistri. Proprietà del tutto analoghe valgono per i laterali destri (vedi esercizio 6.10).

Proposizione 6.3.2. *Sia G un gruppo e H un suo sottogruppo. Valgono le seguenti proprietà per i laterali sinistri di H.*

1. *Per ogni $g \in G$ esiste una biezione $H \to gH$.*

2. *Si ha $g_1 H = g_2 H$ se e soltanto se $g_1^{-1} g_2 \in H$.*

3. *I laterali sinistri formano una partizione di G.*

Dimostrazione.

1. Definiamo una funzione $f : H \to gH$ ponendo $f(h) = gh$. Allora:

- f è iniettiva, in quanto dall'uguaglianza $f(h) = gh = f(h') = gh'$ segue $h = h'$ per la legge di cancellazione (proposizione 6.1.7);

- f è suriettiva, perchè ogni elemento $x \in gH$ si scrive, per definizione, come $x = gh$ per un opportuno $h \in H$ e allora evidentemente $x = f(h)$.

Dunque f è una biezione.

2. Dimostriamo l'equivalenza delle due affermazioni in due passi. Come primo passo dimostriamo che per $x \in G$ si ha

$$xH = H \qquad \text{se e soltanto se} \qquad x \in H.$$

Infatti se $xH = H$ allora l'elemento $xe = x$ sta nell'insieme a primo membro (perché $e \in H$) e quindi anche in quello a secondo membro. Viceversa se $x \in H$ allora $xH = H$ perché H è un sottogruppo e quindi chiuso per l'operazione.

Allora, nel caso generale, osserviamo come moltiplicare a sinistra per g_1^{-1} tutti gli elementi dei laterali trasformi l'uguaglianza $g_1 H = g_2 H$ nell'uguaglianza $H = g_1^{-1} g_1 H = g_1^{-1} g_2 H$. Possiamo allora concludere grazie all'equivalenza dimostrata nel primo passo.

3. Nessun laterale è vuoto (per la prima proprietà ogni laterale è in biezione con H) e dunque la verifica che i laterali di H formano una partizione di G passa per due punti.

- Poiché $g = ge \in gH$ ogni elemento di G appartiene ad un qualche laterale. Dunque i laterali formano un ricoprimento di G.

- Se $g_1 H \cap g_2 H \neq \emptyset$ sia γ un elemento di G comune ai due laterali, Quindi possiamo scrivere

$$\gamma = g_1 h_1 = g_2 h_2 \qquad \text{per } h_1, h_2 \in H \text{ opportuni.}$$

Moltiplicando l'ultima uguaglianza a destra per h_2^{-1} e a sinistra per g_1^{-1} si ottiene $g_1^{-1} g_2 = h_1 h_2^{-1} \in H$ e quindi $g_1 H$ e $g_2 H$ sono lo stesso laterale. Quindi due laterali o coincidono o hanno intersezione vuota.

La dimostrazione è dunque completa.

∎

Nota 6.3.3. Al fatto, appena dimostrato, che i laterali sinistri o destri del sottogruppo H definiscano una partizione di G si può arrivare anche per altra via. Definiamo una relazione Γ in G ponendo

$$g_1 \Gamma g_2 \qquad \Longleftrightarrow \quad g_1^{-1} g_2 \in H.$$

Allora si osserva che

1. per ogni $g \in G$ si ha che $g \Gamma g$ un quanto $g^{-1}g \in H$;

2. se $g_1 \Gamma g_2$, cioè $g_1^{-1}g_2 \in H$, si ha $g_2^{-1}g_1 = (g_1^{-1}g_2)^{-1} \in H$ e quindi anche $g_2 \Gamma g_1$;

3. se $g_1 \Gamma g_2$ e $g_2 \Gamma g_3$ si ha

$$g_1^{-1}g_3 = \underbrace{g_1^{-1}g_2}_{\in H} \underbrace{g_2^{-1}g_3}_{\in H} \in H$$

e dunque $g_1 \Gamma g_3$.

Questo permette di concludere che la relazione Γ è una relazione di equivalenza e quindi per il teorema 1.8.3 le sue classi d'equivalenza costituiscono una partizione di G. La classe di equivalenza dell'elemento $g \in G$ per definizione è proprio

$$C_g = \{x \in G \mid x \sim G\} = \{x \in G \mid x^{-1}g \in H\} = \{x \in G \mid g^{-1}x \in H\} = gH$$

(la terza uguaglianza vale perché H contiene gli inversi dei suoi elementi e la quarta segue moltiplicando per g a sinistra).

Possiamo ora enunciare e dimostrare il teorema di Lagrange.

Teorema 6.3.4. [Lagrange] *Sia G un gruppo finito di ordine n e sia H un sottogruppo di G di ordine d. Allora d divide n.*

Dimostrazione. Poiché G è un insieme finito il numero totale dei laterali sinistri di H deve essere finito. Siano $\{g_1, ..., g_t\}$ un insieme di rappresentanti dei laterali sinistri: si ha

$$G = g_1 H \cup \cdots \cup g_t H.$$

Poiché i laterali sinistri formano una partizione di G ed in particolare sono a due a due disgiunti contando gli elementi nell'uguaglianza insiemistica precedente si ottiene

$$n = |G| = |g_1 H| + \cdots + |g_t H|.$$

Siccome poi ogni laterale sinistro di H è in biezione con H gli addendi nella precedente uguaglianza sono tutti uguali fra di loro e a $|H|$. Poiché ci sono t addendi, l'uguaglianza si può riscrivere

$$n = |G| = \underbrace{|H| + \cdots + |H|}_{t \text{ addendi}} = t|H| = td$$

rendendo palese che d deve essere un divisore di n. ∎

Nota 6.3.5. Il teorema di Lagrange stabilisce una condizione necessaria per l'esistenza di un sottogruppo di dato ordine di un gruppo finito: se G ha ordine n l'ordine di H deve dividere n. Vediamo un paio di esempi concreti.

1. Siccome $\mathcal{S}_4$ ha ordine $4! = 24$ l'ordine di un sottogruppo $H < \mathcal{S}_4$ può essere solo uno dei valori seguenti: 1, 2, 3, 4, 6, 8, 12, 24. Quindi $\mathcal{S}_4$ non può avere sottogruppi di ordine 7 o 10, eccetera.

2. Se l'ordine di un gruppo G è un numero primo p gli unici sottogruppi di G sono i sottogruppi banali. infatti un sottogruppo non banale dovrebbe avere ordine un divisore proprio di p, ma i numeri primi non ammettono divisori propri.

Però il teorema di Lagrange non dice che dato un divisore d dell'ordine n del gruppo G allora deve esistere un sottogruppo H di ordine d di G. In termini tecnici la condizione che l'ordine del sottogruppo divida l'ordine del gruppo è una condizione necessaria ma **non sufficiente**. Per usare l'esempio dato poco sopra sappiamo che $\mathcal{A}_4$ è un sottogruppo di ordine $12 = \frac{1}{2}24$ di $\mathcal{S}_4$ e possiamo facilmente trovare sottogruppi di ordine 2, 3 e 4, ad esempio

$$
\begin{aligned}
H_2 &= \{\mathrm{id}, (1\ 2)\} \\
H_3 &= \{\mathrm{id}, (1\ 2\ 3), (1\ 3\ 2)\} \\
H_4 &= \{\mathrm{id}, (1\ 2\ 3\ 4), (1\ 3)(2\ 4), (1\ 4\ 3\ 2)\},
\end{aligned}
$$

ma al momento non possiamo arrivare a conclusioni circa l'esistenza di sottogruppi di ordine 6 od 8. In generale, decidere se esistono sottogruppi di un dato ordine è un problema complesso che richiede tecniche sofisticate della teoria dei gruppi, che vanno oltre la presentazione e gli scopi di questo corso.

6.4 Omomorfismi

Vogliamo ora studiare le funzioni tra gruppi, cioè quelle dove dominio e codominio sono due gruppi. Naturalmente potremmo considerare le funzioni pensando ai gruppi in questione semplicemente come insiemi, ma queste non sono particolarmente interessanti. Invece prendiamo in considerazione funzioni che sono, in un senso che la prossima definizione rende preciso, compatibili con le operazioni dei gruppi.

Definizione 6.4.1. *Siano $(G, *)$ e $(H, \star)$ due gruppi. Un* **omomorfismo** *da G ad H è una funzione $\phi : G \to H$ tale che*

$$
\phi(g_1 * g_2) = \phi(g_1) \star \phi(g_2) \qquad \forall g_1, g_2 \in G.
$$

La definizione può essere riletta nel modo seguente. Consideriamo il diagramma

$$
\begin{array}{ccc}
G \times G & \xrightarrow{\phi \times \phi} & H \times H \ , \\
\ \Big\downarrow{*} & & \ \Big\downarrow{\star} \\
G & \xrightarrow{\phi} & H
\end{array}
$$

dove la funzione sul lato superiore applica ϕ ad entrambe le componenti e le funzioni sui lati verticali sono le operazioni in G ed H. Allora ϕ è un omomorfismo, cioè se l'immagine finale in H ottenuta a partire da una coppia $(g_1, g_2) \in G \times G$ è la stessa seguendo i due percorsi possibili.

Diamo ora alcuni esempi di funzioni tra gruppi identificando tra esse gli omomorfismi.

1. Fissato $h \in H$, la funzione costante $\phi_h : G \to H$ tale che $\phi_h(g) = h$ per ogni $g \in G$ 'e un omomorfismo solo se $h = e_H$. Infatti l'uguaglianza

$$\phi_{e_H}(g_1 * g_2) = e_H = e_H \star e_H = \phi_{e_H}(g_1) \star \phi_{e_H}(g_2)$$

è verificata mentre se $h \neq e_H$ è sempre (vedi esercizio 6.7)

$$\phi_h(g_1 * g_2) = h \neq h \star h = \phi_h(g_1) \star \phi_h(g_2).$$

L'omomorfimo ϕ_{e_H} si dice **omomorfismo banale** e la sua esistenza comporta che l'insieme degli omomorfismi da G ad H non è mai vuoto.

2. Se $G = H$ la funzione identità $\mathrm{id}(g) = g$ è un omomorfismo, in quanto

$$\mathrm{id}(g * g) = g * g = \mathrm{id}(g) * \mathrm{id}(g).$$

3. Fissato $n \in \mathbb{Z}$ la funzione $\phi : \mathbb{Z} \to \mathbb{Z}$ definita da $\phi(k) = nk$ è un omomorfismo. Infatti

$$\phi(k_1 + k_2) = n(k_1 + k_2) = nk_1 + nk_2 = \phi(k_1) + \phi(k_2).$$

Da notare che per $n = 0$ si riottiene l'omomorfismo banale.

4. La funzione $\phi : \mathbb{R} \to \mathbb{R}$ definita da $\phi(x) = x^2$ non è un omomorfismo. Infatti in generale

$$\phi(x + y) = (x + y)^2 \neq x^2 + y^2 = \phi(x) + \phi(y).$$

5. La funzione $\phi : \mathbb{R}^\times \to \mathbb{R}^\times$ definita da $\phi(x) = x^2$ è un omomorfismo in quanto

$$\phi(xy) = (xy)^2 = x^2 y^2 = \phi(x)\phi(y)$$

per ogni x, $y \in \mathbb{R}^\times$ (si faccia attenzione alla differenza con l'esempio precedente).

6. Fissato un numero reale $r \neq 0$ la funzione $\phi : \mathbb{Z} \to \mathbb{R}$ definita da $\phi(k) = r^k$ è un omomorfismo. Infatti in generale

$$\phi(k_1 + k_2) = r^{k_1 + k_2} = r^{k_1} r^{k_2} = \phi(k_1)\phi(k_2).$$

7. Le funzioni logaritmo, $\log : \mathbb{R}^\times \to \mathbb{R}$, e esponenziale, $\exp : \mathbb{R} \to \mathbb{R}^\times$, sono omomorfismi. Infatti esse soddisfano le regole

$$\log(xy) = x + y, \qquad \exp(x + y) = \exp(x)\exp(y)$$

per ogni scelta di x e y nel loro dominio.

8. Invece le funzioni trigonometriche seno e coseno non sono omomorfismi in quanto in generale

$$\operatorname{sen}(x + y) \neq \operatorname{sen}(x) + \operatorname{sen}(y) \qquad e \qquad \cos(x + y) \neq \cos(x) + \cos(y).$$

9. Sia sg : $\mathcal{S}_n \to \{1, -1\}$ (ricordiamo che il codominio è un gruppo rispetto alla moltiplicazione) la funzione

$$\operatorname{sg}(\pi) = \begin{cases} 1 & \text{se } \pi \text{ è pari,} \\ -1 & \text{se } \pi \text{ è dispari} \end{cases}$$

(la funzione sg è detta la funzione **segno**). La proposizione 5.3.7 afferma che la funzione segno è un omomorfismo. Infatti dire che $\sigma \circ \pi$ è pari se e soltanto se σ e π hanno stessa parità è come dire che $\operatorname{sg}(\sigma \circ \pi) = 1$ se e soltanto se $\operatorname{sg}(\sigma) = \operatorname{sg}(\pi)$ e questo corrisponde alla struttura di gruppo di $\{1, -1\}$.

10. Sia G un gruppo qualunque e sia $x \in G$ un elemento fissato. Definiamo una funzione

$$\varphi_x : G \longrightarrow G \qquad \text{ponendo } \varphi_x(g) = xgx^{-1}.$$

La funzione φ_x è un omomorfismo (detto **coniugio** per x in G) in quanto per la proprietà associativa

$$\varphi_x(g_1 g_2) = xg_1 g_2 x^{-1} = xg_1 x^{-1} xg_2 x^{-1} = \varphi_x(g_1)\varphi_x(g_2).$$

11. Sia G un gruppo. La funzione inv : $G \to G$ data da $\operatorname{inv}(g) = g^{-1}$ non è un omomorfismo in quanto in generale

$$\operatorname{inv}(g_1 g_2) = (g_1 g_2)^{-1} \qquad \neq \qquad g_1^{-1} g_2^{-1} = \operatorname{inv}(g_1)\operatorname{inv}(g_2),$$

vedi proposizione 6.1.7.

Nella prossima proposizione raccogliamo alcune proprietà basilari degli omomorfismi.

Proposizione 6.4.2. *Sia $\phi : (G, *) \to (H, \star)$ un omomorfismo di gruppi. Valgono i fatti seguenti.*

1. *$\phi(e_G) = e_H$.*

2. *Per ogni $g \in G$, $\phi(g^{-1}) = \phi(g)^{-1}$.*

3. *Per ogni $g \in G$ e per ogni $n \in \mathbb{Z}$, $\phi(g^n) = \phi(g)^n$.*

4. *Se G_1 è un sottogruppo di G allora l'immagine $\phi(G_1)$ è un sottogruppo di H.*

5. *Se H_1 è un sottogruppo di H allora la controimmagine $\phi^{-1}(H_1)$ è un sottogruppo di G.*

Dimostrazione.

1. Applicando ϕ ad entrambi i membri di $e_G * e_G = e_G$ otteniamo $\phi(e_G * e_G) = \phi(e_G)$ e quindi

$$\phi(e_G) \star \phi(e_G) = \phi(e_G)$$

perché ϕ è un omomorfismo. La proprietà voluta segue allora dalla legge di cancellazione applicata al gruppo H.

2. Questa volta applichiamo ϕ ad entrambi i membri di $g * g^{-1} = e_G$. Siccome ϕ è un omomorfismo otteniamo

$$e_H = \phi(e_G) = \phi(g * g^{-1}) = \phi(g) \star \phi(g^{-1})$$

dove la prima uguaglianza viene dal punto precedente. Il calcolo appena fatto mostra che $\phi(g)$ e $\phi(g^{-1})$ sono inversi uno dell'altro in H.

3. La proprietà è vera per $n = 0$ e $n = 1$ e quindi possiamo usare l'induzione per dimostrarla quando $n > 0$. Assumiamo quindi che sia $\phi(g^n) = \phi(g)^n$ per un certo valore $n > 0$ e osserviamo che siccome ϕ è un omomorfismo si ha

$$\phi(g^{n+1}) = \phi(g^n * g) = \phi(g^n) \star \phi(g) = \phi(g)^n \star \phi(g) = \phi(g)^{n+1}$$

dove l'ipotesi induttiva serve per la terza uguaglianza. Per dimostrare il caso $n < 0$ ricordiamo che $g^{-|n|} = (g^{|n|})^{-1}$ e allora (visto che $n = -|n|$), usando i punti precedenti e la validità, già dimostrata, della formula nel caso di esponente positivo,

$$\phi(g^n) = \phi((g^{|n|})^{-1}) = \phi(g^{|n|})^{-1} = (\phi(g)^{|n|})^{-1} = \phi(g)^{-|n|} = \phi(g)^n$$

come si voleva.

4. Siano h_1 e $h_2 \in \phi(G_1)$. Per definizione di immagine esistono g_1 e $g_2 \in G_1$ tali che $h_1 = \phi(g_1)$ e $h_2 = \phi(g_2)$. Siccome ϕ è un omomorfismo, per quanto dimostrato finora possiamo scrivere

$$h_1 \star h_2^{-1} = \phi(g_1) * \phi(g_2)^{-1} = \phi(g_1) * \phi(g_2^{-1}) = \phi(g_1 * g_2^{-1}) \in \phi(G_1)$$

dove l'ultima appartenenza segue dal fatto che G_1 è un sottogruppo. Dunque $\phi(G_1)$ è un sottogruppo di H per il criterio della proposizione 6.2.3.

5. Siano g_1 e g_2 in $\phi^{-1}(H_1)$. Per definizione di controimmagine $h_1 = \phi(g_1)$ e $h_2 = \phi(g_2)$ sono elementi di H_1. Siccome H_1 è un sottogruppo di H deve aversi $h_1 \star h_2^{-1} \in H_1$. Poiché ϕ è un omomorfismo e H_1 un sottogruppo si ha

$$\phi(g_1 * g_2^{-1}) = \phi(g_1) \star \phi(g_2^{-1}) = \phi(g_1) \star \phi(g_2)^{-1} = h_1 \star h_2^{-1} \in H_1.$$

Da queste uguaglianze risulta che $g_1 * g_2^{-1} \in \phi^{-1}(H_1)$ e quindi $\phi^{-1}(H_1)$ è un sottogruppo di G per il criterio della proposizione 6.2.3.

■

È utile osservare che alcune delle proprietà di un omomorfismo appena dimostrate possono essere usate, in negativo, per verificare che certe funzioni tra gruppi *non* sono omomorfismi. Illustriamo questa idea con due esempi.

1. Le funzioni $f : \mathbb{Z} \to \mathbb{Z}$ della forma $f(n) = an + b$ (dove a e b sono due interi fissati) non sono omomorfismi quando $b \neq 0$ in quanto $f(0) = b \neq 0$ contravviene alla proprietà 1.

2. La funzione valore assoluto $|\ | : \mathbb{R} \to \mathbb{R}$, definita come

$$|x| = \begin{cases} x & \text{se } x \geq 0, \\ -x & \text{se } x < 0 \end{cases}$$

non è un omomorfismo. Infatti anche se qui si ha $|0| = 0$ si ha però $|1| = |-1| = 1$, contravvenendo la proprietà 2.

Per gli omomorfismi di gruppi si adotta la terminologia seguente.

Definizione 6.4.3. *Sia $\phi : G \to H$ un omomorfismo. Allora*

1. se ϕ è iniettivo si dice **monomorfismo***;*

2. se ϕ è suriettivo si dice **epimorfismo***;*

3. se ϕ è biettivo si dice **isomorfismo***;.*

Nel caso speciale in cui $G = H$ un omomorfismo si dice anche **endomorfismo** *e un isomorfismo si dice anche* **automorfismo***.*

Definizione 6.4.4. *Se G e H sono due gruppi e se esiste un isomorfismo $\phi : G \to H$ i due gruppi G e H si dicono essere* **isomorfi** *e si scrive simbolicamente $G \simeq H$.*

Rivediamo gli esempi di omomorfismo fatti sopra alla luce della classificazione appena introdotta.

1. L'omomorfismo banale $\phi_{e_H} : G \to H$ è iniettivo (monomorfismo) solo se $|G| = 1$ ed è suriettivo (epimorfismo) solo se $|H| = 1$. In ogni caso $\phi_{e_H}(G) = \{e_H\}$ è un sottogruppo banale di H.

2. L'identità $\text{id} : G \to G$ è sempre un automorfismo (e quindi ogni gruppo G è sempre isomorfo a sè stesso).

3. L'omomorfismo $\phi : \mathbb{Z} \to \mathbb{Z}$, $\phi(k) = nk$ è iniettivo (monomorfismo) se $n \neq 0$ in quanto in tal caso si ha $\phi(k) = kn = \phi(k') = k'n$ se e soltanto se $k = k'$. Quando $n = \pm 1$ si ha che ϕ è anche suriettivo e quindi un automorfismo. Infatti se $n = 1$ riotteniamo id mentre se $n = -1$ la funzione $\phi(k) = -k$ non è l'identità, ma è comunque una biezione.

4. L'omomorfismo $\phi : \mathbb{R}^\times \to \mathbb{R}^\times$, $\phi(x) = x^2$ non è suriettivo perché ha come immagine il sottogruppo $\mathbb{R}^{>0}$ dei numeri positivi e non è neanche iniettivo perché

$$x^2 = \phi(x) = \phi(-x) = (-x)^2 \qquad \text{per ogni } x \in \mathbb{R}.$$

5. L'omomorfismo $\phi : \mathbb{Z} \to \mathbb{R}^\times$ dato da $\phi(k) = r^k$ con $r \neq 0$ fissato è iniettivo (monomorfismo) se $r \neq \pm 1$. Infatti in tal caso si ha un'uguaglianza $r^{k_1} = r^{k_2}$ solo se $k_1 = k_2$. Quando $r = 1$ e $r = -1$ l'omomorfismo ϕ non è iniettivo. Nel primo caso è l'omomorfismo banale in quanto $1^k = 1$ per ogni k e nel secondo caso si ha ad esempio $(-1)^2 = (-1)^4 = (-1)^6 = \cdots = 1$. In tutti i casi ϕ non è suriettivo: se $r > 0$ l'immagine di ϕ è contenuta nell'insieme dei numeri positivi mentre se $r < 0$ e $r \neq -1$ il numero $-r^2$ sicuramente non è nell'immagine di ϕ.

6. Gli omomorfismi $\log : \mathbb{R}^{>0} \to \mathbb{R}$ e $\exp : \mathbb{R} \to \mathbb{R}^{>0}$ sono biettivi, quindi isomorfismi, in quanto sono l'uno l'inverso dell'altro in conseguenza del fatto che

$$x = e^{\log(x)} \text{ per ogni } x \in \mathbb{R}^\times \qquad \text{e} \qquad x = \log(e^x) \text{ per ogni } x \in \mathbb{R}.$$

Possiamo quindi anche concludere che i gruppi $(\mathbb{R}, +)$ e $(\mathbb{R}^{>0}, \cdot)$ sono isomorfi.

7. L'omomorfismo $\mathrm{sg} : \mathcal{S}_n \to \{1, -1\}$ che associa ad una permutazione il suo segno è sempre suriettivo (epimorfismo) perchè ad esempio $\mathrm{sg}((1\ 2)) = -1$ mentre non è iniettivo se $n > 2$.

8. L'omomorfismo di coniugio $\varphi_x : G \to G$ é biettivo (automorfismo) per ogni x. Infatti per ogni $x, y \in G$ si ha

$$(\varphi_y \circ \varphi_x)(g) = \varphi_y(\varphi_x(g)) = \varphi_y(xgx^{-1}) = yxgx^{-1}y^{-1} = \varphi_{yx}(g)$$

e quindi $\varphi_y \circ \varphi_x = \varphi_{yx}$. Preso $y = x^{-1}$ l'ultima identità si particolarizza a

$$\varphi_{x^{-1}} \circ \varphi_x = \varphi_{e_G} = \mathrm{id}_G, \qquad \varphi_x \circ \varphi_{x^{-1}} = \varphi_{e_G} = \mathrm{id}_G.$$

e quindi φ_x è invertibile con $\varphi_x^{-1} = \varphi_{x^{-1}}$.

9. Con la terminologia ora introdotta la biezione $f : \mathcal{S}_X \to \mathcal{S}_n$ della proposizione 5.1.2 è un isomorfismo,

Vogliamo ora dimostrare un importante criterio di iniettività per un omomorfismo. Occorre premettere una definizione.

Definizione 6.4.5. *Sia $\phi : G \to H$ un omomorfismo di gruppi. Si dice* **nucleo**[3] *dell'omomorfismo G il sottoinsieme*

$$\ker(\phi) = \{g \in G \,|\, \phi(g) = e_H\} = \phi^{-1}(e_H).$$

---

[3]La notazione ker per il nucleo è quella che viene adottata universalmente. È l'abbreviazione della parola inglese *kernel*.

Per la proposizione 6.4.2, punto 5, il nucleo di un omomorfismo $\phi : G \to H$ è un sottogruppo di G in quanto controimmagine del sottogruppo banale $\{e_H\} < H$.

Teorema 6.4.6. *Sia $\phi : G \to H$ un omomorfismo. Allora vale l'equivalenza seguente*

$$\phi \text{ è iniettivo (monomorfismo) se e soltanto se } \ker(\phi) = \{e_G\}.$$

Dimostrazione.

1. Supponiamo ϕ iniettivo. Allora deve essere $\ker(\phi) = \{e_G\}$ perché se ci fosse un elemento $x \in \ker(\phi)$, $x \neq e_G$ l'iniettività di ϕ sarebbe contraddetta da $\phi(x) = \phi(e_G) = e_H$.

2. Supponiamo $\ker(\phi) = \{e_G\}$ e siano $x, y \in G$ tali che $\phi(x) = \phi(y)$. Moltiplicando entrambi i membri di questa uguaglianza per $\phi(y)^{-1}$ a destra e usando le proprietà già dimostrate per un omomorfismo si ottiene

$$\underbrace{\phi(x)\phi(y)^{-1} = \phi(x)\phi(y^{-1}) = \phi(xy^{-1})}_{1^{\circ} \text{ membro}} = \underbrace{\phi(y)\phi(y)^{-1} = e_H}_{2^{\circ} \text{ membro}}.$$

Questa uguaglianza può essere riletta come $xy^{-1} \in \ker(\phi)$ e quindi, per l'ipotesi sul nucleo, $x = y$, cioè ϕ è iniettiva.

■

Vediamo come questo risultato si esemplifica in alcune delle situazioni già studiate sopra.

1. Per $n \neq 0$ l'omomorfismo $\phi : \mathbb{Z} \to \mathbb{Z}$, $\phi(k) = nk$ ha nucleo

$$\ker(\phi) = \{k \in \mathbb{Z} \,|\, \phi(k) = nk = 0\} = \{0\}$$

in quanto $nk = 0$ con $n \neq 0$ è possibile solo se $k = 0$. Questo conferma l'iniettività di ϕ.

2. L'omomorfismo $\phi : \mathbb{R}^{\times} \to \mathbb{R}^{\times}$, $\phi(x) = x^2$ ha nucleo

$$\ker(\phi) = \{x \in \mathbb{R}^{\times} \,|\, \phi(x) = x^2 = 1\} = \{1, -1\} \neq \{1\}$$

e questo conferma la sua non iniettività.

3. L'omomorfismo $\mathrm{sg} : \mathcal{S}_n \to \{1, -1\}$ ha nucleo

$$\ker(\mathrm{sg}) = \{\pi \in \mathcal{S}_n \,|\, \mathrm{sg}(\pi) = 1\} = \{\pi \in \mathcal{S}_n \,|\, \pi \text{ è pari}\} = \mathcal{A}_n,$$

il gruppo alterno delle permutazioni pari su n elementi che è non banale per $n > 2$ confermando la non iniettività del segno in questo caso.

4. L'omomorfismo di coniugio $\varphi_x : G \to G$, $\varphi_x(g) = xgx^{-1}$ ha nucleo

$$\ker(\varphi_x) = \{g \in G \,|\, \varphi_x(g) = xgx^{-1} = e_G.\}$$

La moltiplicazione a destra per x trasforma $xgx^{-1} = e_G$ in $xg = x$ e la legge di cancellazione mostra che quest'ultima uguaglianza è possibile solo per $g = e_G$. Pertanto $\ker(\varphi_x) = \{e_G\}$ è il sottogruppo banale e questo conferma che φ_x è iniettiva.

6.5   Gruppi e sottogruppi ciclici

Sia $(G, *)$ un gruppo. C'è un modo semplice per costruire sottogruppi di G.
Fissato un elemento $g \in G$ denotiamo

$$\langle g \rangle = \{g^n \in G \mid n \in \mathbb{Z}\}$$

il sottoinsieme in G costituito da tutte le potenze di g.

Nota 6.5.1. Quanto appena detto vale nel presupposto in cui si stia usando
per G la notazione moltiplicativa. Nel caso di gruppi in cui si è soliti usare la
notazione additiva si ha

$$\langle g \rangle = \{ng \in G \mid n \in \mathbb{Z}\}.$$

Proposizione 6.5.2. *Il sottoinsieme $\langle g \rangle \subset G$ è un sottogruppo di G.*

Dimostrazione. Siano g^r e $g^s \in \langle g \rangle$ due potenze di g. Allora per la regola
delle potenze

$$g^r * (g^s)^{-1} = g^r * g^{-s} = g^{r-s} \in \langle g \rangle$$

è ancora una potenza di g e quindi $\langle g \rangle$ soddisfa il criterio della proposizione
6.2.3 ed è un sottogruppo. ∎

Definizione 6.5.3. *Il sottogruppo $\langle g \rangle$ di G si dice il **sottogruppo ciclico** di G
generato da g. Un sottogruppo $H < G$ per cui esiste un $g \in H$ tale che $H = \langle g \rangle$
si dice **generato** da g e l'elemento g si dice **generatore** di H.*

Naturalmente la definizione appena data include anche il caso in cui $H = G$,
cioè quello in cui esista un elemento $g \in G$ tale che $G = \langle g \rangle$. In tal caso il
gruppo G stesso si dice **ciclico**. È il caso di $G = \mathbb{Z}$: ogni numero intero è un
multiplo di 1 per cui possiamo senz'altro scrivere

$$\mathbb{Z} = \langle 1 \rangle$$

e dire che $\mathbb{Z}$ è ciclico.

Facciamo alcune osservazioni.

1. Le potenze di un elemento commutano fra di loro. Pertanto $\langle g \rangle$ è sempre
   un gruppo abeliano, anche nel caso in cui G non lo è.

2. Dall'osservazione precedente si deduce subito che un gruppo G non abeliano non può essere ciclico, ovvero che per ogni $g \in G$, il sottogruppo $\langle g \rangle$
   è sempre un sottogruppo proprio di G. Questo è il caso del gruppo $\mathcal{S}_n$
   delle permutazioni quando $n > 2$: comunque si prenda una permutazione
   $\pi \in \mathcal{S}_n$ si avrà sempre $\langle \pi \rangle \neq \mathcal{S}_n$.

3. Però non è neanche vero che ogni gruppo abeliano è ciclico. Ad esempio il gruppo prodotto $G = \mathbb{Z} \times \mathbb{Z}$ che sicuramente è abeliano non è ciclico. Se $g = (a, b)$ con $ab = 0$ i multipli di g avranno almeno una delle due componenti sempre nulla, mentre se $ab \neq 0$ i multipli di g sono tutti della forma

$$n(a, b) = (na, nb)$$

(vedi nota 6.5.1)e quindi per $n \neq 0$ il rapporto $\frac{na}{nb} = \frac{a}{b}$ delle loro componenti è costante. Poichè $\mathbb{Z} \times \mathbb{Z}$ contiene coppie con arbitrario rapporto delle componenti in nessun caso i multipli di (a, b) esauriscono tutto $\mathbb{Z} \times \mathbb{Z}$.

4. Un gruppo ciclico può ammettere più di un generatore. Vediamo due esempi espliciti.

   • Abbiamo detto sopra che $\mathbb{Z} = \langle 1 \rangle$ è ciclico perchè ogni numero intero è multiplo di 1. Però ogni numero intero è multiplo anche di -1 e quindi possiamo scrivere $\mathbb{Z} = \langle -1 \rangle$. Ogni altro numero $n \neq \pm 1$ non può generare $\mathbb{Z}$ perché tra i suoi multipli non c'è, ad esempio 1. Quindi i generatori di $\mathbb{Z}$ sono 1 e -1.

   • Dopo aver dimostrato il teorema di Lagrange 6.3.4 avevamo osservato che un gruppo G di ordine p primo non ha sottogruppi propri. Allora se $e_G \neq g \in G$ il sottogruppo generato da g deve essere l'intero gruppo G. Questo dice non solo che G è ciclico, ma che ogni elemento non neutro ne è un generatore (ed in particolare dice che G è abeliano).

Vogliamo condurre, in astratto, un'analisi su $\langle g \rangle$ simile a quella condotta sulle potenze di una permutazione $\pi \in \mathcal{S}_n$ che ha portato, fra l'altro, alla definizione del periodo di una permutazione (definizione 5.4.3). Innanzitutto osserviamo che per la legge delle potenze la funzione

$$\epsilon : \mathbb{Z} \longrightarrow \langle g \rangle, \qquad \text{con } \epsilon(k) = g^k$$

è un omomorfismo suriettivo, infatti $\epsilon(k_1 + k_2) = g^{k_1 + k_2} = g^{k_1} g^{k_2} = \epsilon(k_1)\epsilon(k_2)$. Distinguiamo due casi.

1. Il primo caso è quello in cui le potenze g^k sono tutte a due a due distinte. Questo vuol dire che l'omomorfismo ϵ è anche iniettivo e quindi $\langle g \rangle$ e $\mathbb{Z}$ sono isomorfi.

2. Il secondo caso è quello in cui fra le potenze g^k ci sono delle ripetizioni. Osserviamo che se $g^{k_1} = g^{k_2}$, moltiplicando entrambi i membri per g^k e usando la legge delle potenze otteniamo $g^{k+k_1} = g^{k+k_2}$ per ogni $k \in \mathbb{Z}$. Prendendo k positivo e sufficientemente grande possiamo quindi supporre che i due esponenti per cui ci sia una ripetizione siano entrambi non negativi.

   Allora da $g^r = g^s$ con $r > s \geq 0$ segue $g^{r-s} = g^0 = e_G$ da cui deduciamo, esattamente come nel caso di una permutazione, che la prima ripetizione si ha per un intero positivo r tale che $g^r = e_G$. Se poniamo

$$n = \min\{k > 0 \,|\, g^k = e\}$$

i multipli di n sono esattamente gli esponenti per cui la potenza corrispondente di g è uguale all'elemento neutro e_G. In particolare $\ker(\epsilon) = n\mathbb{Z}$. Usando poi la divisione euclidea ogni potenza di g è uguale ad una potenza g^r con $0 \leq r < n$: infatti se $k = qn + r$ si ha

$$g^k = g^{qn+r} = q^{qn}q^r = q^r.$$

Infine, $\langle g \rangle = \{e_G, g, g^2, ..., g^{n-1}\}$ ha esattamente n elementi

L'analisi appena compiuta ci permette di definire la nozione di periodo per un elemento di un qualunque gruppo.

Definizione 6.5.4. *Sia G un gruppo e sia $g \in G$. Si dice* **periodo** *di g l'ordine* $|\langle g \rangle|$ *del sottogruppo ciclico generato da G.*

Facciamo alcune osservazioni.

1. L'elemento neutro è l'unico elemento di un gruppo ad avere periodo 1.

2. Tutti i gruppi ciclici infiniti sono isomorfi tra di loro, perché sono tutti isomorfi a $\mathbb{Z}$.

3. Un gruppo finito non può avere elementi di periodo infinito, ma un gruppo infinito può avere elementi di periodo finito oltre l'elemento neutro. Ad esempio -1 è un elemento di periodo 2 nel gruppo moltiplicativo $\mathbb{R}^\times$.

4. Se g è un elemento di periodo infinito, ogni potenza g^k di g ha periodo infinito.

5. Se G è un gruppo di ordine n il periodo di ogni elemento $g \in G$ deve essere un divisore di n come conseguenza del teorema di Lagrange 6.3.4.

Chiudiamo questa sezione con due risultati che risultano utili nelle applicazioni.

Proposizione 6.5.5. *Sia $G = \langle g \rangle$ un gruppo ciclico generato dall'elemento g e sia H un gruppo qualunque. Allora un omomorfismo*

$$\phi : G \longrightarrow H$$

è completamente determinato dal valore $\phi(g)$.

Dimostrazione. Siccome ϕ è un omomorfismo deve aversi $\phi(g^k) = \phi(g)^k$ per ogni $k \in \mathbb{Z}$ (vedi proposizione 6.4.2, punto 3). Siccome ogni elemento di G è una potenza di g, il valore di ϕ su ogni elemento di G è determinato da $\phi(g)$. ∎

La proposizione appena dimostrata dice che per costruire un omomorfismo $\phi : G \to H$ con $G = \langle g \rangle$ ciclico basta specificare $h = \phi(g) \in H$. È però necessario fare attenzione al fatto che non tutti gli elementi in H si possono scegliere come $\phi(g)$. Ad esempio consideriamo il problema di costruire un omomorphismo

$$\phi : G \longrightarrow \mathbb{Z}$$

dove $G = \langle g \rangle$ è generato da un elemento di periodo n. Se vogliamo che ϕ sia è isomorfismo dovrà risultare $\phi(g^k) = k\phi(g)$ per ogni $k \in \mathbb{Z}$. Avendo scelto g di ordine n in particolare sarà

$$0 = \phi(e_G) = \phi(g^n) = n\phi(g).$$

Dunque $\phi(g) \in \mathbb{Z}$ deve avere la proprietà che $n\phi(g) = 0$ e l'unica possibilità è $\phi(g) = 0$. Pertanto l'unico omomorfismo possibile è quello costante.

Proposizione 6.5.6. *Sia G un guppo finito di ordine $|G| = n$ e sia $g \in G$ un suo elemento. Allora $g^n = e_G$.*

Dimostrazione. Come abbiamo già osservato sopra, siccome il periodo d di g è l'ordine del sottogruppo $\langle g \rangle < G$, in conseguenza del teorema di Lagrange 6.3.4 d è un divisore di n. Quindi possiamo scrivere $n = dk$ con $k \in \mathbb{N}$. Ma allora

$$g^n = g^{dk} = (g^d)^k = e_G^k = e_G. \quad \blacksquare$$

Esercizi

Esercizio 6.1. Nell'insieme $\mathbb{Q} \times \mathbb{Q}$ delle coppie di numeri razionali si consideri l'operazione $*$ definita da

$$(a, b) * (c, d) = (ac + 3bd, ad + bc).$$

1. Si verifichi che l'operazione $*$ è associativa, commutativa e ammette un elemento neutro.

2. Si verifichi che ogni elemento $(a, b) \neq (0, 0)$ ammette inverso.

3. È vero che $\mathbb{Q} \times \mathbb{Q} \setminus \{(0, 0)\}$ con l'operazione $*$ è un gruppo?

Esercizio 6.2. Siano G_1 e G_2 due gruppi. Si dimostri che il gruppo prodotto $G_1 \times G_2$ è abeliano se e soltanto se G_1 e G_2 sono entrambi abeliani.

Esercizio 6.3. Nel gruppo prodotto $\mathbb{R} \times \mathbb{R}$ dire quali dei seguenti sottoinsiemi sono sottogruppi e quali no.

1. $A = \{(x, y) \in \mathbb{R} \times \mathbb{R} \mid y = 2x\}$;

2. $B = \{(x, y) \in \mathbb{R} \times \mathbb{R} \mid y = x^2\}$;

3. $C = \{(x, y) \in \mathbb{R} \times \mathbb{R} \mid y = x + 1\}$.

Esercizio 6.4. Nel gruppo $\mathcal{S}_7$ delle permutazioni su 7 elementi dire quali dei seguenti sottoinsiemi sono sottogruppi e quali no.

1. $A = \{\pi \in \mathcal{S}_7 \mid \pi(4) = 5\}$;

2. $B = \{\pi \in \mathcal{S}_7 \mid \pi(6) = 6\}$;

3. $C = \{\pi \in S_7 \mid \pi^2 = \text{id}\}$.

Esercizio 6.5. Sia G un gruppo. Dire quali dei seguenti sottoinsiemi del gruppo prodotto $G \times G$ sono sottogruppi e quali no:

1. $A = \{(g, g) \in G \times G \mid g \in G\}$;

2. $B = \{(g, g^{-1}) \in G \times G \mid g \in G\}$;

3. $C = \{(g, e_G) \in G \times G \mid g \in G\}$.

Le risposte sarebbero le stesse se G fosse abeliano?

Esercizio 6.6. Fissiamo $k \in I_{n+1} = \{1, ..., n+1\}$ e sia

$$H_k = \{\pi \in S_{n+1} \mid \pi(k) = k\}.$$

1. Dimostrare che H_k è un sottogruppo di S_{n+1} ed è isomorfo a S_n.

2. Dimostare che S_{n+1} possiede almeno $n+1$ sottogruppi distinti ciascuno dei quali è isomorfo a S_n.

3. Calcolare $H_1 \cap \cdots \cap H_{n+1}$.

Esercizio 6.7. Dimostrare che in un gruppo G l'elemento neutro e_G è l'unico elemento x tale che $x^2 = x$.

Esercizio 6.8. Siano G_1 e G_2 due gruppi e siano H_1 un sottogruppo di G_1 e H_2 un sottogruppo di G_2. Dimostrare che $H_1 \times H_2$ è un sottogruppo di $G_1 \times G_2$.

Esercizio 6.9. Sia $\{H_i\}_{i \in I}$ una famiglia arbitraria di sottogruppi del gruppo G. Si dimostri che $\bigcap_{i \in I} H_i$ è un sottogruppo di G.

Esercizio 6.10. Enunciare e dimostrare l'analogo della proposizione 6.3.2 per i laterali destri.

Esercizio 6.11. Calcolare esplicitamente le partizioni di S_4 nei laterali destri e sinistri del sottogruppo $H = \langle (1\ 3\ 2\ 4) \rangle$.

Esercizio 6.12. Dimostrare che per ogni $n \geq 2$ la funzione $\phi : \mathbb{R} \to \mathbb{R}$ definita da $\phi(x) = x^n$ non è un omomorfismo.

Esercizio 6.13. Dimostrare che per ogni $n \geq 2$ la funzione $\phi : \mathbb{R}^\times \to \mathbb{R}^\times$ definita da $\phi(x) = x^n$ è un omomorfismo e se ne calcoli il nucleo.

Esercizio 6.14. Dire quali delle seguenti funzioni $f : \mathbb{Z} \times \mathbb{Z} \to \mathbb{Z}$ sono omomorfismi e quali no. Nei casi affermativi discuterne l'iniettività e la suriettività.

1. $f((m, n)) = m + n - 1$;

2. $f((m, n)) = m^2 - n^2$;

3. $f((m, n)) = 2m - 3n$.

Esercizio 6.15. Dire quali delle seguenti funzioni $f : \mathbb{Z} \to \mathbb{Z} \times \mathbb{Z}$ sono omomorfismi e quali no. Nei casi affermativi discuterne l'iniettività e la suriettività.

1. $f(n) = (n - 1, n + 1)$;

2. $f(n) = (3n, 0)$;

3. $f(n) = (1, 5n)$;

4. $f(n) = (2n, -n)$.

Esercizio 6.16. Dato $x \in \mathbb{R}$, $x \neq 0$ definiamo il **segno** di x come

$$s(x) = \frac{x}{|x|} = \begin{cases} 1 & \text{se } x > 0, \\ -1 & \text{se } x < 0. \end{cases}$$

1. Dimostrare che $s : \mathbb{R}^\times \to \{1, -1\}$ è un epimorfismo.

2. Dimostrare che la funzione

$$f : \mathbb{R}^\times \longrightarrow \mathbb{R}^{>0} \times \{1, -1\}, \qquad f(x) = (|x|, s(x))$$

è un isomorfismo (ricordiamo che $\mathbb{R}^{>0}$ denota il sottogruppo del gruppo moltiplicativo di $\mathbb{R}$ dei numeri reali positivi).

Esercizio 6.17. Sia $(G, *)$ un gruppo. Nell'insieme G si definisca una seconda operazione $\circ$ definita da

$$x \circ y = y * x \qquad \text{per ogni } x, y \in G.$$

1. Dimostrare che $(G, \circ)$ è un gruppo.

2. Verificare che la funzione $\iota : (G, *) \to (G, \circ)$ definita da $\iota(g) = g^{-1}$ è un isomorfismo di gruppi.

Esercizio 6.18. Siano $\phi_1 : G \to H_1$ e $\phi_2 : G \to H_2$ omomorfismi di gruppi. Dimostrare che la funzione

$$\phi : G \longrightarrow H_1 \times H_2, \qquad \phi(g) = (\phi_1(g), \phi_2(g)), \forall g \in G$$

è un omomorfismo. Dire poi se le seguenti affermazioni sono vere o false.

- Se ϕ_1 e ϕ_2 sono iniettivi anche ϕ è iniettivo.

- Se ϕ_1 e ϕ_2 sono suriettivi anche ϕ è suriettivo.

Esercizio 6.19. Elencare gli elementi di periodo finito nei gruppi seguenti.

1. $\mathbb{R} \times \{\pm 1\}$;

2. $\mathbb{R}^\times \times \mathbb{R}^\times$;

3. $\mathbb{R}^\times \times \mathcal{S}_3$.

Esercizio 6.20. Sia $q = \frac{a}{b} \in \mathbb{Q}$ un numero razionale non nullo.

1. Dimostrare che tutti i multipli non nulli di q hanno come denominatore b o un suo divisore.

2. Concludere che il gruppo $(\mathbb{Q}, +)$ non è ciclico.

Esercizio 6.21. Sia G un gruppo di ordine n. Dimostrare che esistono esattamente n omomorfismi $\phi : \mathbb{Z} \to G$.

Capitolo 7

Aritmetica Modulare

Tutti abbiamo imparato da piccoli a leggere l'orologio e abbiamo capito presto che l'aritmetica dell'orologio funziona in modo "strano". Le ore sono solo 12 e se operiamo con le ore otteniamo uguaglianze che sembrano in antitesi con le normali regole dell'aritmetica: ad esempio se ora sono le 10 fra 5 ore saranno le 3 e questo potrebbe esprimersi scrivendo $10+5 = 3$. Allo stesso modo i minuti sono 60 e se per esempio sono ora le 8 e 45 fra 40 minuti saranno le 9 e 25 rendendo plausibile, riferendosi ai soli minuti, l'espressione $45+40 = 25$. Possiamo rendere verosimili queste espressioni aritmetiche pensando che, in qualche senso, 12 (nel caso delle ore) o 60 (nel caso dei minuti) "valgono come 0".

Una situazione più astratta, ma concettualmente del tutto analoga, è quella di un elemento g di periodo finito in un gruppo G. Supponiamo, per fissare le idee su una situazione concreta, che l'elemento g abbia periodo 8. Allora uguaglianze del tipo $g^5 g^6 = g^3$ oppure $(g^3)^5 = g^7$ sono giustificate dal fatto che $g^8 = e$ e dalla divisione euclidea. Ma riguardate sugli esponenti, queste espressioni forniscono uguaglianze simili a quelle dell'orologio, dove stavolta 8 gioca il ruolo di 12 o di 60.

Lo scopo di questo capitolo è di formalizzare in totale generalità questa aritmetica "modulare" e di fornirne le proprietà di base. Come vedremo presto questo produrrà esempi concreti ed interessanti di gruppi commutatvi non considerati finora.

7.1 Classi resto e loro operazioni

Fissiamo un numero intero $N \geq 2$ che sarà detto **modulo**[1]. Definiamo una relazione di **congruenza** in $\mathbb{Z}$ come segue.

Definizione 7.1.1. *Due numeri interi m, $n \in \mathbb{Z}$ si dicono* **congruenti** *modulo N e scriviamo*

$$m \equiv n \bmod N \qquad se\ N \mid x - y.$$

---

[1] Per la verità tutto quanto verrà detto continua a valere anche per $N = 1$ ma tale caso dà luogo ad una situazione banale priva di interesse e quindi può essere omesso.

Ad esempio

$$17 \equiv 5 \bmod 6 \qquad \text{perché 6 divide } 12 = 17 - 5,$$

oppure

$$23 \equiv -12 \bmod 7 \qquad \text{perché 7 divide } 35 = 23 - (12),$$

eccetera.

Enunciamo e dimostriamo una proprietà cruciale della relazione di congruenza.

Proposizione 7.1.2. *La relazione di congruenza è una relazione di equivalenza.*

Dimostrazione. Dobbiamo verificare che la relazione è riflessiva, simmetrica e transitiva.

1. Si ha $m \equiv m \bmod N$ in quanto $N \mid 0 = m - m$.

2. Se $m \equiv n \bmod N$ si ha $Nk = m - n$ per un opportuno $k \in \mathbb{Z}$. Allora $n - m = N(-k)$ e quindi $n \equiv m \bmod N$.

3. Se $m \equiv n \bmod N$ e $n \equiv p \bmod N$ possiamo scrivere $m - n = Nk$ e $n - p = N\ell$ per opportuni $k, \ell \in \mathbb{Z}$. Allora $m - p = (m - n) + (n - p) = N(k + \ell)$ e quindi $m \equiv p \bmod N$.

∎

Sappiamo dalle proprietà generali delle relazioni di equivalenza, vedi teorema 1.8.3, che resta definita una partizione di $\mathbb{Z}$ in classi di equivalenza per la relazione di congruenza, dette **classi di congruenza modulo** N. Vogliamo descrivere esplicitamente queste classi di equivalenza. Per ogni $n \in \mathbb{Z}$ poniamo

$$[n]_N = \{\ldots, n - 3N, n - 2N, n - N, n, n + N, n + 2N, n + 3N, \ldots\}.$$

Ad esempio,

$$[1]_3 = \{\ldots, -5, -2, 1, 4, 7, \ldots\}, \qquad [-3]_7 = \{\ldots, -17, -10, -3, 4, 11, 18, \ldots\}$$

eccetera.

Teorema 7.1.3. *Fissiamo $N \geq 2$. Allora:*

1. *per ogni $n \in \mathbb{Z}$, la classe di congruenza di n è $[n]_N$;*

2. *si ha $[m]_N = [n]_N$ se e soltanto se $m \equiv n \bmod N$;*

3. *le N classi $[0]_N, [1]_N, \ldots, [N-1]_N$ sono distinte ed esauriscono le classi di equivalenza modulo N.*

Dimostrazione.

1. Ogni $m \in [n]_M$, è della forma $m = n + kN$ per un $k \in \mathbb{Z}$ e quindi N divide $m - n$, cioè $m \equiv n \bmod N$. Viceversa se $m \equiv n \bmod N$ allora $m = n + Nk \in [n]_N$ per un opportuno $k \in \mathbb{Z}$.

2. Se $[m]_N = [n]_N$ allora $m \in [n]_K$ in particolare e quindi $m \equiv n \bmod N$ come nel punto precedente. Viceversa se $m \equiv n \bmod N$ si ha $m \in [n]_K$ come nel punto precedente e quindi $[m]_N = [n]_N$ per le proprietà generali delle relazioni d'equivalenza.

3. Dato $n \in Z$ ed applicando la divisione euclidea per N si ottiene $m = qN + r$ con $0 \leq r < N$, che riscrtto come $qN = m - r$ mostra come $[n]_N = [r]_N$.

■

Dunque le classi di congruenza modulo N sono completamente determinate dai resti della divisione per N. Per questo motivo sono anche dette **classi resto modulo** N

Osserviamo che:

$$[0]_N = \{..., -3N, -2N, -N, 0, N, 2N, 3N, ...\} = N\mathbb{Z}$$

è un sottogruppo di $\mathbb{Z}$ e per ogni $n \in \mathbb{Z}$

$$[n]_N = \{..., -2N + n, -N + n, n, N + n, 2N + n, 3N + n, ...\} = N\mathbb{Z} + n$$

è un laterale sinistro (o destro) di $N\mathbb{Z}$. Dunque il fatto che le classi di congruenza formino una partizione di $\mathbb{Z}$ può anche essere dedotto dalle proprietà generali dei laterali di un sottogruppo (proposizione 6.3.2).

Possiamo anche osservare come la partizione di $\mathbb{Z}$ in classi di congruenza modulo N sia una generalizzazione della partizione di $\mathbb{Z}$ in numeri pari e dispari. Infatti per il modulo $N = 2$ si ha

$$[0]_2 = 2\mathbb{Z} = \{n \in \mathbb{Z} \mid n \text{ è pari}\} \qquad [1]_2 = 2\mathbb{Z} + 1 = \{n \in \mathbb{Z} \mid n \text{ è dispari}\}.$$

Ad una relazione di equivalenza, quindi ad una partizione, resta associato l'insieme quoziente, definizione 1.6.4. Consideriamo quindi l'insieme quoziente per la relazione di congruenza.

Definizione 7.1.4. *L'insieme delle classi resto (modulo N) è l'insieme quoziente per la relazione di congruenza corrispondente alla scelta del modulo N. Lo denoteremo $\mathbb{Z}_N$.*

Quindi, ad esempio,

$$\begin{aligned} \mathbb{Z}_2 &= \{[0]_2, [1]_2\} \\ \mathbb{Z}_3 &= \{[0]_3, [1]_3, [2]_3\} \\ \mathbb{Z}_4 &= \{[0]_4, [1]_4, [2]_4, [3]_4\}, \quad \text{eccetera.} \end{aligned}$$

Nota 7.1.5. Quando non c'è rischio di confusione sul modulo useremo la più agevole notazione $\overline{n}$ per la classe resto rappresentata da $n \in \mathbb{Z}$.

Il primo passo per poter parlare di aritmetica modulare è introdurre operazioni "naturali" in $\mathbb{Z}_N$. Facciamo quindi vedere come usando l'addizione e la moltiplicazione in $\mathbb{Z}$ possiamo definire operazioni

$$+ : \mathbb{Z}_N \times \mathbb{Z}_N \longrightarrow \mathbb{Z}_N \qquad \cdot : \mathbb{Z}_N \times \mathbb{Z}_N \longrightarrow \mathbb{Z}_N$$

che continueremo a chiamare addizione e moltiplicazione e a denotare con i consueti simboli e che godono di buone proprietà. E' importante osservare che siccome queste operazioni devono essere definite su un insieme quoziente si pone una questione di buona definizione (vedi nota 2.1.3): la definizione che daremo ora di tali operazioni dovrà ritenersi veramente valida solo dopo che ne avremmo verificato la buona definizione con la successiva proposizione 7.1.7.

Definizione 7.1.6. *Nell'insieme $\mathbb{Z}_N$ delle classi resto modulo N definiamo le operazioni*

- *di* **addizione***: $\overline{a} + \overline{b} = \overline{a + b}$,*

- *di* **moltiplicazione***: $\overline{a} \cdot \overline{b} = \overline{a \cdot b}$,*

per ogni $\overline{a}$, $\overline{b} \in \mathbb{Z}_N$.

Osserviamo come i simboli tipografici $+$ e $\cdot$ nelle definizioni appena date assumano significati diversi: nelle parti sinistre ($\overline{a} + \overline{b}$ e $\overline{a} \cdot \overline{b}$) denotano le operazioni in $\mathbb{Z}_N$ che si stanno definendo mentre nelle parti destre denotano le consuete operazioni in $\mathbb{Z}$.

Proposizione 7.1.7. *Le operazioni di addizione e moltiplicazione in $\mathbb{Z}_N$ sono ben definite.*

Dimostrazione. Siccome abbiamo definito addizione e moltiplicazione tra classi usando degli arbitrari rappresentanti di queste ultime occorre verificare che il risultato non dipende dalla scelta di tali rappresentanti, ma solo dalla classe stessa. Siano dunque a' e $b' \in \mathbb{Z}$ tali che $\overline{a} = \overline{a'}$ e $\overline{b} = \overline{b'}$. Ciò vuol dire che esistono k e $k' \in \mathbb{Z}$ tali che $a' = a + kN$ e $b' = b + k'N$. Allora, seguendo le definizioni per l'addizione si ha

$$\overline{a'} + \overline{b'} = \overline{a' + b'} = \underbrace{\overline{a + b + (k + k')N}}_{N \text{ divide la differenza}} = \overline{a + b} = \overline{a} + \overline{b}$$

e per la moltiplicazione si ha

$$\overline{a'} \cdot \overline{b'} = \overline{a' \cdot b'} = \underbrace{\overline{a \cdot b + (bk + ak' + kk'N)N}}_{N \text{ divide la differenza}} = \overline{a \cdot b} = \overline{a} \cdot \overline{b}.$$

∎

Ora che abbiamo verificato che l'addizione e la moltiplicazione in $\mathbb{Z}_N$ sono correttamente definite possiamo studiarne le proprietà.

Proposizione 7.1.8. *L'addizione in $\mathbb{Z}_N$ è associativa e inoltre:*

1. $\overline{0}$ è un elemento neutro;

2. ogni elemento $\overline{a} \in \mathbb{Z}_n$ ammette opposto e di fatto $-\overline{a} = \overline{-a}$;

3. vale la proprietà commutativa.

Dimostrazione. Per verificare l'associatività dell'addizione basta osservare che comunque presi $\overline{a}$, $\overline{b}$ e $\overline{c}$ in $\mathbb{Z}_N$ si ha

$$(\overline{a} + \overline{b}) + \overline{c} = \overline{a+b} + \overline{c} = \overline{(a+b)+c} = \overline{a+(b+c)} = \overline{a} + \overline{b+c} = \overline{a} + (\overline{b} + \overline{c})$$

perché la proprietà associativa vale in $(\mathbb{Z}, +)$. Per quanto riguarda le altre proprietà:

1. $\overline{0}$ è neutro perchè $\overline{0} + \overline{a} = \overline{a} + \overline{0} = \overline{a+0} = \overline{a}$ per ogni $\overline{a} \in \mathbb{Z}_N$;

2. $\overline{a}$ ha opposto $\overline{-a}$ perché $\overline{a} + \overline{-a} = \overline{a-a} = \overline{0}$;

3. si ha certamente $\overline{a} + \overline{b} = \overline{a+b} = \overline{b+a} = \overline{b} + \overline{a}$ per ogni $\overline{a}$, $\overline{b} \in \mathbb{Z}_N$ in quanto la proprietà commutativa cale in $(\mathbb{Z}, +)$.

■

Possiamo riassumere il contenuto della proposizione dicendo che $(\mathbb{Z}_N, +)$ è un gruppo abeliano. Ma possiamo dire di più.

Proposizione 7.1.9. $(\mathbb{Z}_N, +)$ è un gruppo abeliano ciclico.

Dimostrazione. Ogni classe resto modulo N ammette un rappresentante positivo r (di fatto possiamo prendere r tra 0 e $N-1$ ma questo ora non importa). D'altra parte, per come è definita l'addizione in $\mathbb{Z}_N$

$$\overline{r} = \underbrace{\overline{1 + 1 + \cdots + 1}}_{r \text{ addendi}} = \underbrace{\overline{1} + \overline{1} + \cdots + \overline{1}}_{r \text{ addendi}} = r\overline{1}$$

ed è quindi chiaro che $\mathbb{Z}_N = \langle \overline{1} \rangle$. ■

Dunque $(\mathbb{Z}_N, +)$ fornisce un esempio di gruppo ciclico di ordine N qualsiasi sia N. In un certo senso ne rappresenta il prototipo, nel senso della prossima proposizione.

Proposizione 7.1.10. Sia $G = \langle g \rangle$ un gruppo ciclico di ordine $|G| = N$. Allora $G \simeq (\mathbb{Z}_N, +)$

Dimostrazione. Per dimostrare l'asserto occorre trovare un isomorfismo tra G e $\mathbb{Z}_N$. Poniamo

$$\phi : \mathbb{Z}_N \longrightarrow G, \qquad \phi(\overline{k}) = g^k.$$

Prima di tutto occorre verificare che ϕ è ben definita. Se $\overline{k} = \overline{k}'$ possiamo scrivere $k' = k + Nq$ con $q \in \mathbb{Z}$ e quindi

$$\phi(\overline{k}') = g^{k'} = g^{k+Nq} g^k (g^N)^q = g^k = \phi(\overline{k})$$

come si voleva, in quanto g ha periodo N. Il fatto che ϕ sia un omomorfismo è una conseguenza immediata della legge delle potenze e siccome $\mathbb{Z}_N = \{\overline{0}, \overline{1}, ..., \overline{N-1}\}$ e $G = \{e, g, ..., g^{N-1}\}$ è chiaro che ϕ è biettivo. ∎

I gruppi ciclici $(\mathbb{Z}_N, +)$ sono collegati tra loro da omeomorfismi (al variare di N) secondo la relazione di divisibilità. Precisamente, vale il risultato seguente.

Proposizione 7.1.11. *Siano M ed N due numeri interi con $M \mid N$. Allora esiste un omomorfismo suriettivo*

$$\phi_{N,M} : \mathbb{Z}_N \longrightarrow \mathbb{Z}_M, \qquad \phi_{N,M}([n]_N) = [n]_M$$

Dimostrazione. Nel corso della dimostrazione scriviamo ϕ per $\phi_{N,M}$ per semplicità. Innanzitutto occorre verificare che ϕ è ben definita come funzione. Come osservato precedentemente $[n]_N = [n']_N$ esattamente quando N divide $n - n'$. Ma in tal caso anche M divide $n - n'$ perché M divide N e quindi $\phi([n]_N) = [n]_M = [n']_M = \phi([n']_N)$, dunque ϕ è ben definita.

Il fatto che ϕ sia un omomorfismo segue da calcolo seguente, valido per ogni scelta di $[n]_N, [n']_N \in \mathbb{Z}_N$:

$$\phi([n]_N + [n']_N) = \phi([n+n']_N) =$$
$$[n+n']_M = [n]_M + [n']_M = \phi([n]_N) + \phi([n']_N).$$

Infine ϕ è suriettivo perché per ogni $[n']_M$ si ha $[n']_N \in \phi^{-1}([n']_M)$. ∎

Per completezza osserviamo che l'ipotesi $M \mid N$ è essenziale e non può essere trascurata. Infatti se M fosse solo minore di N ma non un divisore la funzione ϕ non sarebbe ben definita. Per fare un esempio concreto con $M = 5$, $N = 8$

$$[3]_8 = [11]_8 \qquad \text{ma} \qquad [3]_5 \neq [11]_5 = [1]_5.$$

Passiamo ora alla moltiplicazione.

Proposizione 7.1.12. *La moltiplicazione in $\mathbb{Z}_N$ è associativa e inoltre:*

1. *$\overline{1}$ è un elemento neutro;*

2. *vale la proprietà commutativa.*

Dimostrazione. Per verificare l'associatività della moltiplicazione basta osservare che comunque presi $\overline{a}$, $\overline{b}$ e $\overline{c}$ in $\mathbb{Z}_N$ si ha

$$(\overline{a} \cdot \overline{b}) \cdot \overline{c} = \overline{\overline{a \cdot b} \cdot c} = \overline{(a \cdot b) \cdot c} = \overline{a \cdot (b \cdot c)} = \overline{a \cdot \overline{b \cdot c}} = \overline{a} \cdot (\overline{b} \cdot \overline{c})$$

perché la proprietà associativa vale in $(\mathbb{Z}, \cdot)$. Per quanto riguarda le altre proprietà:

1. $\overline{1}$ è neutro perché $\overline{1} \cdot \overline{a} = \overline{a} \cdot \overline{1} = \overline{a \cdot 1} = \overline{a}$ per ogni $\overline{a} \in \mathbb{Z}_N$;

2. si ha certamente $\bar{a} \cdot \bar{b} = \overline{a \cdot b} = \overline{b \cdot a} = \bar{b} \cdot \bar{a}$ per ogni $\bar{a}, \bar{b} \in \mathbb{Z}_N$ in quanto la proprietà commutativa vale in $(\mathbb{Z}, \cdot)$.

∎

Osserviamo che in $\mathbb{Z}_N$ l'assenza di inverso non riguarda solo la classe $\bar{0}$ ma possono esservi altre classi non invertibili. A titolo di esempio consideriamo la tabellina della moltiplicazione in $\mathbb{Z}_{10}$ (dove per semplificare la lettura della tabella abbiamo eliminato il simbolo di classe:

$\cdot$	0	1	2	3	4	5	6	7	8	9
0	0	0	0	0	0	0	0	0	0	0
1	0	1	2	3	4	5	6	7	8	9
2	0	2	4	6	8	0	2	4	6	8
3	0	3	6	9	2	5	8	1	4	7
4	0	4	8	2	6	0	4	8	2	6
5	0	5	0	5	0	5	0	5	0	5
6	0	6	2	8	4	0	6	2	8	4
7	0	7	4	1	8	5	2	9	6	3
8	0	8	6	4	2	0	8	6	4	2
9	0	9	8	7	6	5	4	3	2	1

Dall'osservazione della tabellina raccogliamo tre informazioni.

1. Le sole classi che ammettono inverso moltiplicativo sono $\bar{1}, \bar{3}, \bar{7}$ e $\bar{9}$. Infatti solo nelle righe corrispondenti a queste classi compare $\bar{1}$ come prodotto di una di questa classi per un'altra.

2. Esistono esempi di classi non nulle che hanno prodotto $\bar{0}$, ad esempio $\bar{4} \cdot \bar{5} = \bar{0}$.

3. Non vale la legge di cancellazione anche fra classi non nulle, ad esempio $\bar{8} = \bar{2} \cdot \bar{4} = \bar{7} \cdot \bar{4}$ ma $\bar{2} \neq \bar{7}$.

Nella prossima sezione studieremo più a fondo la moltiplicazione in $\mathbb{Z}_N$ per spiegare questi fenomeni per trovarne poi applicazioni aritmetiche.

Dimostriamo ora una proprietà di compatibilità di addizione e moltiplicazione.

Proposizione 7.1.13. *In* $\mathbb{Z}_N$ *vale la proprietà* **distributiva***: per ogni* $\bar{a}, \bar{b}$ *e* $\bar{c} \in \mathbb{Z}_N$ *si ha*

$$\bar{a} \cdot (\bar{b} + \bar{c}) = \bar{a} \cdot \bar{b} + \bar{a} \cdot \bar{c}.$$

Dimostrazione. La proprietà segue direttamente dalle definizioni di addizione e moltiplicazione in $\mathbb{Z}_N$ e dal fatto che la proprietà distributiva vale in $\mathbb{Z}$. Precisamente:

$$\bar{a} \cdot (\bar{b} + \bar{c}) = \bar{a} \cdot \overline{b + c} = \overline{a(b + c)} = \overline{ab + ac} = \overline{ab} + \overline{ac} = \bar{a} \cdot \bar{b} + \bar{a} \cdot \bar{c}. \quad ∎$$

7.2   Il gruppo moltiplicativo

In questa sezione diamo una caratterizzazione degli elementi moltiplicativamente invertibili di $\mathbb{Z}_N$ e ne deriviamo alcune conseguenze. Iniziamo introducendo una terminologia motivata da una delle osservazioni finali della sezione precedente.

Definizione 7.2.1. *Sia* $\bar{0} \neq \bar{a} \in \mathbb{Z}_N$ *una classe resto modulo* N *non nulla. Diremo che* $\bar{a}$ *è un* **divisore dello zero** *(o più brevemente uno* 0-**divisore***) se esiste una classe non nulla* $\bar{b} \in \mathbb{Z}_N$ *tale che* $\bar{a} \cdot \bar{b} = \bar{0}$.

Riprendendo l'esempio dalla sezione precedente $[4]_{10}$ è un divisore dello zero perché $[4]_{10} \cdot [5]_{10} = [0]_{10}$ (e quindi anche $[5]_{10}$ lo è). Osserviamo che può succedere che $\bar{a} = \bar{b}$: ad esempio $[3]_9$ è un divisore dello zero perché $[3]_9^2 = [3]_9 \cdot [3]_9 = [0]_9$.

Osserviamo anche che un divisore dello zero non può essere invertibile. Infatti se $[a]_N$ fosse una classe resto invertibile e se risultasse $[a]_N \cdot [b]_N = [0]_N$ con $[b]_N \neq [0]_N$ si avrebbe

$$[b]_N = [a]_N^{-1} \cdot [a]_N \cdot [b]_N = [a]_N^{-1} \cdot [0]_N = [0]_N$$

raggiungendo una palese contraddizione. Il prossimo risultato dice non solo che classi invertibili e classi divisori dello zero esauriscono le classi resto non nulle modulo N, ma offre anche una completa caratterizzazione aritmetica della situazione.

Teorema 7.2.2. *Sia* $\bar{0} \neq \bar{a} \in \mathbb{Z}_N$ *una classe resto non nulla. Allora*

$$\bar{a} \begin{cases} \text{è invertibile} & \text{se } \mathrm{MCD}(a, N) = 1, \\ \text{è uno } 0\text{-divisore} & \text{se } \mathrm{MCD}(a, N) > 1. \end{cases}$$

Dimostrazione.

1. Supponiamo $\mathrm{MCD}(a, N) = 1$. Allora l'identità di Bezout (teorema 4.2.6) afferma che è possibile trovare numeri interi A e B tali che

$$aA + NB = 1.$$

Rileggendo questa identità in $\mathbb{Z}_N$ si ha

$$\overline{aA + NB} = \overline{aA} + \overline{NB} = \bar{a} \cdot \overline{A} + \bar{0} \cdot \overline{B} = \underbrace{\bar{a} \cdot \overline{A} = \bar{1}}_{\overline{A} = \bar{a}^{-1}},$$

cioè $\bar{a}$ è invertibile.

2. Supponiamo ora $\mathrm{MCD}(a, N) = d > 1$. Possiamo allora scrivere $a = ds$ e $N = dt$ con s e t in $\mathbb{Z}^{>0}$ e osserviamo che $\bar{t} \neq \bar{0}$ in quanto $0 < t < N$. Si ha

$$\bar{a} \cdot \bar{t} = \bar{d} \cdot \bar{s} \cdot \bar{t} = \bar{s} \cdot \overline{dt} = \bar{s} \cdot \bar{0} = \bar{0}$$

cioè $\bar{a}$ è un 0-divisore.

■

Nota 7.2.3. Per chiarire quanto affermato nel teorema appena dimostrato osserviamo che il fatto che $\text{MCD}(a, N)$ sia 1 o no dipende solo dalla classe resto $[a]_N$ e non dalla scelta di un suo rappresentante. Infatti se $[a]_N = [a']_N$ si ha $a' = a + kN$ per un opportuno $k \in \mathbb{Z}$ e ogni divisore comune ad a e N è anche un divisore di a' (vedi anche la proposizione 4.1.2). Pertanto $\text{MCD}(a, N) = 1$ se e soltanto se $\text{MCD}(a', N) = 1$.

Il teorema permette quindi di distinguere ed elencare tra invertibili e 0-divisori semplicemente determinando il MCD col modulo. Ad esempio, in $\mathbb{Z}_{35}$

- le classi invertibili sono $\overline{1}, \overline{2}, \overline{3}, \overline{4}, \overline{6}, \overline{8}, \overline{9}, \overline{11}, \overline{12}, \overline{13}, \overline{16}, \overline{17}, \overline{18}, \overline{19}, \overline{22}, \overline{23}, \overline{24}, \overline{26}, \overline{27}, \overline{29}, \overline{31}, \overline{32}, \overline{33}$ e $\overline{34}$;

- i divisori dello zero sono $\overline{5}, \overline{7}, \overline{10}, \overline{14}, \overline{15}, \overline{20}, \overline{21}, \overline{25}, \overline{28}$ e $\overline{30}$.

È importante osservare come la dimostrazione del teorema 7.2.2 dia anche un metodo per il calcolo dell'inverso $[a]_N^{-1}$ quando questo esiste: semplicemente passando per l'identità di Bezout. Come esplicitare l'identità di Bezout usando l'algoritmo di divisione euclidea era stato spiegato poco dopo la dimostrazione del teorema 4.2.6. Riprendendo l'esempio fatto lì con $\text{MCD}(654, 3575) = 1$ si era visto che

$$1219 \cdot 654 - 223 \cdot 3575 = 1$$

da cui possiamo concludere che $[654]_{3575}^{-1} = [1219]_{3575}$.

Nota 7.2.4. Per valori piccoli di N il ricorso all'identità di Bezout, che resta comunque valido, potrebbe non essere particolarmente economico in termini del tempo impiegato per arrivare alla risposta. Ad esempio è sufficiente una rapida occhiata alla tabellina della moltiplicazione in $\mathbb{Z}_{10}$ calcolata nella sezione precedente per scoprire che $[3]_{10} \cdot [7]_{10} = [9]_{10}^2 = [1]_{10}$ e quindi determinare gli inversi di tutti gli elementi invertibili in $\mathbb{Z}_{10}$.

In analogia con i casi di $\mathbb{R}$, $\mathbb{Q}$ e $\mathbb{Z}$ già analizzati agli inizi del capitolo precedente restringiamo la moltiplicazione in $\mathbb{Z}_N$ agli elementi invertibili. Osserviamo che:

1. il prodotto di classi invertibili è invertibile (fatto dimostrato in totale generalità con la proposizione 2.5.10);

2. $\overline{1}$ è invertibile;

3. l'inversa di una classe invertibile è invertibile.

Dunque l'insieme delle classi resto modulo N invertibili con l'operazione di moltiplicazione costituisce un gruppo $\mathbb{Z}_N^\times$ detto **gruppo moltiplicativo di** $\mathbb{Z}_N$ (o talvolta **gruppo delle unità modulo** N e denotato U_n).

Definizione 7.2.5. *Si dice* **funzione** φ **di Eulero** *la funzione* $\phi : \mathbb{N}^{\geq 1} \to \mathbb{N}$ *definita come*

$$\varphi(n) = |\{r \in \mathbb{N} \,|\, 1 \leq r \leq n \ e \ \text{MCD}(r, n) = 1\}| \,.$$

Dunque, per definizione,

$$|\mathbb{Z}_N^\times| = \varphi(n).$$

Per determinare il valore $\varphi(n)$ per valori piccoli di n si può semplicemente contare quanti numeri tra 1 e n hanno MCD 1 con n e produrre rapidamente la tabella seguente:

n	$\varphi(n)$	n	$\varphi(n)$	n	$\varphi(n)$	n	$\varphi(n)$
1	1	7	6	13	12	19	18
2	1	8	4	14	6	20	8
3	2	9	6	15	8	21	12
4	2	10	4	16	8	22	10
5	4	11	10	17	16	23	22
6	2	12	4	18	6	24	8

Scorrendo la tabella ci si convince che la funzione φ non soddisfa alcuna apparente regolarità all'aumentare di n e per poterla calcolare in generale (considerando che contare materialmente i numeri più piccoli di n che hanno MCD uguale ad 1 con n diventa materialmente impossibile per n grande) è necessario capire le specificità aritmetiche del numero n.

Dimostriamo ora un risultato sul gruppo additivo $(\mathbb{Z}_N, +)$ che ha interesse di per sè ma che si rivelerà utile per il calcolo della funzione φ di Eulero.

Proposizione 7.2.6. *Supponiamo sia $N = ab$ con a, $b \in \mathbb{Z}$ e $\mathrm{MCD}(a,b) = 1$. Allora*

$$(\mathbb{Z}_N, +) \simeq (\mathbb{Z}_a, +) \times (\mathbb{Z}_b, +).$$

Dimostrazione. Poiché sia a che b dividono N ci sono, per la proposizione 7.1.11, omomorfismi $\phi_{N,a} : \mathbb{Z}_N \to \mathbb{Z}_a$ e $\phi_{N,b} : \mathbb{Z}_N \to \mathbb{Z}_b$. Essi possono essere assemblati in un unico omomorfismo

$$\phi : \mathbb{Z}_N \longrightarrow \mathbb{Z}_a \times \mathbb{Z}_b, \qquad \phi([n]_N) = ([n]_a, [n]_b), \forall [n]_N \in \mathbb{Z}_N$$

(vedi esercizio 6.18). Calcoliamo il nucleo di ϕ:

$$
\begin{aligned}
\ker(\phi) &= \{[n]_N \in \mathbb{Z}_N \text{ tali che } \phi([n]_N) = e_{\mathbb{Z}_a \times \mathbb{Z}_b} = ([0]_a, [0]_b)\} \\
&= \{[n]_N \in \mathbb{Z}_N \text{ tali che } [n]_a = [0]_a \text{ e } [n]_b = [0]_b\}
\end{aligned}
$$

Dire $[n]_a = [0]_a$ e $[n]_b = [0]_b$ significa dire che n deve essere contemporaneamente multiplo di a e b e quindi del loro minimo comune multiplo. Siccome $\mathrm{MCD}(a.b) = 1$ per ipotesi, il minimo comune multiplo di a e b è $ab = N$. Dunque $[n]_a = [0]_a$ e $[n]_b = [0]_b$ solo se n è multiplo di N, ma questo vuol dire che $[n]_N = [0]_N$: concludiamo che

$$\ker(\phi) = \{[0]_N\} \qquad \text{e quindi } \phi \text{ è iniettivo (teorema 6.4.6)}.$$

Perché ϕ sia un isomorfismo dobbiamo provare anche la suriettività. Per questo basta osservare che

$$|\mathbb{Z}_a \times \mathbb{Z}_b| = |\mathbb{Z}_a| \cdot |\mathbb{Z}_b| = ab = N = |\mathbb{Z}_N|$$

e ricordare che una qualunque funzione iniettiva tra insiemi finiti della stessa cardinalità è anche suriettiva (proposizione 3.1.6). ■

È importante osservare come l'isomorfismo ϕ della dimostrazione appena discussa si comporti bene anche rispetto alla moltiplicazione se nel prodotto $\mathbb{Z}_a \times \mathbb{Z}_b$ consideriamo la moltiplicazione componente per componente. Infatti si ha

$$\phi([m]_N \cdot [n]_N) = \phi([mn]_N) = ([mn]_a, [mn]_b) = ([m]_a \cdot [n]_a, [m]_b \cdot [n]_b)$$
$$= ([m]_a, [m]_b) \cdot ([n]_a, [m]_b \cdot [n]_b) = \phi([m]_N) \cdot \phi([n]_N)$$

per ogni $[m]_N, [n]_N \in \mathbb{Z}_N$. Da questa identità segue subito che $[n]_N$ è invertibile in $\mathbb{Z}_N$ se e soltanto se $[n]_a$ e $[n]_b$ sono entrambi invertibili in $\mathbb{Z}_a$ e $\mathbb{Z}_b$ rispettivamente. Infatti se $[m]_N = [n]_N^{-1}$ si ottiene

$$([m]_a \cdot [n]_a, [m]_b \cdot [n]_b) = ([m]_a, [m]_b) \cdot ([n]_a, [n]_b) = \phi([m]_N) \cdot \phi([n]_N)$$
$$= \phi([m]_N \cdot [n]_N) = \phi([1]_N) = ([1]_a, [1]_b).$$

La proposizione seguente è conseguenza di questa discussione sulle proprietà moltiplicative di ϕ.

Proposizione 7.2.7. *Siano a e b numeri interi positivi con $\mathrm{MCD}(a,b) = 1$. Allora*

$$\varphi(ab) = \varphi(a)\varphi(b).$$

Dimostrazione. Poniamo $N = ab$. Nella discussione precedente l'enunciato abbiamo mostrato come l'isomorfismo ϕ sia una biezione tra il gruppo moltiplicativo $\mathbb{Z}_N^\times$ e le coppie in $\mathbb{Z}_a \times \mathbb{Z}_b$ in cui ciascun elemento è invertibile nel corrispondente insieme di classi resto. Ciò vuol dire che $\mathbb{Z}_N^\times$ è in biezione con $\mathbb{Z}_a^\times \times \mathbb{Z}_b^\times$. Poiché insiemi in biezione hanno lo stesso numero di elementi

$$\varphi(ab) = \varphi(N) = |\mathbb{Z}_N^\times| = |\mathbb{Z}_a^\times \times \mathbb{Z}_b^\times| = |\mathbb{Z}_a^\times| \cdot |\mathbb{Z}_b^\times| = \varphi(a)\varphi(b). \quad ■$$

L'ipotesi $\mathrm{MCD}(a,b) = 1$ è essenziale: dalla tabella calcolata sopra per $\varphi(n)$ con $n \le 24$ è possibile ricavare esempi in cui la formula non vale se $\mathrm{MCD}(a,b) \neq 1$. Ad esempio $24 = 4 \cdot 6$ e $\mathrm{MCD}(4,6) = 2 \neq 1$, ma

$$8 = \varphi(24) \neq \varphi(4)\varphi(6) = 2 \cdot 2 = 4.$$

Per il teorema fondamentale dell'aritmetica (teorema 4.3.2) ogni numero intero positivo n è scrivibile nella forma

$$n = p_1^{e_1} \cdots p_t^{e_t}$$

dove i p_i sono numeri primi a due a due distinti. Poiché potenze di primi distinti non hanno divisori comuni eccetto 1 la proposizione 7.2.7, iterata per il numero necessario di volte, implica che

$$\varphi(n) = \varphi(p_1^{e_1} \cdots p_t^{e_t}) = \varphi(p_1^{e_1}) \cdots \varphi(p_t^{e_t})$$

e quindi il problema del calcolo di $\varphi(n)$ si riconduce al caso in cui n è potenza di un primo. La prossima proposizione dice quanto vale la funzione φ in quest'ultimo caso.

Proposizione 7.2.8. *Sia p un numero primo e sia e ≥ 1 un numero intero. Allora*

$$\varphi(p^e) = p^{e-1}(p-1).$$

Dimostrazione. Ricordiamo che, per definizione,

$$\varphi(p^e) = |\{r \in \mathbb{N} \mid 1 \leq r \leq p^e \text{ e } \mathrm{MCD}(r, p^e) = 1\}|\,.$$

Poiché p è l'unico divisore primo di p^e si ha $\mathrm{MCD}(r, p^e) = 1$ se e soltanto se p non divide r mentre, quindi, $\mathrm{MCD}(r, p^e) \neq 1$ se e soltanto se r è multiplo di p. Il numero degli r con $\mathrm{MCD}(r, p^e) = 1$ può dunque ottenersi sottraendo dal totale di tutti i numeri (che ovviamente è p^e) il numero dei multipli di p, ovvero

$$\varphi(p^e) = p^e - |\{r \in \mathbb{N} \mid 1 \leq r \leq p^e \text{ e } p \mid r\}|\,.$$

I multipli di p tra 1 e p^e sono

$$p \qquad 2p \qquad 3p \qquad \cdots \qquad p^e - p \qquad p^e$$

e sono in tutto p^{e-1}. Quindi, in definitiva,

$$\varphi(p^e) = p^e - p^{e-1} = p^{e-1}(p-1). \quad \blacksquare$$

Nel loro insieme le proposizioni 7.2.7 e 7.2.8 permettono di calcolare $\varphi(n)$ per qualunque valore di n a patto di conoscere la scrittura di n come prodotto di potenze di primi. Ad esempio:

1. $59825 = 3^2 \cdot 5 \cdot 11^3$, dunque

$$\varphi(59825) = \varphi(3^2)\varphi(5)\varphi(11^3) = 3 \cdot (3-1) \cdot 4 \cdot 11^2 \cdot (11-1) = 29040.$$

2. $774592 = 2^6 \cdot 7^2 \cdot 13 \cdot 19$, dunque

$$\varphi(774592) = \varphi(2^6)\varphi(7^2)\varphi(13)\varphi(19)$$
$$= 2^5 \cdot (2-1) \cdot 7 \cdot (7-1) \cdot (13-1) \cdot (19-1) = 290304.$$

Nota 7.2.9. Abbiamo usato la proposizione 7.2.6 come passo per il calcolo della funzione φ di Eulero ma la sua importanza non si limita a questa applicazione. Osserviamo infatti che siccome $\mathbb{Z}_N$ è ciclico (e generato da $[1]_N$) la proposizione afferma implicitamente che

$$\mathbb{Z}_a \times \mathbb{Z}_b \text{ è ciclico se } \mathrm{MCD}(a, b) = 1$$

ed è generato dalla coppia $([1]_a, [1]_b)$. Invece se $\mathrm{MCD}(a, b) = d > 1$ allora il gruppo prodotto $\mathbb{Z}_a \times \mathbb{Z}_b$ non è ciclico. In questo caso, infatti, posto $m = \mathrm{mcm}(a, b)$ si ha certamente

$$m([x]_a, [y]_b) = ([mx]_a, [my]_b) = ([0]_a, [0]_b)$$

perché m è multiplo di a e di b, ma siccome $m = ab/d < ab$ ciò vuol dire nessun elemento di $\mathbb{Z}_a \times \mathbb{Z}_b$ ha periodo $ab = |\mathbb{Z}_a \times \mathbb{Z}_b|$. Quindi $\mathbb{Z}_a \times \mathbb{Z}_b$ non è ciclico.

7.3   Congruenze

Ritorniamo ora al linguaggio delle congruenze e alla loro notazione, definizione
1.6.4, ricordando che fissato un modulo $N \geq 2$ si ha l'equivalenza

$$a \equiv b \bmod N \quad \Longleftrightarrow \quad [a]_N = [b]_N \in \mathbb{Z}_N$$

per ogni a, $b \in \mathbb{Z}_N$. Pertanto tutta la teoria svolta su $\mathbb{Z}_N$ e le sue operazioni
si può immediatamente riscrivere, grazie a questa equivalenza concettuale in
termini di congruenze. Nel prossimo enunciato riassumiamo alcuni fatti noti
circa le operazioni in $\mathbb{Z}_N$ in termini di congruenze.

Proposizione 7.3.1. *Fissiamo un numero intero $N \geq 2$. Allora valgono i fatti
seguenti:*

1. *Per ogni a, $b \in \mathbb{Z}$ si ha $a \equiv b \bmod N$ se e soltanto se $b \equiv a \bmod N$.*

2. *Per ogni a, b e $c \in \mathbb{Z}$ si ha che se $a \equiv b \bmod N$ e $b \equiv c \bmod N$ allora
   $a \equiv c \bmod N$.*

3. *Per ogni a, b, c e $d \in \mathbb{Z}$ si ha che se $a \equiv b \bmod N$ e $c \equiv d \bmod N$ allora
   $a + c \equiv b + d \bmod N$ e $ac \equiv bd \bmod N$.*

4. *Per ogni a, $b \in \mathbb{Z}$ e per ogni divisore M di N si ha che se $a \equiv b \bmod N$
   allora $a \equiv b \bmod M$.*

5. *Per ogni $a \in \mathbb{Z}$ esiste $b \in \mathbb{Z}$ tale che $ab \equiv 1 \bmod N$ se e soltanto se
   $\mathrm{MCD}(a, N) = 1$.*

Dimostrazione.   Come detto le varie affermazioni sono traduzioni nella notazione delle congruenze di fatti già dimostrati per le classi resto. Le prime due
sono ovvie. La terza è la buona definizione dell'addizione e della moltiplicazione
in $\mathbb{Z}_N$. La quarta è la buona definizione dell'omomorfismo $\phi_{N,M}$ della proposizione 7.1.11. L'ultima è la condizione dell'esistenza dell'inverso moltiplicativo
$[a]_N^{-1}$, teorema 7.2.2. ∎

Siamo interessati a risolvere **congruenze lineari** della forma

$$aX \equiv c \bmod N$$

con a, $c \in \mathbb{Z}$ e dove $X \in \mathbb{Z}$ deve essere pensato come un'incognita (l'aggettivo
lineare sta a significare che l'incognita X compare in grado 1).
  Distinguiamo due casi.

1. $\mathrm{MCD}(a, N) = 1$. Sappiamo che in tal caso esiste $b \in \mathbb{Z}$ tale che $ab \equiv
   1 \bmod N$. Allora moltiplicando per b entrambi i membri della congruenza
   otteniamo
   $$baX \equiv X \equiv bc \bmod N.$$

Questo fornisce immediatamente il valore di X che risolve la congruenza.

2. $\text{MCD}(a, N) = d$. Per capire cosa succede in questo caso riscriviamo la congruenza originale come equazione in $\mathbb{Z}$:

$$aX + NY = c.$$

La congruenza originale è risolubile quando quest'ultima equazione è risolubile da una coppia $(X, Y) = \mathbb{Z} \times \mathbb{Z}$. Infatti in entrambi i casi l'esistenza di una soluzione significa che N divide $aX - c$.

Nel caso iche stiamo esaminando d divide il primo membro $aX + NY$ qualunque siano X ed $Y \in \mathbb{Z}$. Quindi se c non è un multiplo di d non c'è speranza di risolvere ne' l'equazione, ne' la congruenza originaria.

Supponiamo allora che $d \mid c$ e poniamo $u = a/d$, $v = c/d$ e $M = \frac{N}{d}$. Allora u, v ed M sono interi e dividendo per d entrambi i membri l'equazione $aX + NY = c$ può essere riscritta

$$uX + MY = v$$

o equivalentemente come congruenza

$$uX \equiv v \bmod M.$$

La situazione ora è cambiata perché avendo diviso per il massimo divisore comune d risulta $\text{MCD}(u, M) = 1$ e ci siamo ricondotti al caso precedente in cui la congruenza è risolvibile.

Per concludere, osserviamo che siccome la congruenza $uX \equiv v \bmod M$ ha una sola soluzione modulo M, la congruenza originale $aX \equiv c \bmod N$ ne ha d modulo N. Infatti se x è una soluzione modulo M i d numeri

$$x, x + M, x + 2M, \cdots, x + (d - 1)M$$

sono soluzioni modulo N. Questo corrisponde al fatto che le controimmagini delle classi in $\mathbb{Z}_M$ per l'omomorfismo $\phi_{N,M}$ consistono di d elementi.

Possiamo riassumere la discussione nell'enunciato seguente.

Teorema 7.3.2. *La congruenza lineare $aX \equiv c \bmod N$ è risolvibile se e soltanto se $d = \text{MCD}(a, N)$ divide c. Se la congruenza è risolvibile il numero delle soluzioni modulo N è d.*

Vediamo qualche esempio concreto.

1. La congruenza $5X \equiv 4 \bmod 22$ rientra nel primo caso analizzato sopra in quanto si ha $\text{MCD}(5, 22) = 1$. Poiché $5 \cdot 9 = 45 \equiv 1 \bmod 22$ moltiplicando entrambi i membri per 9 otteniamo subito la soluzione

$$X \equiv 4 \cdot 9 \equiv 14 \bmod 22.$$

2. La congruenza $6X \equiv 15 \bmod 26$ non è risolubile in quanto $2 = \text{MCD}(6, 26)$ non divide 15.

3. La congruenza $9X \equiv 12 \mod 51$ è risolubile in quanto $3 = \mathrm{MCD}(9, 51)$ divide 12. Per trovare la soluzione dividiamo tutto per 3 ottenendo

$$3X \equiv 4 \mod 17.$$

Poiché $3 \cdot 6 \equiv 1 \mod 17$ la soluzione di quest'ultima congruenza si ottiene moltiplicandone entrambi i membri per 6:

$$X \equiv 4 \cdot 6 \equiv 7 \mod 17.$$

Dunque le soluzioni della congruenza originale (modulo 51) sono

$$X = 7, \qquad 24, \qquad 41,$$

in quanto $[7]_{51}$, $[24]_{51}$ e $[41]_{51}$ sono le 3 classi resto modulo 51 che diventano $[7]_{17}$ riducendo il modulo a 17.

Nota 7.3.3. Naturalmente ci si può chiedere se e come siano risolvibili congruenze di grado superiore ad 1. La teoria però si complica rapidamente anche per la comparsa di fenomeni che non trovano riscontro nella teoria dell'equazioni su $\mathbb{R}$ e esula dagli scopi di queste note. Osserviamo solo come già la congruenza

$$X^2 \equiv a \mod N$$

che è la più semplice congruenza non lineare che possiamo considerare ammette una casistica alquanto varia a seconda di chi siano a ed il modulo N. Ad esempio:

1. La congruenza $X^2 \equiv 2 \mod 7$ ha soluzioni $X \equiv 3$ e $X \equiv 4 \mod 7$.

2. La congruenza $X^2 \equiv 3 \mod 4$ non ammette soluzioni.

3. La congruenza $X^2 \equiv 1 \mod 8$ ha 4 soluzioni: $X = 1, 3, 5, 7$.

Dimostriamo ora due risultati classici particolarmente importanti per le applicazioni. Ricordiamo che $\varphi(n)$ denota la funzione di Eulero.

Teorema 7.3.4. [Eulero] *Sia $a \in \mathbb{Z}$ tale che $\mathrm{MCD}(a, N)$. Allora*

$$a^{\varphi(N)} \equiv 1 \mod N.$$

Dimostrazione. Poiché $\mathrm{MCD}(a, N) = 1$ la classe resto $[a]_N$ è invertibile, cioè appartiene al gruppo moltiplicativo $\mathbb{Z}_n^{\times}$. Sappiamo:

- che $|\mathbb{Z}_n^{\times}| = \varphi(n)$;

- che in un gruppo finito G si ha $g^{|G|} = e_G$ per ogni $g \in G$ (proposizione 6.5.6).

Mettendo insieme le due cose possiamo concludere che $[a]_N^{\varphi(n)} = [1]_N$ che, nel linguaggio delle classi resto, è esattamente l'affermazione del teorema. ∎

Teorema 7.3.5. [**Fermat**] *Sia p un numero primo e sia $a \in \mathbb{Z}$ tale che p non divide a. Allora*

$$a^{p-1} \equiv 1 \bmod p.$$

Dimostrazione. Poiché p è primo, dire che p non divide a è come dire $MCD(p, a) = 1$. Quindi siamo nella stessa ipotesi del teorema di Eulero 7.3.4 con $N = p$. Per concludere basta osservare che per p primo $\varphi(p) = p - 1$. ∎

7.4 Applicazioni

In questa sezione finale discutiamo alcune applicazioni dell'aritmetica modulare.

Criteri di divisibilità. Stabilire se un certo numero k, che possiamo senz'altro assumere positivo, è divisibile per un numero a è in sè u problema concettualmente semplice. Basta dividere k per a: se il resto della divisione è 0 è divisibile, se il resto è positivo non è divisibile. Però se k è particolarmente grande rispetto ad a l'algoritmo di divisione prende molti passaggi e ci si può chiedere se non sia possibile trovare qualche scorciatoia per arrivare alla risposta semplicemente guardando alla scrittura del numero k in base 10 e facendo qualche considerazione o qualche operazione elementare sulle cifre. Per fissare le idee sia

$$k = c_n \cdots c_2 c_1 c_0, \qquad c_i \in \{0, 1, 2, ..., 9\},$$

la scrittura in base 10 di k e ricordiamo che ciò vuol dire che $k = c_0 + c_1 \cdot 10 + c_2 \cdot 10^2 + \cdots + c_n \cdot 10^n$. Raccogliamo nel prossimo enunciato alcuni criteri di divisibilità.

Proposizione 7.4.1. *Sia k come sopra. Valgono i seguenti criteri.*

- *k è divisibile per 2 se e soltanto se c_0 è pari.*

- *k è divisibile per 3 se e soltanto se $c_0 + c_1 + c_2 + \cdots + c_n$ è divisibile per 3.*

- *k è divisibile per 5 se e soltanto se c_0 è 0 o 5.*

- *k è divisibile per 9 se e soltanto se $c_0 + c_1 + c_2 + \cdots + c_n$ è divisibile per 9.*

- *k è divisibile per 10 se e soltanto se $c_0 = 0$.*

- *k è divisibile per 11 se e soltanto se $c_0 - c_1 + c_2 + \cdots + (-1)^n c_n$ è divisibile per 11.*

Dimostrazione. L'idea generale è quella di utilizzare l'aritmetica modulare nel senso di dire che k è divisibile per a è equivalente a dire che $[k]_a = [0]_a$. D'altra parte per la scrittura di k in base 10 si ha

$$[k]_a = [c_0 + c_1 \cdot 10 + c_2 \cdot 10^2 + \cdots + c_n \cdot 10^n]_a$$
$$= [c_0]_a + [c_1]_a \cdot [10]_a + [c_2]_a \cdot [10]_a^2 + \cdots + [c_n] \cdot [10]_a^n.$$

Possiamo ora analizzare i vari casi.

- Se $a = 2$ si ha $[10]_2 = [0]_2$ e quindi l'espressione per $[k]_2$ si semplifica a $[c_0]_2$.

- Se $a = 3$ si ha $[10]_3 = [1]_3$ e quindi l'espressione per $[k]_3$ si semplifica a

$$[c_0 + c_1 + c_2 + \cdots + c_n]_3 = [c_0]_3 + [c_1]_3 + [c_2]_3 + \cdots + [c_n]_3.$$

- Se $a = 5$ si ha $[10]_5 = [0]_5$ e quindi l'espressione per $[k]_5$ si semplifica a $[c_0]_5$.

- Se $a = 9$ si ha $[10]_9 = [1]_9$ e quindi l'espressione per $[k]_9$ si semplifica a

$$[c_0 + c_1 + c_2 + \cdots + c_n]_9 = [c_0]_9 + [c_1]_9 + [c_2]_9 + \cdots + [c_n]_9.$$

- Se $a = 10$ si ha $[10]_{10} = [0]_{10}$ e quindi l'espressione per $[k]_{10}$ si semplifica a $[c_0]_{10}$.

- Se $a = 11$ si ha $[10]_{11} = [-1]_{11}$ e quindi l'espressione per $[k]_{11}$ si semplifica a

$$[c_0 - c_1 + c_2 + \cdots + (-1)^n c_n]_{11} = [c_0]_{11} - [c_1]_{11} + [c_2]_{11} + \cdots + (-1)^n [c_n]_{11}.$$

∎

Vediamo qualche esempio di applicazione concreta in casi non immediati.

1. La somma delle cifre di $k = 65886522765983773389986$ è 140. A sua volta la somma delle cifre di 140 è 5 che non è divisibile per 3. Quindi 140 non è divisibile per 3 e neanche il numero k originale.

2. La somma delle cifre di $k = 2036528876534555648977285$ è 135. Poiché $1 + 3 + 5 = 9$ è divisibile per 9 lo sono anche 135 ed il numero k originale.

3. La somma a segni alterni delle cifre di $k = 56008887639998725645670 81$ è 11 e quindi k è divisibile per 11.

Calcolo dei resti. Il teorema di Eulero 7.3.4 risulta particolarmente efficace quando si deve calcolare il resto della divisione per N di un numero della forma k^e dove e è un esponente talmente grande da far risultare il calcolo esplicito della potenza k^e impossibile in pratica. L'idea generale è quella di usare l'aritmetica modulare: se $k^e = qN + r$ è il risultato della divisione dovrà essere

$$[k^e]_N = [k]_N^e = [r]_N$$

(o equivalentemente $k^e \equiv r \bmod N$ nel linguaggio delle congruenze). Dunque il problema si traduce in quello del calcolo di una potenza di esponente elevato in $\mathbb{Z}_N$. Anziché elaborare una teoria generale spieghiamo come affrontare questo tipo di problema in una serie di esempi che esauriscono la casistica.

1. Supponiamo di voler calcolare il resto della divisione di 5^{864735} per 42. Come detto sopra dobbiamo calcolare $[5]_{42}^{864735}$.

   Poiché MCD$(5, 42) = 1$ e $\varphi(42) = \varphi(2)\varphi(3)\varphi(7) = 1 \cdot 2 \cdot 6 = 12$ il teorema di Eulero assicura che $[5]_{42}^{12} = [1]_{42}$ Dividiamo allora l'esponente $e = 864735$ per 12 ottenendo $864735 = 12 \cdot 72061 + 3$ e calcoliamo

$$[5]_{42}^{864735} = [5]_{42}^{12 \cdot 72061 + 3} = \underbrace{([5]_{42}^{12})^{72061}}_{=[1]_{42}}[5]_{42}^{3} = [125]_{42} = [41]_{42}.$$

2. Supponiamo di voler calcolare il resto della divisione per 30 del numero $7^{4106} + 11^{2171}$. In questo caso il numero non è esso stesso una potenza ma una somma di potenze: allora scriviamo

$$[7^{4106} + 11^{2171}]_{30} = [7]_{30}^{4106} + [11]_{30}^{2171}$$

   e trattiamo i due addendi separatamente. Si ha

$$\text{MCD}(7, 30) = \text{MCD}(11, 30) = 1$$

   e quindi entrambi gli addendi soddisfano l'ipotesi del teorema di Eulero. Poichè $\varphi(30) = \varphi(2)\varphi(3)\varphi(5) = 1 \cdot 2 \cdot 4 = 8$ e

$$4106 = 8 \cdot 513 + 2, \qquad 2171 = 8 \cdot 271 + 3$$

   otteniamo

$$
\begin{aligned}
[7]_{30}^{4106} &= [7]_{30}^{8 \cdot 513 + 2} = \overbrace{([7]_{30}^{8})^{513}}^{=[1]_{30}}[7]_{30}^{2} = [49]_{30} = [49]_{30}, \\
[11]_{30}^{2171} &= [11]_{30}^{8 \cdot 271 + 3} = \underbrace{([11]_{30}^{8})^{271}}_{=[1]_{30}}[11]_{30}^{3} = [1331]_{30} = [11]_{30}.
\end{aligned}
$$

   Sommando i risultati $[7^{4106} + 11^{2171}]_{30} = [7]_{30}^{4106} + [11]_{30}^{2171} = [49]_{30} + [11]_{30} = [60]_{30} = [0]_{30}$.

3. Quando la base della potenza non ha MCD uguale a 1 con N il teorema di Eulero non può essere applicato immediatamente e occorre trovare procedure caso per caso. Supponiamo, per esempio, di voler calcolare il resto della divisione per 62 di 6^{755}. Poiché MCD$(6, 62) = 2 \neq 1$ il teorema di Eulero non può essere applicato direttamente per il calcolo di $[6]_{62}^{755}$. Però possiamo scrivere

$$[6]_{62}^{755} = [2]_{62}^{755} \cdot [3]_{62}^{755}$$

   e con il teorema di Eulero possiamo calcolare il secondo fattore. Sapendo che $\varphi(62) = \varphi(2)\varphi(31) = 1 \cdot 30 = 30$ e $755 = 30 \cdot 25 + 5$ si ha

$$[3]_{62}^{30 \cdot 25 + 5} = \underbrace{([3]_{62}^{30})^{25}}_{=[1]_{62}}[3]_{62}^{5} = [243]_{62} = [57]_{62}.$$

Per quanto riguarda il fattore$[2]_{62}^{755}$ il calcolo diretto dice che $[2^6]_{62} = [64]_{62} = [2]_{62}$: possiamo usare ripetutamente questa identità per ridurre progressivamente l'esponente fino a rendere possibile il calcolo esplicito. In concreto:

$$
\begin{aligned}
[2]_{62}^{755} &= [2]_{62}^{6\cdot125+5} = [2]_{62}^{125}[2]_{62}^{5} \\
&= [2]_{62}^{6\cdot20+5}[2]_{62}^{5} = [2]_{62}^{20}[2]_{62}^{5}[2]_{62}^{5} = [2]_{62}^{30} \\
&= [2]_{62}^{6\cdot5} = [2]_{62}^{5} = [32]_{62}.
\end{aligned}
$$

Infine, mettendo insieme i calcoli parziali svolti sin qui, scriviamo $[6]_{62}^{755} = [2]_{62}^{755} \cdot [3]_{62}^{755} = [57]_{62}[32]_{62} = [1824]_{62} = [26]_{62}$.

4. Un caso speciale, ma frequente, di questo problema è quello di chiedere qual è l'ultima cifra, o le ultime due o tre cifre nella scrittura decimale di una potenza o numero similmente definito. È un caso speciale perché chiedere, ad esempio, quali sono le due ultime cifre di un numero vuol dire chiedere qual è il resto della sua divisione per 100. Supponiamo, per esempio di voler calcolare le ultime due cifre decimali di 28^{203}, cioè di voler calcolare $[28]_{100}^{203}$. Poiché MCD$(28, 100) = 4$ ripartiamo il calcolo secondo la decomposizione

$$[28]_{100}^{203} = [4]_{100}^{203} \cdot [7]_{100}^{203}$$

ed occupiamoci inizialmente del primo fattore $[4]_{100}^{203}$. Una rapida analisi delle potenze di 4 permette di osservare che $[4]_{100}^{5} = [512]_{100} = [4]_{100}[3]_{100}$. Usando ripetutamente questa identità otteniamo

$$
\begin{aligned}
[4]_{100}^{203} &= [4]_{100}^{5\cdot40+3} = [4]_{100}^{40}[3]_{100}^{40}[4]_{100}^{3} \\
&= [4]_{100}^{5\cdot8}[3]_{100}^{40}[4]_{100}^{3} = [4]_{100}^{8}[3]_{100}^{8}[3]_{100}^{40}[4]_{100}^{3} = [4]_{100}^{11}[3]_{100}^{48} \\
&= [4]_{100}^{5\cdot2}[4]_{100}[3]_{100}^{48} = [4]_{100}^{2}[3]_{100}^{2}[4]_{100}[3]_{100}^{48} \\
&= [4]_{100}^{3}[3]_{100}^{50} = [64]_{100}[3]_{100}^{50}.
\end{aligned}
$$

Il fattore $[7]_{100}^{203}$ ed il fattore $[3]_{100}^{50}$ possono essere calcolati usando il teorema di Eulero giacché MCD$(7, 100) =$ MCD$(3, 100) = 1$. Siccome $\varphi(100) = \varphi(4)\varphi(25) = 2 \cdot 20 = 40$ e siccome

$$203 = 40 \cdot 5 + 3 \qquad \text{e} \qquad 50 = 40 \cdot 1 + 10$$

otteniamo

$$
\begin{aligned}
[7]_{100}^{203} &= [7]_{100}^{40\cdot5+3} = [7]_{100}^{3} = [343]_{100} = [43]_{100}, \\
[3]_{100}^{50} &= [3]_{100}^{40\cdot1+10} = [3]_{100}^{10} = [5049]_{100} = [49]_{100}.
\end{aligned}
$$

Riassumendo i dati fin qui ottenuti:

$$[28]_{100}^{203} = [64]_{100}[49]_{100}[43]_{100} = [134848]_{100} = [48]_{100}.$$

Nota 7.4.2. Il teorema di Eulero (che venne pubblicato nel 1763), con la tecnica del calcolo dei resti appena descritta, ha trovato un'applicazione importante in campo informatico a partire dal 1977 con l'algoritmo RSA[2] a chiave pubblica per la trasmissioni crittata di dati. Nella sua forma più semplice funziona così:

1. Anna ha bisogno che Bruno gli invii informazioni che devono rimanere segrete. Prima di tutto decidono un metodo per trascrivere messaggi in forma di numeri e decidono anche una grandezza massima ℓ che i messaggi devono avere (messaggi più lunghi possono spezzarsi in più segmenti di grandezza massima ℓ).

2. Nel momento in cui Bruno ha delle informazioni da inviare lo comunica ad Anna. Allora Anna sceglie due numeri primi molto grandi p e q (in particolare maggiori di ℓ), pone $n = pq$ e calcola $\varphi(n) = (p-1)(q-1)$. Dopodichè sceglie due numeri d ed e tali che $de \equiv 1 \bmod \varphi(n)$.

3. Fatte queste scelte, Anna comunica a Bruno i numeri n (ma non p e q) ed e e tiene d come informazione segreta.

4. Ricevuta la chiave (n, e), Bruno codifica il messaggio m da spedire calcolando $h = m^e \bmod n$ e spedisce il risultato h ad Anna.

5. Ricevuto h, Anna calcola h^d e usando il teorema di Eulero (che può essere applicato perché $m < \ell < \min(p, q)$ è sicuramente primo con n) conclude che
$$h^d \equiv (m^e)^d \equiv m^{ed} \equiv m^{1+\varphi(n)\cdot t} \equiv m \cdot 1 \equiv m \bmod n$$
e può quindi leggere il messaggio di Bruno.

La sicurezza del metodo di codifica sta nel fatto che anche se Carlo riuscisse a captare sia la chiave (n, e) spedita da Anna sia il messaggio h spedito da Bruno non riuscirebbe comunque a ricostruire m, non avendo a disposizione d. Naturalmente Carlo potrebbe calcolare d come l'inverso moltiplicativo di e modulo $\varphi(n)$ ma per far ciò dovrebbe conoscere la decomposizione $n = pq$, cosa non fattibile in tempi brevi.

Per questo motivo l'algoritmo RSA è alla base di protocolli per la trasmissione sicura di dati, quali ad esempio dati bancari, e-commerce, pay–TV e simili.

Esercizi

Esercizio 7.1. Dire quali delle seguenti funzioni sono ben definite e tra queste quali sono omomorfismi e calcolarne il nucleo.

1. $f_1 : \mathbb{Z}_8 \to \mathbb{Z}_{12}$ data da $f_1([k]_8) = [3k]_{12}$.

2. $f_2 : \mathbb{Z}_{14} \to \mathbb{Z}_{15}$ data da $f_2([k]_{15}) = [5k]_{15}$.

3. $f_3 : \mathbb{Z}_{30} \to \mathbb{Z}_{36}$ data da $f_3([k]_{30}) = [k^2]_{36}$.

---

[2]Dalle iniziali degli inventori R. Rivest, A. Shamir e L. Adleman.

4. $f_4 : \mathbb{Z}_{12} \to \mathbb{Z}_{16}$ data da $f_4([k]_{12}) = [4k]_{16}$.

5. $f_5 : \mathbb{Z}_{21} \to \mathbb{Z}_{42}$ data da $f_5([k]_{21}) = [2k + 3]_{42}$.

6. $f_6 : \mathbb{Z}_{14} \to \mathbb{Z}_{10}$ data da $f_6([k]_{14}) = [3k - 1]_{10}$.

7. $f_7 : \mathbb{Z}_9 \to \mathbb{Z}_{54}$ data da $f_7([k]_9) = [2k^3]_{54}$.

Esercizio 7.2. Verificare che le seguenti funzioni sono omomorfismi ben definiti e calcolarne il nucleo.

1. $f_1 : \mathbb{Z}_{10} \to \mathbb{Z}_6$ data da $f_1([k]_{10}) = [3k]_6$.

2. $f_2 : \mathbb{Z}_{42} \to \mathbb{Z}_{36}$ data da $f_2([k]_{42}) = [6k]_{36}$.

3. $f_3 : \mathbb{Z}_{80} \to \mathbb{Z}_{50}$ data da $f_3([k]_{80}) = [5k]_{50}$.

Esercizio 7.3. Dire quali delle seguenti funzioni sono ben definite e tra queste quali sono gli omeomorfismi.

1. $f : \mathbb{Z}_{10} \to \mathcal{S}_4$ data da $f([k]_{10}) = \pi^{2k}$ dove $\pi = (1\ 3\ 4\ 2)$.

2. $f : \mathbb{Z}_{16} \to \mathcal{S}_5$ data da $f([k]_{16}) = \pi^{5k}$ dove $\pi = (1\ 2\ 4)(3\ 5)$.

3. $f : \mathbb{Z}_{20} \to \mathcal{S}_7$ data da $f([k]_{20}) = \pi^{9k}$ dove $\pi = (1\ 2\ 7)(3\ 6\ 5\ 4)$.

4. $f : \mathbb{Z}_{22} \to \mathcal{S}_8$ data da $f([k]_{10}) = \pi^{3k}$ dove $\pi = (1\ 7)(2\ 4\ 6\ 3\ 8)$.

Esercizio 7.4. Delle seguenti classi resto dire quali sono invertibili e di quelle invertibili calcolare l'inversa.

$[4]_9$	$[6]_9$	$[7]_{10}$	$[8]_{10}$	$[2]_{11}$	$[7]_{12}$	$[6]_{14}$
$[7]_{15}$	$[9]_{15}$	$[9]_{20}$	$[9]_{21}$	$[7]_{22}$	$[10]_{23}$	$[5]_{24}$
$[15]_{24}$	$[9]_{29}$	$[18]_{30}$	$[19]_{30}$	$[11]_{32}$	$[3]_{34}$	$[10]_{36}$
$[13]_{36}$	$[23]_{40}$	$[35]_{42}$	$[17]_{55}$	$[39]_{80}$	$[10]_{95}$	$[71]_{100}$

Esercizio 7.5. Dimostrare che se N è pari allora

$$[N \pm 1]_{2N}^{-1} = [N \pm 1]_{2N},$$

mentre se N è dispari le classi $[N \pm 1]_{2N}$ non sono invertibili.

Esercizio 7.6. Dimostrare che assegnato $n \in \mathbb{Z}$ con $n \neq 0$ è possibile trovare un $N > 0$ tale che $[n]_N$ è un divisore dello zero in $\mathbb{Z}_N$.

Esercizio 7.7. Dimostrare che i seguenti gruppi moltiplicativi sono ciclici trovando un generatore esplicito:

$$\mathbb{Z}_7^\times, \qquad \mathbb{Z}_9^\times, \qquad \mathbb{Z}_{11}^\times, \qquad \mathbb{Z}_{17}^\times.$$

Esercizio 7.8. Dimostrare che i seguenti gruppi moltiplicativi non sono ciclici:

$$\mathbb{Z}_8^\times, \qquad \mathbb{Z}_{15}^\times, \qquad \mathbb{Z}_{24}^\times.$$

Esercizio 7.9. Calcolare il valore $\varphi(n)$ della funzione di Eulero per i seguenti valori di n:

124,   245,   300,   320,   408,   667,   820,   837,   1350,   1375,   3969.

Esercizio 7.10. Dire quali dei seguenti gruppi della forma $\mathbb{Z}_m \times \mathbb{Z}_n$ è ciclico e per quelli che lo sono trovare almeno un generatore diverso da $([1]_m, [1]_n)$:

$$\mathbb{Z}_6 \times \mathbb{Z}_{11}, \quad \mathbb{Z}_8 \times \mathbb{Z}_{15}, \quad \mathbb{Z}_{12} \times \mathbb{Z}_{35}, \quad \mathbb{Z}_{14} \times \mathbb{Z}_{35}, \quad \mathbb{Z}_{30} \times \mathbb{Z}_{105}, \quad \mathbb{Z}_{49} \times \mathbb{Z}_{99}.$$

Esercizio 7.11. Dire quali delle seguenti congruenze lineari sono risolvibili e in caso in cui lo siano elencare tutte le soluzioni.

$$3X \equiv 5 \bmod 10 \quad 6X \equiv 7 \bmod 12 \quad 8X \equiv 6 \bmod 14 \quad 2X \equiv 10 \bmod 15$$
$$3X \equiv 8 \bmod 20 \quad 7X \equiv 2 \bmod 21 \quad 10X \equiv 6 \bmod 24 \quad 15X \equiv 5 \bmod 25$$
$$6X \equiv 9 \bmod 30 \quad 7X \equiv 8 \bmod 40 \quad 9X \equiv 11 \bmod 54 \quad 12X \equiv 16 \bmod 64$$

Esercizio 7.12. Dei seguenti numeri dire quali sono divisibili per 2, per 3, per 5, per 9, per 11:

372405912042,   2517090248794   74100761224335,   9113703764402.

Esercizio 7.13. Determinare la cifra finale dei seguenti numeri:

$$3^{755042}, \qquad 3^{905041} + 7^{448065}, \qquad 13^{899243} - 3^{577097}, \qquad 7^{299047} - 4^{377001}.$$

Esercizio 7.14. Determinare le due cifre finali dei seguenti numeri

$$17^{894283}, \qquad 11^{437241} + 29^{722602}, \qquad 35^{396689}, \qquad 41^{488936} - 37^{472288}.$$

Esercizio 7.15. Calcolare le seguenti classi resto

$$[3^{207859}]_5, \qquad [7^{240974}]_{11}, \qquad [6^{66095}]_{14}, \qquad [15^{96603}]_{24}, \qquad [9^{391203} + 13^{286341}]_{25}$$

Appendice A

Gli insiemi numerici

Lo scopo di questa appendice è di mostrare come le tecniche della teoria degli insiemi permettano di costruire $\mathbb{Z}$ e $\mathbb{Q}$ a partire dall'insieme $\mathbb{N}$ dei numeri naturali. Le costruzioni usano la nozione di relazione di equivalenza e di insieme quoziente discusse nella sezione 1.8.

Daremo anche qualche rapido cenno sulla costruzione dell'insieme $\mathbb{R}$ numeri reali.

Costruzione di $\mathbb{Z}$.

L'insieme $\mathbb{N}$ dei numeri naturali è stato introdotto assiomaticamente nella sezione 1.4. Nell'insieme $\mathbb{N} \times \mathbb{N}$ delle coppie di numeri naturali consideriamo la seguente relazione

$$(m_1, m_2)\Gamma(n_1, n_2) \quad \text{se e soltanto se} \quad m_1 + n_2 = m_2 + n_1$$

dove, naturalmente, l'addizione usata nella definizione è l'addizione in $\mathbb{N}$. Allora vale la proposizione seguente.

Proposizione A.1. *La relazione appena introdotta nell'insieme $\mathbb{N} \times \mathbb{N}$ è una relazione di equivalenza.*

Dimostrazione. Dobbiamo verificare che la relazione è riflessiva, simmetrica e transitiva.

- Per ogni $(m_1, m_2) \in \mathbb{N} \times \mathbb{N}$ si ha senz'altro $(m_1, m_2)\Gamma(m_1, m_2)$ in quanto l'addizione in $\mathbb{N}$ è commutativa: $m_1 + m_2 = m_2 + m_1$. Dunque la relazione è riflessiva.

- Date coppie in $\mathbb{N} \times \mathbb{N}$ con $(m_1, m_2)\Gamma(n_1, n_2)$ si ha anche $(n_1, n_2)\Gamma(m_1, m_2)$, ancora per la commutatività dell'addizione in $\mathbb{N}$.

- Se $(m_1, m_2)\Gamma(n_1, n_2)$ e $(n_1, n_2)\Gamma(p_1, p_2)$ in $\mathbb{N} \times \mathbb{N}$ da $m_1 + n_2 = m_2 + n_1$ e $n_1 + p_2 = n_2 + p_1$ segue (sommando membro a membro e cancellando l'addendo comune $n_1 + n_2$) che $m_1 + p_2 = m_2 + p_1$ e quindi $(m_1, m_2)\Gamma(p_1, p_2)$, cioè la relazione è transitiva.

La verifica è così completa. ∎

Dunque, in accordo con le proprietà generali di una relazione d'equivalenza, l'insieme $\mathbb{N} \times \mathbb{N}$ si ripartisce in classi di equivalenza. Ad esempio la classe di equivalenza della coppia $(1, 0)$ è

$$[(1, 0)] = \{(1, 0), (2, 1), (3, 2), ...\}.$$

Definizione A.2. *Si chiama* **insieme dei numeri interi** $\mathbb{Z}$ *l'insieme quoziente di* $\mathbb{N} \times \mathbb{N}$ *per la relazione di equivalenza appena introdotta.*

Vediamo ora come alcune proprietà di $\mathbb{Z}$ si possono ottenere da questa definizione. Prima di tutto occorre definire le operazioni di addizione e moltiplicazione in $\mathbb{Z}$. Dati elementi $[(m_1, m_2)]$ e $[(n_1, n_2)]$ in $\mathbb{Z}$ poniamo

$$
\begin{aligned}
[(m_1, m_2)] + [(n_1, n_2)] &= [(m_1 + n_1, m_2 + n_2)] \\
[(m_1, m_2)] \cdot [(n_1, n_2)] &= [(m_1 n_1 + m_2 n_2, m_1 n_2 + m_2 n_1)]
\end{aligned}
$$

dove i simboli $+$ e $\cdot$ nei membri di sinistra sono le operazioni che si stanno definendo, mentre a destra sono le consuete operazioni in $\mathbb{N}$. Naturalmente c'è un problema di buona definizione e la prima cosa da controllare è che queste operazioni siano ben definite in $\mathbb{Z}$. Supponiamo dunque $(m_1, m_2) \sim (m_1', m_2')$ e $(n_1, n_2) \sim (n_1', n_2')$.

- Per definizione abbiamo $[(m_1', m_2')] + [(n_1', n_2')] = [(m_1' + n_1', m_2' + n_2')]$ e $[(m_1' + n_1', m_2' + n_2')] = [(m_1 + n_1, m_2 + n_2)]$ in quanto

$$
\begin{aligned}
m_1' + n_1' + m_2 + n_2 &= (m_1' + m_2) + (n_1' + n_2) \\
&= (m_2' + m_1) + (n_2' + n_1) \\
&= m_1 + n_1 + m_2' + n_2'
\end{aligned}
$$

e quindi l'addizione è ben definita.

- Per definizione abbiamo

$$[(m_1', m_2')] \cdot [(n_1', n_2')] = [(m_1' n_1' + m_2' n_2', m_1' n_2' + m_2' n_1')]$$

e occorre verificare che

$$(m_1' n_1' + m_2' n_2', m_1' n_2' + m_2' n_1') \sim (m_1 n_1 + m_2 n_2, m_1 n_2 + m_2 n_1),$$

cioè che

$$m_1' n_1' + m_2' n_2' + m_1 n_2 + m_2 n_1 = m_1' n_2' + m_2' n_1' + m_1 n_1 + m_2 n_2.$$

L'uguaglianza si verifica addizionando $m_1' n_2 + m_2' n_1 + m_1 n_1' + m_2 n_2'$ ad entrambi i membri: usando l'equivalenza fra le coppie di partenza, entrambi diventano uguali a $2(m_1 + m_2')(n_1 + n_2')$. Anche la moltiplicazione è dunque ben definita.

I prossimi risultati mostrano che l'insieme dei numeri interi $\mathbb{Z}$ con le operazioni appena introdotte è proprio quello che conosciamo in modo "intuitivo". Iniziamo osservando come ci sia una funzione iniettiva

$$\eta : \mathbb{N} \longrightarrow \mathbb{Z}, \qquad \eta(n) = [(n,0)].$$

L'iniettività di η segue dal fatto che se $m \neq n$ le coppie $(m,0)$ e $(n,0) \in \mathbb{N} \times \mathbb{N}$ sono non equivalenti.

Osserviamo anche che ogni coppia $(m,n) \in \mathbb{N} \times \mathbb{N}$ è equivalente o ad una coppia della forma $(p,0)$ o una della forma $(0,q)$. Infatti:

- se $m \geq n$ si ha $(m,n) \sim (m-n,0)$,

- se $m \leq n$ si ha $(m,n) \sim (0,n-m)$.

Proposizione A.3. *Per ogni* m, $n \in \mathbb{N}$ *si ha* $\eta(m+n) = \eta(m) + \eta(n)$ *e* $\eta(mn) = \eta(m) \cdot \eta(n)$.

Dimostrazione. L'enunciato si ottiene immediatamente dalle definizioni:

1. $\eta(m+n) = [(m+n,0)] = [(m,0)] + [(n,0)] = \eta(m) + \eta(n)$,

2. $\eta(mn) = [(mn,0)] = [(m,0)] \cdot [(n,0)] = \eta(m) \cdot \eta(n)$.

∎

Proposizione A.4. $(\mathbb{Z}, +)$ *è un gruppo ciclico infinito.*

Dimostrazione. L'associatività della somma segue in modo rapido dalla definizione grazie anche all'aiuto dell'osservazione che ogni classe in $\mathbb{Z}$ è della forma $[(p,0)]$ o $[(0,q)]$ e lasciamo la verifica al lettore.

La classe $[(0,0)]$ è neutra per l'addizione in quanto

$$[(0,0)] + [(p,0)] = [(p,0)] + [(0,0)] = [(p,0)] \quad \text{e}$$
$$[(0,0)] + [(0,q)] = [(0,q)] + [(0,0)] = [(0,q)].$$

Inoltre le classi $[(n,0)]$ e $[(0,n)]$ sono additivamente inverse l'una dell'altra in quanto

$$[(p,0)] + [(0,p)] = [(p,p)] = [(0,0)].$$

Questo dimostra che $(\mathbb{Z}, +)$ è un gruppo. Per dimostrare che è ciclico basta osservare che ogni classe o è multiplo della classe $[(1,0)]$ o è l'opposto di un tale multiplo. Infine $\mathbb{Z}$ è infinito perché η è una funzione iniettiva. ∎

A questo punto non è più necessario mantenere la notazione di classi di equivalenza per gli elementi di $\mathbb{Z}$ e possiamo usare la notazione più semplice

$$n = [(n,0)] = \eta(n), \qquad -n = [(0,n)] \quad \forall n \in \mathbb{N}.$$

Per quanto riguarda la moltiplicazione vale il seguente risultato

Proposizione A.5. $(\mathbb{Z}, \cdot)$ *è un monoide commutativo. Inoltre vale la proprietà distributiva*

$$(a+b)c = ac + bc \qquad \forall a, b, c \in \mathbb{Z}.$$

Dimostrazione. Anche qui lasciamo la verifica dell'associatività della moltiplicazione al lettore. Essa comunque discende rapidamente dalla definizione della moltiplicazione.

L'elemento $1 = [(1, 0)]$ è neutro per la moltiplicazione in quanto

$$1 \cdot [(m, n)] = [(m, n)] \cdot 1 = [(m \cdot 1 + n \cdot 0, 1 \cdot n, m \cdot 0)] = [(m, n)].$$

La moltiplicazione è commutativa in quanto le componenti delle coppie intervengono simmetricamente nelle espressioni $m_1 n_1 + m_2 n_2$ e $m_1 n_2 + m_2 n_1$.

Infine se $a = [(a_1, a_2)]$, $b = [(b_1, b_2)]$ e $c = [(c_1, c_2)]$ si ha

$$\begin{aligned}
(a+b)c &= [((a_1 + b_1)c_1 + (a_2 + b_2)c_2, (a_1 + b_1)c_2, (a_2 + b_2)c_1)] \\
ac + bc &= [(a_1 c_1 + a_2 c_2 + b_1 c_1 + b_2 c_2, a_1 c_2 + a_2 c_1 + b_1 c_2 + b_2 c_1)]
\end{aligned}$$

e le due espressioni a destra sono ovviamente la stessa dopo le ovvie manipolazioni. ∎

Le prossime due proposizioni stabiliscono fatti importanti per l'aritmetica di $\mathbb{Z}$ e verranno usate per la costruzione di $\mathbb{Q}$ più sotto.

Proposizione A.6. *Supponiamo $ab = 0$ in $\mathbb{Z}$ con $a \neq 0$. Allora $b = 0$.*

Dimostrazione. Come già osservato possiamo scrivere $a = [(m, 0)]$ oppure $a = [(0, m)]$ con $m \neq 0$ e analogamente $b = [(n, 0)]$ oppure $b = [(0, n)]$. A seconda dei casi si avrà $ab = [(mn, 0)] = [(0, 0)]$ oppure $ab = [(0, mn)] = [(0, 0)]$ e quindi, comunque sia, $n = 0$, cioè $b = 0$. ∎

Proposizione A.7. [Legge di cancellazione] *Siano a, b e $c \in \mathbb{Z}$ con $a \neq 0$ e $ab = ac$. Allora $b = c$.*

Dimostrazione. Per la proprietà distributiva possiamo riscrivere $ab = ac$ come

$$ab - ac = a(b - c) = 0.$$

Allora $b - c = 0$, cioè $b = c$ per la proposizione precedente. ∎

Costruzione di $\mathbb{Q}$.

Passiamo ora a costruire i numeri razionali. Avendo ora a disposizione $\mathbb{Z}$ possiamo considerare l'insieme

$$\mathbb{Z} \times (\mathbb{Z} \setminus \{0\}) = \{(m, n) \in \mathbb{Z} \times \mathbb{Z} \mid n \neq 0\}.$$

In $\mathbb{Z} \times (\mathbb{Z} \setminus \{0\})$ definiamo la relazione

$$(m_1, m_2) \Gamma (n_1, n_2) \quad \text{se e soltanto se} \quad m_1 n_2 = m_2 n_1.$$

Allora vale la proposizione seguente.

Proposizione A.8. *La relazione appena introdotta nell'insieme* $\mathbb{Z} \times (\mathbb{Z} \setminus \{0\})$
è un'equivalenza.

Dimostrazione. Dobbiamo verificare anche qui che la relazione è riflessiva,
simmetrica e transitiva.

- Per ogni $(m_1, m_2) \in \mathbb{Z} \times (\mathbb{Z} \setminus \{0\})$ si ha senz'altro $(m_1, m_2)\Gamma(m_1, m_2)$ in
  quanto la moltiplicazione in $\mathbb{Z}$ è commutativa: $m_1 m_2 = m_2 m_1$. Dunque
  la relazione è riflessiva.

- Date coppie in $\mathbb{Z} \times (\mathbb{Z} \setminus \{0\})$ con $(m_1, m_2)\Gamma(n_1, n_2)$ si ha, per la commutatività della moltiplicazione in $\mathbb{Z}$, che anche $(n_1, n_2)\Gamma(m_1, m_2)$. Dunque
  la relazione è simmetrica.

- Se $(m_1, m_2)\Gamma(n_1, n_2)$ e $(n_1, n_2)\Gamma(p_1, p_2)$ in $\mathbb{Z} \times (\mathbb{Z} \setminus \{0\})$ da $m_1 n_2 = m_2 n_1$
  e $n_1 p_2 = n_2 p_1$ segue che

$$m_1 n_2 p_2 = m_2 n_1 p_2 = m_2 p_1 n_2$$

  e quindi $m_1 p_2 = m_2 p_1$ per la legge di cancellazione A.7 (applicabile in
  quanto $n_2 \neq 0$), cioè $(m_1, m_2)\Gamma(p_1, p_2)$ e la relazione è transitiva.

La verifica è completa. ∎

Dunque l'insieme $\mathbb{Z} \times (\mathbb{Z} \setminus \{0\})$ si ripartisce in classi di equivalenza. Data una
coppia $(m, n) \in \mathbb{Z} \times (\mathbb{Z} \setminus \{0\})$ denotiamo

$$\frac{m}{n} = [(m, n)]$$

la sua classe di equivalenza. Osserviamo che per ogni $0 \neq d \in \mathbb{Z}$ c'è un'equivalenza di coppie $(m, n) \sim (md, nd)$ e quindi ogni classe di equivalenza può scriversi
nella forma[1]

$$\frac{m}{n} \qquad \text{con } \mathrm{MCD}(m, n) = 1.$$

Definizione A.9. *Si chiama* **insieme dei numeri razionali** $\mathbb{Q}$ *l'insieme
quoziente di* $\mathbb{Z} \times (\mathbb{Z} \setminus \{0\})$ *per la relazione di equivalenza appena introdotta.*

Come nel caso già studiato di $\mathbb{Z}$ occorre definire nell'insieme $\mathbb{Q}$ delle operazioni
di addizione e moltiplicazione che risultino ben definite. Dati $\frac{a}{b}, \frac{c}{d} \in \mathbb{Q}$ poniamo

$$\frac{a}{b} + \frac{c}{d} = \frac{ad + bc}{bd}, \qquad \frac{a}{b} \cdot \frac{c}{d} = \frac{ac}{bd}.$$

Per la verifica della buona definizione supponiamo $\frac{a}{b} = \frac{a'}{b'}$ e $\frac{c}{d} = \frac{c'}{d'}$. Allora
seguendo le definizioni

- $\frac{a'}{b'} + \frac{c'}{d'} = \frac{a'd' + b'c'}{b'd'} = \frac{ad + bc}{bd}$ in quanto le uguaglianze $ab' = a'b$ e $cd' = c'd$
  implicano che

$$bd(a'd' + b'c') = b'd'(ad + bc).$$

---
[1]Questa osservazione formalizza la tecnica di riduzione ai minimi termini di una frazione
con numeratore e denominatore interi.

- $\frac{a'}{b'} \cdot \frac{c'}{d'} = \frac{a'c'}{b'd'} = \frac{ac}{bd}$ in quanto le uguaglianze $ab' = a'b$ e $cd' = c'd$ implicano che

$$a'c'bd = acb'd'.$$

Esattamente come $\mathbb{Z}$ è un'estensione di $\mathbb{N}$ nel senso che esiste una funzione iniettiva naturale $\mathbb{N} \to \mathbb{Z}$, l'insieme $\mathbb{Q}$ dei numeri razionali è un'estensione di $\mathbb{Z}$. Infatti c'è una funzione iniettiva

$$\theta : \mathbb{Z} \longrightarrow \mathbb{Q}, \qquad \theta(n) = \frac{n}{1}.$$

L'iniettività di θ è immediata: se $m \neq n$ sono due interi, le coppie $(m, 1)$ e $(n, 1)$ non sono equivalenti e quindi $\frac{m}{1} \neq \frac{n}{1}$. Non solo $\mathbb{Q}$ è un'estensione di $\mathbb{Z}$, ma le operazioni di $\mathbb{Q}$ sono compatibili con quelle di $\mathbb{Z}$ nel senso che per ogni $m, n \in \mathbb{Z}$ si ha

1. $\theta(m) + \theta(n) = \frac{m}{1} + \frac{n}{1} = \frac{m \cdot 1 + n \cdot 1}{1 \cdot 1} = \frac{m+n}{1} = \theta(m + n)$,

2. $\theta(m) \cdot \theta(n) = \frac{m}{1} \cdot \frac{n}{1} = \frac{mn}{1} = \theta(mn)$.

Per brevità $\theta(n) = \frac{n}{1}$ si continua a denotare semplicemente n.

Proposizione A.10. *$(\mathbb{Q}, +)$ è un gruppo abeliano infinito.*

Dimostrazione. Lasciamo anche qui al lettore il compito di verificare che l'addizione in $\mathbb{Q}$ è associativa.

L'elemento neutro per l'addizione in $\mathbb{Q}$ è $0 = \frac{0}{1}$ in quanto

$$\frac{0}{1} + \frac{m}{n} = \frac{m}{n} + \frac{0}{1} = \frac{0 \cdot n + m \cdot 1}{1 \cdot n}, \qquad \forall \frac{m}{n} \in \mathbb{Q}.$$

Inoltre ogni $\frac{m}{n} \in \mathbb{Q}$ ammette opposto in quanto

$$\frac{m}{n} + \frac{-m}{n} = \frac{-m}{n} + \frac{m}{n} = \frac{mn + (-m)n}{n \cdot n} = \frac{0}{n^2} = \frac{0}{1}.$$

Infine $\mathbb{Q}$ è sicuramente infinito in quanto contiene l'immagine $\theta(\mathbb{Z})$ che è infinita. ∎

Si osservi che è però falso che il gruppo $(\mathbb{Q}, +)$ sia ciclico, vedi esercizio 6.20. Per quanto riguarda la moltiplicazione vale il risultato seguente.

Proposizione A.11. *Sia $\mathbb{Q}^{\times} = \mathbb{Q} \setminus \{0\}$. Allora $(\mathbb{Q}^{\times}, \cdot)$ è un gruppo abeliano.*

Dimostrazione. Anche questa volta lasciamo la verifica dell'associatività al lettore. Essa segue comunque direttamente dalla definizione.

La moltiplicazione in $\mathbb{Q}$ è ovviamente commutativa, come si riconosce subito dalla formula che la definisce.

Il numero razionale $1 = \frac{1}{1}$ è neutro per la moltiplicazione. Infatti per ogni $\frac{m}{n} \in \mathbb{Q}$ si ha $1 \cdot \frac{m}{n} = \frac{1 \cdot m}{1 \cdot n} = \frac{m}{n}$.

Infine se $\frac{m}{n} \neq 0$ si ha $m \neq 0$ e quindi anche $\frac{n}{m} \in \mathbb{Q}$ e

$$\frac{m}{n} \cdot \frac{n}{m} = \frac{mn}{mn} = \frac{1}{1} = 1$$

e quindi $\frac{n}{m}$ è l'inverso di $\frac{m}{n}$. ∎

Costruzione di $\mathbb{R}$ (cenni).

Le costruzioni di $\mathbb{Z}$ e $\mathbb{Q}$ sono motivate dal rendere possibile operazioni che non sono definite nell'insieme $\mathbb{N}$ dei numeri naturali. In particolare, con $\mathbb{Z}$ e $\mathbb{Q}$ è sempre possibile risolvere le equazioni lineari, ovvero quelle della forma

$$ax + b = 0, \qquad a, b \in \mathbb{N}, \; a \neq 0$$

Tuttavia l'insieme $\mathbb{Q}$ non è ancora sufficiente per due ragioni correlate.

- I numeri razionali non bastano a misurare le lunghezze dei segmenti della geometria euclidea. La tradizione vuole che fu Pitagora a scoprire che la diagonale di un quadrato è incommensurabile con il suo lato, cioè che il rapporto tra le due lunghezze non è un numero razionale[2]

- In generale le equazioni di grado superiore al primo non hanno soluzioni numeri razionali.

Esistono diversi modi per costruire l'insieme $\mathbb{R}$ dei numeri reali con le sue operazioni di addizione e moltiplicazione. Qui accenniamo solo al metodo di costruzione che formalizza l'idea per cui di un numero reale si debbano ottenere approssimazioni sempre più precise mediante numeri razionali, idea che è implicita nel fatto che ogni numero reale debba avere un'espansione decimale.

1. Tra tutte le successioni $\{q_n\}$ in $\mathbb{Q}$ consideriamo quelle che hanno la proprietà che le differenze tra i suoi elementi diventano arbitrariamente piccole. In termini tecnici formali si richiede che per ogni $\epsilon \in \mathbb{Q}$, $\epsilon > 0$ esista un $N \in \mathbb{N}$ tale che per ogni $m, n > N$ la differenza $|q_m - q_n| < \epsilon$. Denotiamo $\mathcal{C}(\mathbb{Q})$ l'insieme di tali successioni[3] È chiaro che $\mathcal{C}(\mathbb{Q}) \neq \emptyset$ perché per esempio tutte le successioni costanti vi appartengono.

2. Nell'insieme $\mathcal{C}(\mathbb{Q})$ mettiamo in relazione successioni che siano "arbitrariamente vicine" l'una all'altra. Con linguaggio tecnico poniamo

   $\{q_n\}\mathrm{R}\{r_n\}$ se e soltanto se $\forall \epsilon > 0 \; \exists N \in \mathbb{N}$ tale $|q_n - r_n| < \epsilon$ per $n > N$.

   La relazione risulta essere un'equivalenza e poniamo $\mathbb{R}$ l'insieme quoziente.

---

[2]Se il quadrato ha lato di lunghezza 1 la sua diagonale avrà lunghezza $\sqrt{2}$. Possiamo dimostrare che $\sqrt{2} \notin \mathbb{Q}$ come segue. Supponiamo esistano m e $n \in \mathbb{Z}$ con $\frac{m}{n} = \sqrt{2}$ e $\mathrm{MCD}(m, n) = 1$. Allora ne segue che $m^2 = 2n^2$. Poichè 2 è primo e $2 \mid m^2$ deve risultare $2 \mid m$ e scriviamo $m = 2\mu$. Sostituendo nella relazione precedente si ottiene $4\mu^2 = 2n^2$, cioè $2\mu^2 = n^2$. Ma allora possiamo ripetere il medesimo ragionamento e concludere che 2 divide anche n contraddicendo l'ipotesi che m e n siano privi di divisori comuni. La dimostrazione della tradizione greca è puramente geometrica e decisamente più intricata.

[3]Queste successioni sono note come *successioni di Cauchy*, dal nome del matematico francese A.-L. Cauchy (1789–1857).

3. Ogni $q \in \mathbb{Q}$ definisce una successione costante $q_n = q$ che è in $\mathcal{C}(\mathbb{Q})$. Questa considerazione definisce una funzione iniettiva

$$\mathbb{Q} \longrightarrow \mathbb{R}$$

che permette di rivedere $\mathbb{R}$ come un'estensione di $\mathbb{Q}$.

4. È possibile sommare tra loro successioni $\{q_n\}$ e $\{r_n\}$ ponendo

$$\{q_n\} + \{r_n\} = \{q_n + r_n\} \qquad e \qquad \{q_n\} \cdot \{r_n\} = \{q_n r_n\}.$$

Si verifica che $\mathcal{C}(\mathbb{Q})$ è chiuso per queste operazioni e che esse definiscono un'addizione e una moltiplicazione fra le loro classi di equivalenza, cioè fra elementi di $\mathbb{R}$.

L'insieme $\mathbb{R}$ dei numeri reali così ottenuto sicuramente risolve uno dei problemi citati sopra in quanto è possibile costruire una biezione tra i punti della retta euclidea ed $\mathbb{R}$. Inoltre anche la questione dell'esistenza delle soluzioni di equazioni di grado superiore al primo risulta enormemente semplificata. Le equazioni che continuano ad essere irrisolvibili sono essenzialmente le equazioni di secondo grado

$$x^2 + ax + b = 0 \qquad \text{con } a^2 - 4b < 0.$$

Appendice B

Anelli

Abbiamo introdotto il concetto generale di gruppo nel capitolo 6 come astrazione di una situazione in cui siamo incorsi più volte, quella di un insieme dotato di un'operazione che soddisfa certe proprietà formali.

Di fatto in molti dei casi che abbiamo già studiato gli insiemi sono dotati di *due* operazioni tra cui c'è una certa compatibilità. È sicuramente il caso di $\mathbb{Z}$, $\mathbb{Q}$, $\mathbb{R}$ e delle classi resto $\mathbb{Z}_N$ che abbiamo studiato dettagliamente nei vari capitoli in cui sono definite una somma ed una moltiplicazione.

Lo scopo di questa appendice è di introdurre una struttura algebrica generale con due operazioni che generalizzi tutti questi casi particolari e potenzialmente molti altri. Ci limiteremo alle definizioni, qualche esempio informale e qualche osservazione di carattere generale.

Definizione B.1. *Sia* $(A, +, \cdot)$ *una terna formata da un insieme* A *non vuoto e due operazioni binarie su* A *che chiameremo convenzionalmente addizione e moltiplicazione. Diremo che* $(A, +, \cdot)$ *è un* **anello** *se*

1. $(A, +)$ *è un gruppo abeliano (l'elemento neutro è denotato* $0 = 0_A$*),*

2. $(A, \cdot)$ *è un semigruppo*

3. *valgono le proprietà distributive*

$$(a + b)c = ac + bc \text{ e } c(a + b) = ca + cb \qquad \forall a, b, c \in A.$$

Diremo poi che $(A, +, \cdot)$ *è* **commutativo** *se la moltiplicazione è commutativa e che è* **con unità** *se esiste un elemento neutro* $e = e_A$ *per la moltiplicazione.*

Gli esempi standard di anello sono $\mathbb{Z}$, $\mathbb{Q}$, $\mathbb{R}$ e $\mathbb{Z}_N$ con addizione e moltplicazione. Essi sono tutti anelli commutativi con unità. Vediamo ora informalmente alcuni esempi che verranno studiati in modo più sistematico e formalmente corretto in corsi più avanzati.

1. **L'anello dei polinomi.** Un polinomio (a coefficienti reali) in una variabile X è un espressione della forma

$$a_0 + a_1 X + a_2 X^2 + \cdots a_d X^d \qquad \text{con } a_0, a_1, ...,a_d \in \mathbb{R}.$$

Queste espressioni si possono sommare e moltiplicare fra di loro rispettando la proprietà distributiva. Ad esempio

$$(1 + 2X) + (2 - X + X^2) = 3 + X + X^2$$

oppure

$$(2 - X)(1 - X + X^2) = 2 - 3X + 3X^2 - X^3.$$

L'insieme $\mathbb{R}[X]$ di tutti i polinomi nella variabile X è un anello commutativo con unità: 0 e 1 sono neutri per addizione e moltiplicazione rispettivamente, l'opposto di un polinomio si ottiene cambiando di segno tutti i suoi coefficienti, le operazioni sono certamente commutative.

Più generalmente si possono considerare polinomi in più variabili e/o con coefficienti in $\mathbb{Z}$, in $\mathbb{Q}$ o in $\mathbb{Z}_N$ anziché in $\mathbb{R}$.

2. **Anelli di funzioni.** Sia $I \subset \mathbb{R}$ un intervallo fissato in $\mathbb{R}$ e consideriamo l'insieme $\mathcal{F}(I)$ delle funzioni $f : I \subset \mathbb{R}$. Queste funzioni possono essere sommate e moltiplicate fra di loro nel modo naturale:

$$(f + g)(x) = f(x) + g(x), \quad (f \cdot g)(x) = f(x)g(x) \qquad \forall x \in I.$$

Con queste operazioni $\mathcal{F}(I)$ è un anello commutativo con unità: le funzioni costanti 0 e 1 sono neutre per addizione e moltiplicazione rispettivamente, l'opposto di una funzione f si ottiene cambiando il segno a tutti i suoi valori: $(-f)(x) = -(f(x))$.

3. **Anelli di matrici.** Una **matrice** è una tabella di numeri. Matrici che hanno lo stesso numero di righe e lo stesso numero di colonne si possono sommare tra loro sommando gli elementi corrispondenti, ad esempio

$$\begin{pmatrix} 1 & 0 & 3 \\ -2 & 1 & 4 \end{pmatrix} + \begin{pmatrix} 0 & 3 & -1 \\ 1 & -4 & 0 \end{pmatrix} = \begin{pmatrix} 1 & 3 & 2 \\ -1 & -3 & 4 \end{pmatrix}.$$

Quando il numero delle righe coincide con il numero delle colonne (si parla in questo caso di **matrici quadrate**) le matrici possono moltiplicarsi fra di loro ottenendo una matrice dello stesso tipo. Ad esempio nel caso delle matrici 2×2 la moltiplicazione è data dalla formula seguente[1]:

$$\begin{pmatrix} a & b \\ c & d \end{pmatrix} \begin{pmatrix} p & q \\ r & s \end{pmatrix} = \begin{pmatrix} ap + br & aq + bs \\ cp + dr & cq + ds \end{pmatrix}.$$

---

[1] Questa regola di moltiplicazione appare molto artificiale e ben poco naturale. La sua motivazione è data dal fatto che le matrici codificano trasformazioni lineari del piano o dello spazio e in questo contesto la moltiplicazione delle matrici corrisponde alla composizione delle trasformazioni. Rimandiamo il lettore ai testi di Geometria e Algebra Lineare per un'esposizione della teoria.

Con tali operazioni l'insieme $M_2(\mathbb{R})$ delle matrici 2×2 è un anello con unità. Infatti, come si verifica facilmente, le matrici

$$\begin{pmatrix} 0 & 0 \\ 0 & 0 \end{pmatrix} \quad e \quad \begin{pmatrix} 1 & 0 \\ 0 & 1 \end{pmatrix}$$

sono neutre per addizione e moltiplicazione rispettivamente. Non è però un anello commutativo in quanto l'operazione di moltiplicazione non è commutativa. Ad esempio

$$\begin{pmatrix} 1 & 0 \\ 0 & -1 \end{pmatrix} \cdot \begin{pmatrix} 1 & 1 \\ 0 & 1 \end{pmatrix} = \begin{pmatrix} 1 & 1 \\ 0 & -1 \end{pmatrix} \neq$$
$$\begin{pmatrix} 1 & -1 \\ 0 & -1 \end{pmatrix} = \begin{pmatrix} 1 & 1 \\ 0 & 1 \end{pmatrix} \cdot \begin{pmatrix} 1 & 0 \\ 0 & -1 \end{pmatrix}.$$

4. Per ottenere esempi di anelli senza unità la via più semplice è considerare **sottoanelli** di anelli già noti. Ad esempio il sottogruppo additivo $2\mathbb{Z} \subset \mathbb{Z}$ è anche un sottoanello perché è chiuso rispetto alla moltiplicazione: il prodotto di numeri pari è pari. Però $1 \notin 2\mathbb{Z}$ e dunque $(2\mathbb{Z}, \cdot)$ non è un monoide.

5. Dati anelli A e B possiamo definire operazioni di addizione e moltiplicazione componente per componente nell'insieme prodotto cartesiano:

$$(a_1, b_1) + (a_2, b_2) = (a_1 + a_2, b_1 + b_2), \quad (a_1, b_1) \cdot (a_2, b_2) = (a_1 a_2, b_1 b_2).$$

Con queste operazioni $A \times B$ è un anello, detto l'**anello prodotto** di A e B. Se A e B sono anelli commutativi, tale risulterá $A \times B$ e se A e B sono anelli con unità allora anche $A \times B$ ha unità: l'elemento (e_A, e_B) è neutro per la moltiplicazione componente per componente.

Le tipologie di elementi della definizione seguente sono state già incontrate studiando la moltiplicazione in $\mathbb{Z}$ ed in $\mathbb{Z}_N$.

Definizione B.2. *Sia A un anello commutativo con unità e, e sia $a \in A$ un suo elemento, $a \neq 0$.*

*1. a si dice **invertibile** se esiste $b \in A$ tale che $ab = e$.*

*2. a si dice un **divisore dello zero** se esiste $b \in A$ con $b \neq 0$ tale che $ab = 0$.*

L'insieme degli elementi invertibili dell'anello A si denota $A^\times$ e risulta essere un gruppo rispetto alla moltiplicazione di A perché il prodotto di elementi invertibili è invertibile (proposizione 2.5.10), e_A è invertibile e l'inverso di un elemento invertibile è ancora invertibile. Però $A^\times$ non è un sottoanello di A in quanto, fra le altre cose, non è chiuso rispetto all'addizione. Ad esempio 1 e -1 sono invertibili in $\mathbb{Z}$, ma $1 + (-1) = 0$ non lo è.

Studiando la moltiplicazione nelle classi resto modulo $\mathbb{Z}_N$ si era visto che ogni classe era o invertibile o uno zero divisore (teorema 7.2.2) ma in generale la situazione può essere più articolata. Ad esempio nell'anello prodotto $A = \mathbb{Z} \times \mathbb{Z}$

- ci sono elementi invertibili diversi dall'elemento neutro $e_A = (1,1)$, come ad esempio $(1,-1)$;

- ci sono divisori dello zero, ad esempio $(1,0)$ è un divisore dello zero in quanto $(1,0)(0,1) = (0,0) = 0_A$.

- ci sono elementi diversi da $0_A = (0,0)$ che non sono ne' invertibili ne' divisori dello zero, ad esempio $(2,3)$.

Definizione B.3. *Sia A un anello commutativo con unità.*

1. *Se A è privo di divisori dello zero, A si dice **dominio**.*

2. *Se, inoltre, ogni elemento di A diverso da 0_A è invertibile (cioè se $A^\times = A \setminus \{0_A\}$) allora A si dice **campo**.*

Ad esempio

- $\mathbb{Z}$ e l'anello dei polinomi $\mathbb{R}[X]$ sono dominii.

- $\mathbb{Q}$, $\mathbb{R}$ e $\mathbb{Z}_p$ con p primo sono campi (e, ovviamente, anche dominii).

In un dominio A vale la **legge di cancellazione**: se

$$ab = ac \qquad \text{per certi elementi } a, b, c \in A \text{ con } a \neq 0$$

allora, esattamente come si era fatto in $\mathbb{Z}$, usando la proprietà distributiva si ottiene $a(b-c) = 0$ da cui, non essendoci divisori dello zero per ipotesi, si ottiene $b - c = 0$, ovvero $b = c$. Come abbiamo visto studiando $\mathbb{Z}_N$ se l'anello non è un dominio la legge di cancellazione non vale.

La costruzione di $\mathbb{Q}$ (un campo) come estensione di $\mathbb{Z}$ (un dominio) vista nell'appendice A è la motivazione principale per il risultato seguente.

Teorema B.4. *Sia A un dominio. Allora esiste un'estensione $A \subset K$ con K campo tale che ogni elemento $x \in K$ si scrive nella forma $x = ab^{-1}$ con a e $b \in A$.*

Dimostrazione. Diamo solo un rapido cenno. Ispirandoci alla costruzione di $\mathbb{Q}$ a partire da $\mathbb{Z}$ consideriamo l'insieme

$$X = A \times A \setminus \{0_A\}$$

con la relazione

$$(a_1, a_2)\Gamma(b_1, b_2) \quad \text{se e soltanto se } a_1 b_2 = a_2 b_1.$$

Allora la relazione risulta essere un'equivalenza e poniamo K l'insieme quoziente. In K possiamo definire operazioni di addizione e moltiplicazione tramite le medesime formule che definiscono addizione e moltiplicazione in $\mathbb{Q}$ dove gli elementi vanno letti come elementi di A invece che di $\mathbb{Z}$. Tali operazioni risultano ben definite sulle classi di equivalenza che sono gli elementi di K e K risulta essere un campo. ∎

Se A e B sono anelli, una funzione $f : A \to B$ è detta un **omomorfismo di anelli** se per ogni $a, a' \in A$ valgono le identità

$$
\begin{aligned}
f(a + a') &= f(a) + f(a') \\
f(a \cdot a') &= f(a) \cdot f(a')
\end{aligned}
$$

e tale che $f(e_A) = e_B$ quando A e B sono con unità.

Nota B.5. Se A è con unità e_A la seconda identità sopra implica che $f(e_A) = f(e_A \cdot e_A) = f(e_A) \cdot f(e_A)$. Nel caso in cui B è un dominio, il calcolo appena fatto insieme con la legge di cancellazione implica che $f(e_A) = e_B$.

Se però B non è un dominio la legge di cancellazione non si può applicare e non è detto che risulti $f(e_A) = e_B$. È per questa ragione che nel caso di anelli con unità si integra la definizione di omomorfismo con la richiesta che $f(e_A) = e_B$.

Facciamo qualche esempio.

1. Se A è un anello, la funzione identità id $: A \to A$ è un omomorfismo di anelli.

2. La funzione $f : \mathbb{Z} \to \mathbb{Z}_N$ che ad ogni intero associa la sua classe modulo N, $f(n) = [n]_N$ è un omomorfismo di anelli con unità per come sono definite le operazioni in $\mathbb{Z}_N$

3. Fissato un numero $r \in \mathbb{R}$ a funzione $\mathrm{ev}_r : \mathbb{R}[X] \to \mathbb{R}$ che ad ogni polinomio $P(X)$ associa il suo valore per $X = r$, cioè $\mathrm{ev}_r : (P(X)) = P(r)$ è un omomorfismo di anelli.

4. Le funzioni proiezione p_1 e $p_2 : \mathbb{Z} \times \mathbb{Z} \to \mathbb{Z}$ definite rispettivamente da $p_1(m, n) = m$ e $p_2(m, n) = n$ sono omomorfismi di anelli con unità.

5. La funzione $f : \mathbb{Z} \to \mathbb{Z} \times \mathbb{Z}$ definita da $f(n) = (n, 0)$ certamente soddisfa

$$
f(m + n) = f(m) + f(n), \qquad f(mn) = f(m) \cdot f(n)
$$

ma non è un omomorfismo di anelli commutativi con unità in quanto $f(1) = (1, 0)$ mentre l'unità di $\mathbb{Z} \times \mathbb{Z}$ è $(1, 1)$ (vedi nota precedente).

Esattamente come nel caso dei gruppi dato un omomorfismo di anelli $f : A \to B$ si definisce **nucleo** di f il sottoinsieme

$$
\ker(f) = \{a \in A \text{ tali che } f(a) = 0\}.
$$

Il nucleo di $\ker(f)$ soddisfa la seguente proprietà di chiusura rispetto alla moltiplicazione:

$$
\text{per ogni } x \in \ker(f) \text{ e per ogni } a \in A \text{ si ha } ax, xa \in \ker(f).
$$

Infatti $f(xa) = f(x)f(a) = 0 \cdot f(a) = 0$ e quindi $xa \in \ker(f)$ per definizione e analogamente per il prodotto ax. Questa proprietà, insieme a quella di essere un sottogruppo del gruppo additivo, caratterizza i cosiddetti **ideali** di A, di cui $\ker(f)$ costituisce un esempio.

Poiché un omomorfismo di anelli è in particolare un omomorfismo tra i gruppi additivi $(A, +)$ e $(B, +)$ il nucleo caratterizza l'iniettività di un omomorfismo nel senso del teorema seguente.

Teorema B.6. *Sia $f : A \to B$ un omomorfismo di anelli. Allora f è iniettivo se e soltanto se $\ker(f) = \{0\}$.*

Dimostrazione. L'argomentazione è la medesima di quella del teorema 6.4.6.
■

Infine, se $f : A \to B$ è un omomorfismo di anelli (con unità), l'immagine $f(A)$ è un sottoanello (con unità) di B. Anche in questo caso la verifica è identica a quella del corrispondente fatto relativo agli omomorfismi tra gruppi, vedi il punto 4 della proposizione 6.4.2.

Appendice C

Soluzioni degli Esercizi

Capitolo 1: Insiemi

Esercizio 1.1: vera, vera, falsa, vera, falsa.

Esercizio 1.2: falsa, vera, falsa, falsa, falsa.

Esercizio 1.3: vera, falsa, falsa, vera, vera.

Esercizio 1.4:

1. Fra numeri reali si ha $P(x)Q(x) = 0$ solo se $P(x) = 0$ oppure $Q(x) = 0$. Quindi $A \cup B$.

2. La soluzione di un sistema è soluzione di entrambe le equazioni, quindi $A \cap B$.

Esercizio 1.5: Se $A \cap B = \emptyset$ un sottoinsieme proprio di $X \subset A$ non può essere un sottoinsieme di B, altrimenti si avrebbe $X \subset A \cap B$ contraddicendo l'ipotesi. Dunque $\emptyset$ è l'unico sottoinsieme comune ad A e B e questo vuol dire che $P(A) \cap P(B) = \{\emptyset\}$.

Viceversa supponiamo $P(A) \cap P(B) = \{\emptyset\}$. Se esistesse un elemento $x \in A \cap B$, l'insieme $\{x\}$ sarebbe un sottoinsieme sia di A che di B e quindi un elemento di $P(A) \cap P(B)$, ma ciò è impossibile per ipotesi.

Esercizio 1.6: La prima affermazione è vera. Infatti se $X \in P(A \cap B$, cioè $X \subset A \cap B$, allora $X \subset A$ e $X \subset B$. Quindi $X \in P(A) \cap P(B)$. Viceversa, se $X \in P(A) \cap P(B)$ allora X è sia un sottoinsieme di A che di B, ovvero $X \subset A \cap B$.

La seconda affermazione falsa. Ad esempio siano $A = \{a, b\}$, $B = \{b, c\}$: l'insieme $X = \{a, c\}$ è sicuramente un sottoinsieme di $A \cup B = \{a, b, c\}$ e quindi

$X \in P(A \cup B)$, ma X non è un sottoinsieme di A, ne' di B e quindi $X \notin P(A) \cup P(B)$.

Esercizio 1.7: Sia $x \in (A \cap B) \cup C$. Per definizione $x \in A \cap B$ oppure $x \in C$. Se $x \in A \cap B$, allora x è sia in A che in B. Ma allora x è sia in $A \cup C$, sia in $B \cup C$ e quindi in $(A \cup C) \cap (B \cup C)$.

Viceversa se $x \in (A \cup C) \cap (B \cup C)$ allora, per definizione, x è in $A \cup C$ e in $B \cup C$. Se $x \in C$ allora certamente $x \in (A \cap B) \cup C$. Altrimenti x deve essere in A e in B, quindi in $A \cap B$ e certamente in $(A \cap B) \cup C$.

Esercizio 1.8: Le proprietà distributive per una famiglia arbitraria $\{A_i\}_{i \in I}$ di insiemi hanno la forma

$$\left(\bigcap_{i \in I} A_i\right) \cup C = \bigcap_{i \in I}(A_i \cup C), \qquad \left(\bigcup_{i \in I} A_i\right) \cap C = \bigcup_{i \in I}(A_i \cap C).$$

Si dimostrano esattamente come nel caso dell'intersezione o unione di due insiemi (vedi libro di testo e la soluzione dell'esercizio precedente).

Esercizio 1.9: Sia $x \in \mathcal{C}_X(A \cup B)$: Allora, per definizione, $x \in X$ ma $x \notin A \cup B$. Questo significa che x non è in A, ne' in B. Quindi x è in $\mathcal{C}_X(A)$ e in $\mathcal{C}_X(B)$ e quindi in $\mathcal{C}_X(A) \cap \mathcal{C}_X(B)$.

Viceversa, se $x \in \mathcal{C}_X(A) \cap \mathcal{C}_X(B)$ allora x è un elemento di X che non è ne' in A ne' in B e quindi non è in $A \cup B$. Ma questo vuol dire che $x \in \mathcal{C}_X(A \cup B)$.

Esercizio 1.10: La dimostrazione è identica a quella del caso di due insiemi.

Esercizio 1.11: Diamo una dimostrazione della prima uguaglianza (l'altra è del tutto analoga).

Se $x \in X \setminus (A \cap B)$, l'elemento x è un elemento di x che non è comune ad A e B, quindi o non è in A, o non è in B. In formule questo vuol dire che $x \in (X \setminus A) \cup (X \setminus B)$.

Viceversa, se $x \in (X \setminus A) \cup (X \setminus B)$, l'elemento x è sicuramente in X ma o non sta in A oppure non sta in B e quindi non può essere contemporaneamente in A e B, cioè non può stare in $A \cap B$. Ma questo, in formule, vuol dire che $x \in X \setminus (A \cap B)$.

Esercizio 1.12: Sia $x \in A \cup B \setminus A$. Siccome $x \notin A$ deve succedere che $x \in B$ (altrimenti non potrebbe stare in $A \cup B$). Ma allora $x \in \mathcal{C}_B(A \cap B)$ perché questo insieme è formato dagli elementi in B non in A.

Viceversa se $x \in \mathcal{C}_B(A \cap B)$, x è un elemento di B non in A. Ma se $x \in B$ sicuramente è anche $x \in A \cup B$ e dunque $x \in A \cup B \setminus A$.

Esercizio 1.13: falsa, vera, falsa, falsa, vera, falsa

Esercizio 1.14: Possiamo elencare sistematicamente le partizioni di A come segue.

- C'è la partizione di A formata dal solo sottoinsieme A.

- Ci sono le partizioni formate da un sottoinsieme con 3 elementi e un sottoinsieme con un solo elemento:

$$\{a,b,c\} \cup \{d\}, \ \{a,b,d\} \cup \{c\}, \ \{a,c,d\} \cup \{b\}, \ \{b,c,d\} \cup \{a\}.$$

- Ci sono le partizioni formate da due sottoinsiemi con 2 elementi:

$$\{a,b\} \cup \{c,d\}, \ \{a,c\} \cup \{b,d\}, \ \{a,d\} \cup \{b,c\}.$$

- Ci sono le partizioni formate da un sottoinsieme con 2 elementi e due e sottoinsiemi con un solo elemento

$$\{a,b\} \cup \{c\} \cup \{d\}, \quad \{a,c\} \cup \{b\} \cup \{d\}, \quad \{a,d\} \cup \{b\} \cup \{c\},$$
$$\{b,c\} \cup \{a\} \cup \{d\}, \quad \{b,d\} \cup \{a\} \cup \{c\}, \quad \{c,d\} \cup \{a\} \cup \{b\}.$$

- C'è la partizione formata da 4 sottoinsiemi con un singolo elemento:

$$\{a\} \cup \{b\} \cup \{c\} \cup \{d\}.$$

Esercizio 1.15: Le rette per l'origine formano un ricoprimento perché la loro unione è tutto il piano: dato un qualunque punto P del piano certamente esiste una retta per l'origine che contiene P.

Però non sono una partizione del piano perché due rette per l'origine non sono mai ad intersezione vuota, entrambe contenendo, per definizione, l'origine.

Esercizio 1.16: I sottoinsiemi assegnati formano un ricoprimento di $P(X)$ perché ogni sottoinsieme di X deve avere un numero di elementi compreso fra 0 e n e quindi appartiene ad uno dei P_k.

Inoltre è chiaro che se $k \neq \ell$ si ha $P_k \cap P_\ell = \emptyset$ in quanto il numero degli elementi di un sottoinsieme di X è ben determinato.

Infine, l'insieme quoziente consiste di $n+1$ elementi in quanto ci sono proprio $n+1$ possibilità per $|S|$ per un sottoinsieme $S \subset X$.

Esercizio 1.17: Dato un elemento $(a,b) \in A \times B$ si ha $a \in A_i$ e $b \in B_j$ con certi i, $j \in \{1,2\}$ e quindi $(a,b) \in A_i \times B_j$ provando che i sottoinsiemi assegnati formano un ricoprimento.

D'altra parte ogni $A_i \times B_j$ è non vuoto come prodotto di insiemi non vuoti e se $(i,j) \neq (i',j')$ si ha $A_i \times B_j \cap A_{i'} \times B_{j'} = \emptyset$. Ad esempio, se fosse $(a,b) \in A_1 \times B_1 \cap A_1 \times B_2$ si avrebbe $b \in B_1 \cap B_2$ che è impossibile. Discorso analogo vale per gli altri casi.

Esercizio 1.18: Le soluzioni sono molteplici. Una possibile soluzione è la seguente. Poniamo

$$X = \{r \in \mathbb{R} \text{ tali che } r < 0\} \quad \text{e} \quad Y = \{r \in \mathbb{R} \text{ tali che } r > 1\}.$$

Allora
$$S = (X \times \mathbb{R}) \cup ([0, 1] \times X) \cup ([0, 1] \times Y) \cup (Y \times \mathbb{R})$$
è una partizione del tipo voluto (fare un disegno per sincerarsene).

Esercizio 1.19:

1. La formula è vera per $n = 1$ perché $1 = \frac{1}{2}1 \cdot 2$. Supponiamo (ipotesi induttiva) la formula vera per n. Per $n + 1$ si ha

$$
\begin{aligned}
1 + 2 + 3 + \cdots + (n + 1) &= (1 + 2 + 3 + \cdots + n) + (n + 1) \\
&= \frac{1}{2}n(n + 1) + (n + 1) \\
&= (\frac{1}{2}n + 1)(n + 1) = \frac{1}{2}(n + 1)(n + 2)
\end{aligned}
$$

Poiché l'espressione finale è quella che si ottiene da $\frac{1}{2}n(n + 1)$ sostituendo n con $n + 1$ la formula enunciata è vera per ogni $n \geq 1$.

2. La formula è vera per $n = 1$ perché $1 = 1^2$. Supponiamo (ipotesi induttiva) la formula vera per n. Per $n + 1$ si ha

$$
\begin{aligned}
1 + 3 + \cdots + (2n + 1) &= (1 + 3 + \cdots + (2n - 1)) + (2n + 1) \\
&= n^2 + (2n + 1) \\
&= (n + 1)^2
\end{aligned}
$$

Poiché l'espressione finale è quella che si ottiene da n^2 sostituendo n con $n + 1$ la formula enunciata è vera per ogni $n \geq 1$.

3. La formula è vera per $n = 1$ perché $1 = \frac{1}{4}1^2 \cdot 2^2$. Supponiamo (ipotesi induttiva) la formula vera per n. Per $n + 1$ si ha

$$
\begin{aligned}
1^3 + 2^3 + \cdots + n^3 + (n + 1)^3 &= (1^3 + 2^3 + \cdots + n^3) + (n + 1)^3 \\
&= \frac{1}{4}n^2(n + 1)^2 + (n + 1)^3 \\
&= (n + 1)^2 \left(\frac{1}{4}n^2 + (n + 1) \right) \\
&= \frac{1}{4}(n + 1)^2(n^2 + 4n + 4) \\
&= \frac{1}{4}(n + 1)^2(n + 2)^2
\end{aligned}
$$

Poiché l'espressione finale è quella che si ottiene da $\frac{1}{4}n^2(n+1)^2$ sostituendo n con $n + 1$ la formula enunciata è vera per ogni $n \geq 1$.

4. La disuguaglianza è vera per $n = 3$ perché $3^2 = 9 \geq 2 \cdot 3 + 1 = 7$ (si noti che è falsa per $n = 0$, 1 o 2). Supponiamo (ipotesi induttiva) la disuguaglianza

vera per n. Poiché $n \geq 3$ si ha sicuramente $2n + 1 \geq 2$ e quindi per $n + 1$ si ha

$$
\begin{aligned}
(n + 1)^2 &= n^2 + 2n + 1 \\
&\geq (2n + 1) + 2 \\
&= 2(n + 1) + 1
\end{aligned}
$$

Poiché l'espressione finale è quella che si ottiene da $2n + 1$ sostituendo n con $n + 1$ la disuguaglianza enunciata è vera per ogni $n \geq 3$.

5. La disuguaglianza è vera per $n = 5$ perché $2^5 = 32 \geq 5^2 = 25$ (si noti che è falsa per $n = 0, 1, 2, 3$ e 4). Supponiamo (ipotesi induttiva) la disuguaglianza vera per n. Poiché $n^2 \geq 2n + 1$, come dimostrato nel punto precedente, per $n + 1$ si ha

$$
\begin{aligned}
2^{n+1} &= 2 \cdot 2^n \\
&\geq 2n^2 = n^2 + n^2 \\
&\geq n^2 + 2n + 1 = (n + 1)^2
\end{aligned}
$$

Poiché l'espressione finale è quella che si ottiene da n^2 sostituendo n con $n + 1$ la disuguaglianza enunciata è vera per ogni $n \geq 5$.

Esercizio 1.20: In questo esercizio useremo la notazione $a\overline{\Gamma}b$ per dire che a non è in relazione Γ con b.

1. La relazione è riflessiva, non è simmetrica ($1\Gamma0$ ma $0\overline{\Gamma}1$), non è antisimmetrica ($1\Gamma - 1$ e $-1\Gamma1$ ma $1 \neq 1$), è transitiva

2. La relazione non è riflessiva ($1\overline{\Gamma}1$), non è simmetrica ($3\Gamma2$ ma $2\overline{\Gamma}3$), è antisimmetrica (si ha $m\Gamma n$ e $n\Gamma m$ solo se $m = n = 0$), è transitiva.

3. La relazione non è riflessiva ($1\overline{\Gamma}1$), è simmetrica, non è antisimmetrica ($2\Gamma8$ e $8\Gamma2$ ma $2 \neq 8$), non è transitiva ($3\Gamma7$ e $7\Gamma13$ ma $3\overline{\Gamma}13$).

4. La relazione è riflessiva, non è simmetrica ($\emptyset\Gamma X$ ma $X\overline{\Gamma}\emptyset$), è antisimmetrica, è transitiva. Dunque è una relazione di ordine.

5. La relazione è riflessiva, simmetrica, non è antisimmetrica (due rette parallele distinte non sono coincidenti), è transitiva. Quindi la relazione è un'equivalenza.

6. La relazione è riflessiva, simmetrica, non è antisimetrica (due rette mutualmente incidenti non sono necessariamente coincidenti, non è transitiva (due rette parallele distinte possono essere entrambe incidenti ad una terza retta).

7. La relazione non è riflessiva (rette ortogonali non possono essere coincidenti), è simmetrica, non è antisimmetrica (due retteortogonali sono mutualmente in relazione ma non coincidono), non è transitiva (due rette parallele distinte possono essere entrambe ortogonali ad una terza).

8. La relazione è riflessiva, è simmetrica, non è antisimmetrica (due cerchi concentrici non necessariamente coincidono), è transitiva. Quindi è una relazione di equivalenza.

Esercizio 1.21: Sia X è un insieme e Γ una relazione in X contemporaneamente di ordine e di equivalenza. Siano x, $y \in X$ tali che $x\Gamma y$. Allora per simmetria si deve avere $y\Gamma x$ e per antisimmetria si conclude che $x = y$.

Capitolo 2: Funzioni

Esercizio 2.1: Per trovare $f^{-1}(k)$ occorre risolvere l'equazione $f(n) = n^2 - 1 = k$. Quindi:

$$f^{-1}(-5) = \emptyset, \quad f^{-1}(-1) = \{0\}, \quad f^{-1}(8) = \{-3, 3\}, \quad f^{-1}(12) = \emptyset$$

Per l'ultimo caso si noti che $f(\pm\sqrt{13}) = 12$ ma $\pm\sqrt{13} \notin \mathbb{Z}$.

Esercizio 2.2:

1. f non è iniettiva, ad esempio $f((-m, 0)) = f((m, 0)) = m^2$ per ogni $m \in \mathbb{Z}$;

2. f è suriettiva, ad esempio $f((0, n)) = n$ per ogni $n \in \mathbb{Z}$;

3. Ci stiamo chiedendo chi sono i valori $m \in \mathbb{Z}$ per cui $f((m, 4m)) = m^2 - 4m = 0$, quindi $\{0, 4\}$;

4. Si ha $f((m, 2m - 1)) = m^2 - (2m - 1) = (m - 1)^2$ per cui $f(S) = \{0, 1, 4, 9, ...\}$ (insieme dei quadrati in $\mathbb{Z}$).

Esercizio 2.3:

1. f non è iniettiva, ad esempio $f(1) = f(8) = 4$;

2. f è suriettiva, ad esempio $f(2n) = n$ per ogni $n \in \mathbb{N}$;

3. l'affermazione è falsa, ad esempio 4 è pari ma $f(4) = 2$ è ancora pari;

4. l'affermazione è vera perché se n è dispari allora $f(n) = 3n + 1$ non è mai un multiplo di 3.

Infine

$$f(\{1, 2, 3, 4, 5, 6, 7, 8, 9, 10\}) = \{1, 2, 3, 4, 5, 10, 16, 22, 28\}$$

e

$$f^{-1}(\{1, 2, 7, 9, 10, 13\}) = \{2, 3, 4, 14, 18, 20, 26\}.$$

Esercizio 2.4: Il grafico della proiezione p_1 è costituito dalle terne in $A \times B \times A$ della forma

$$(a, b, a) \qquad a \in A, b \in B.$$

Quello della proiezione p_2 dalle terne in $A \times B \times B$ della forma

$$(a, b, b) \qquad a \in A, b \in B.$$

Esercizio 2.5: Per definizione si ha $f_{|S}(s) = f(s)$ per ogni $s \in S$, quindi:

- Se $(s, b) \in \Gamma_S$ allora $f_{|S}(s) = f(s) = b$ e quindi $(s, b)\Gamma$. Ma è anche $(s, b) \in S \times B$, dunque $(s, b) \in \Gamma_S \cap (S \times B)$.

- Se $(s, b) \in \Gamma_S \cap (S \times B)$ allora $s \in S$ e $f_{|S}(s) = b = f(s)$. Dunque $(s, b) \in \Gamma$.

Esercizio 2.6: Le identità seguono immediatamente per definizione.

Esercizio 2.7: Equivalentemente dimostriamo che f non è iniettiva se e soltanto se esiste un $b \in B$ tale che l'intersezione $\Gamma \cap (A \times \{b\})$ contiene al più un elemento:

- f non iniettiva vuol dire che esistono $a_1 \neq a_2$ in A tali che $f(a_1) = f(a_2)$. Posto $b = f(a_1) = f(a_2)$, allora (a_1, b) e (a_1, b) sono due elementi distinti in $\Gamma \cap (A \times \{b\})$.

- Se (a_1, b) e (a_1, b) sono due elementi distinti in $\Gamma \cap (A \times \{b\})$ si ha $b = f(a_1) = f(a_2)$ per definizione di Γ, cioè f non è iniettiva.

Esercizio 2.8:

1. f non è suriettiva, ad esempio $1 \notin \operatorname{im}(f)$. La f diventa biettiva come funzione $\mathbb{Z} \to 3\mathbb{Z}$;

2. f non è ne' iniettiva ($f(-2) = f(0) = 0$) ne' suriettiva ($-2 \notin \operatorname{im}(f)$), f diventa biettiva ad esempio come funzione $\mathbb{R}^{>0} \to \mathbb{R}^{>0}$;

3. f non è ne' iniettiva ne' suriettiva, ad esempio $f((-1, 0)) = f((1, 0)) = (1, 1)$ e $f(x, y) \geq 0$ per ogni x, y. Ci sono molti modi per ottenere una mappa biettiva restringendo dominio e codominio, ad esempio come mappa $\mathbb{R}^{>0} \times \{0\} \to \{(r, r) \mid r > 0\}$.

Esercizio 2.9: La funzione $(p_1)_{|\Gamma} : \Gamma \to A$ è biettiva perché:

- è iniettiva in quanto per ogni $a \in A$ esiste un solo $b \in B$ con $(a, b) \in \Gamma$;

- è suriettiva in quanto per ogni $a \in A$ un $b \in B$ con $(a, b) \in \Gamma$ esiste.

Esercizio 2.10: NO, $\mathbb{N} \to \mathbb{N}$, $\mathbb{N} \to \mathbb{Z}$,   NO, $\mathbb{Z} \to \mathbb{Z}$,   NO,   NO.

Esercizio 2.11:

$$f \circ g(1) = 1 \qquad g \circ f(-1) = 0 \qquad f \circ g \circ f(0) = 1$$
$$g \circ g \circ f(3) = 0 \qquad f \circ g \circ g(-2) = -7 \qquad g \circ f \circ g(2) = 0$$

Esercizio 2.12: Si possono fare molti esempi. Un esempio relativamente semplice è il seguente: si prenda $A = B = X = Y = \mathbb{Z}$ e

$$f(n) = g_2(n) = |n|, \qquad g_1 = h_1 = \mathrm{id}_{\mathbb{Z}}, \qquad h_2(n) = -n.$$

Allora $f \circ h_1(n) = f \circ h_2(n) = |n|$ e $g_1 \circ f(n) = g_2 \circ f(n) = |n|$ per ogni $n \in \mathbb{Z}$.

Esercizio 2.13:

- L'inversa della funzione $f(x) = ax + b$ è la funzione $g(x) = \frac{1}{a}x - \frac{b}{a}$, lineare anch'essa.

- Date funzioni lineari $f(x) = ax + b$ e $g(x) = cx + d$ la composizione

$$g \circ f(x) = g(f(x)) = g(ax + b) = c(ax + b) + d = acx + bc + d$$

è ancora lineare.

Esercizio 2.13:

1. Ne' commutativa, ne' associativa. Non c'è elemento neutro.

2. Commutativa ed associativa. Non c'è elemento neutro.

3. Commutativa ed associativa con elemento neutro $e = 0$. L'unico elemento ad avere inverso è 0 stesso.

4. Commutativa, non associativa (ad esempio $(1*1)*2 = 2$ ma $1*(1*2) = 0$), con elemento neutro $e = 0$. Se m è pari l'inverso di m è $-m$, se m è dispari ogni numero dispari è inverso di m.

5. Ne' commutativa, ne' associativa. Non c'è elemento neutro.

6. Commutativa ed associativa con elemento neutro $(0, 1)$. Gli elementi invertibili sono tutti e soli quelli della forma $(m, \pm 1)$.

7. Associativa ma non commutativa con elemento neutro $(1, 0)$. L'elemento (a, b) ha inverso $(\frac{1}{a}, -\frac{b}{a})$.

8. Associativa ma non commutativa. Non c'è elemento neutro.

9. Commutativa ma non associativa. Non c'è elemento neutro.

Capitolo 3: Combinatorica

Esercizio 3.1:

1. Se $f : A \to B$ è iniettiva fissiamo un elemento $\alpha \in A$ e definiamo $g : B \to A$ come

$$g(b) = \begin{cases} a & \text{se } f(a) = b \text{ (un tale } a \text{ se esiste è unico)}, \\ \alpha & \text{se } b \notin \text{im}(f). \end{cases}$$

Allora g è suriettiva.

2. Se $g : B \to A$ è suriettiva definiamo $f : A \to B$ ponendo $f(a) = b$ dove b è tale che $g(b) = a$ (è sempre possibile trovare un tale b) per ogni $a \in A$. Allora f è iniettiva.

Esercizio 3.3: Per $X = A \cup B \cup C \cup D$ con ogni intersezione di 3 sottoinsiemi vuota si ha

$$|X| = |A| + |B| + |C| + |D| - |A \cap B| - |A \cap C| - |A \cap D| - |B \cap C| - |B \cap D| - |C \cap D|.$$

Esercizio 3.4: Indichiamo $I_n(d)$ l'insieme dei numeri interi da 1 a n che sono multipli di d. Osservato che per ogni d e d' si ha

$$I_n(d) \cap I_n(d') = I_n(m)$$

dove m è il minimo comune multiplo di d e d' e che $|I_n(d)| = \frac{n}{d}$ quando d divide n, si ha quanto segue.

1. Vogliamo calcolare $N = |I_{1680}(2) \cup I_{1680}(6) \cup I_{1680}(7)|$. Poiché $I_{1680}(6) \subset I_{1680}(2)$ l'insieme $I_{1680}(6)$ può essere ignorato. Dunque

$$N = |I_{1680}(2)| + |I_{1680}(7)| - |I_{1680}(14)| = 840 + 240 - 120 = 960.$$

2. Vogliamo calcolare $N = 2160 - |I_{2160}(5) \cup I_{2160}(9) \cup I_{2160}(12)|$. Detta X l'unione dei tre insiemi,

$$\begin{aligned} |X| = &|I_{2160}(5)| + |I_{2160}(9)| + |I_{2160}(12)| \\ &- |I_{2160}(45)| - |I_{2160}(60)| - |I_{2160}(36)| + |I_{2160}(180)| \end{aligned}$$

calcolando i singoli addendi $|X| = 432 + 240 + 180 - 48 - 36 - 18 + 12 = 762$. Dunque $N = 1398$.

Esercizio 3.5: Indichiamo con A l'insieme delle monete d'argento, E l'insieme delle monete europee e R l'insieme delle monete rotonde presenti nella collezione. Le informazioni contenute nel testo del problema sono che:

- $C = A \cup E \cup R$ esaurisce l'intera collezione e pertanto $|A \cup E \cup R|$ è il numero che dobbiamo calcolare;

- $|A| = 25$, $|E| = 170$, $|R| = 415$, $|A \cap R| = 22$, $|E \cap R| = 152$;

- $A \cap E \subset R$,

In particolare, l'ultima informazione comporta che $A \cap E = A \cap E \cap R$ e quindi nella formula di inclusione applicata a questa situazione i termini $+|A \cap E \cap R|$ e $-|A \cap E|$ si cancellano l'un l'altro. Dunque la formula fornisce

$$|C| = 25 + 170 + 415 - 22 - 152 = 436.$$

Esercizio 3.6: Denotiamo F l'insieme delle persone presenti alla festa, B ed N gli insiemi delle persone con i capelli biondi e neri rispettivamente, A e V gli insiemi delle persone con gli occhi azzurri e verdi rispettivamente. Le informazioni che possiediamo sono:

- $F = B \cup N \cup A \cup V$;

- $|B| = 20$, $|N| = 18$, $|A| = 15$, $|V| = 12$;

- $|B \cap A| = 12$, $|B \cap V| = 4$, $|N \cap A| = 1$, $|N \cap V| = 7$.

Inoltre sappiamo che certamente

$$B \cap N = \emptyset, \qquad A \cap V = \emptyset$$

in quanto le condizioni di colore sui capelli e sugli occhi sono mutualmente esclusive. Inoltre ogni intersezione fra tre o quattro dei suddetti insiemi deve essere vuota, in quanto presi comunque tre tra B, N, A e V la loro intersezione è contenuta in $B \cap N$ o in $A \cap V$. Quindi abbiamo tutte le informazioni necessarie per applicare il principio di inclusione-esclusione per il calcolo di F e la formula fornisce

$$|F| = 20 + 18 + 15 + 12 - 12 - 4 - 1 - 7 = 41.$$

Esercizio 3.7:

1. Ci sono 6 possibili scelte per una lettera al primo posto e 4 possibili scelte per una cifra all'ultimo posto, oppure 4 scelte per una cifra al primo posto e 6 scelte per una lettera all'ultimo posto. Una qualunque di queste configurazioni si può completare ad un ordinamento di S ordinando gli 8 simboli rimanenti nelle altre posizioni. Per cui il totale richiesto è

$$(6 \cdot 4 + 4 \cdot 6)8! = 1935360.$$

2. La condizione è complementare alla precedente per cui avendosi in totale $10!$ ordinamenti di S il numero delle possibilità è ora

$$10! - 1935360 = 1693440.$$

Esercizio 3.8: Assumiamo che gli abiti di Anna sono distinguibili, cio non ci sono due magliette, due paia di pantaloni, due paia di scarpe o due borsette esattamente uguali.

1. Le scelte sono indipendenti quindi il totale è il prodotto:

$$11 \cdot 5 \cdot 6 \cdot 2 = 660.$$

2. Si vogliono contare le disposizioni di 6 oggetti tra 14 per cui possiamo applicare direttamente la formula

$$D_{6,14} = \frac{14!}{8!} = 14 \cdot 13 \cdot 12 \cdot 11 \cdot 10 \cdot 9 = 2162160$$

3. Anna può scegliere le magliette in $\binom{11}{4}$ modi, i pantaloni in $\binom{5}{2}$ modi, le scarpe in $\binom{6}{2}$ modi e la borsetta in 2 modi. Poiché le scelte sono fra loro indipendenti il loro totale è

$$\binom{11}{4} \cdot \binom{5}{2} \cdot \binom{6}{2} \cdot 2 = 99000$$

Esercizio 3.9:

1. Un codice di lunghezza 6 che alterna cifre pari e dispari non ripetute è la concatenazione di due sequenze di lunghezza 3 ciascuna delle quali è formata interamente da cifre pari o dispari prive di ripetizioni. Poiché ci sono 5 cifre pari e 5 cifre dispari il numero di tali successioni di 3 è il numero di disposizioni $D_{5,3} = 5!/2! = 60$. Poiché la scelta della successione di cifre pari è indipendente dalla scelta della successione di cifre dispari e poiché bisogna anche scegliere se cominciare da una cifra pari o dispari il numero totale di codici che soddisfano la condizione è

$$2 \cdot 60^2 = 7200.$$

2. Se il codice non può cominciare con la cifra 0 ci sono 9 scelte possibili per la prima cifra. Per ciascuna delle quattro cifre successive la scelta è fra 10 mentre la scelta per l'ultima è condizionata dal totale parziale delle cifre precedenti. Se tale somma è pari l'ultima cifra dovrà essere pari e se la somma è dispari l'ultima cifra dovrà essere dispari: in ogni caso la scelta dell'ultima cifra è limitata a 5 possibilità. Dunque il totale dei codici che soddisfano la condizione è

$$9 \cdot 10^4 \cdot 5 = 450000.$$

3. Denotiamo C_k l'insieme dei codici che contengono esattamente k volte la cifra 0: il problema chiede di valutare $|C_0| + |C_1| + |C_2|$. Calcoliamo ogni addendo separatamente.

- I codici in C_0 sono quelli formati dalle altre 9 cifre senza ulteriori condizioni. Pertanto $|C_0| = 9^6$.

- per ottenere un codice in C_1 bisogna scegliere una posizione dove avere lo 0 (6 scelte) e negli altri posti può essere collocata una cifra qualunque delle altre nove. Pertanto $|C_1| = 6 \cdot 9^5$.

- Per avere un codice in C_2 bisogna scegliere i 2 posti in cui collocare 0 ($\binom{6}{2} = 15$ scelte) e negli altri posti può essere collocata una cifra qualunque delle altre nove. Pertanto $|C_2| = 15 \cdot 9^4$.

Quindi il totale dei codici che soddisfano la condizione è

$$|C_0| + |C_1| + |C_2| = (81 + 54 + 15)9^4 = 984150.$$

Esercizio 3.10:

1. Stiamo considerando ordinamenti dell'insieme dei 6 amici. Sono 6!.

2. Ci sono 2 modi di far sedere Carlo e Franco nelle sedie centrali: Carlo a sinistra e Franco a destra, oppure Carlo a destra e Franco a sinistra. Ciascuna di queste scelte può essere completata con un'unica disposizione dei restanti 4 amici sulle 4 sedie esterne. Poichè ci sono 4! modi di fare ciò, per il metodo delle scelte successive il numero totale delle sistemazioni è

$$2 \cdot 4! = 2 \cdot 24 = 48.$$

3. Ci sono 10 modi per assegnare un posto a Bruno e Daniele: Bruno sulla sedia 1 e Daniele sulla sedia 2, Bruno sulla sedia 2 e Daniele sulla sedia 1, Bruno sulla sedia 2 e Daniele sulla sedia 3, eccetera. Ciascuna di queste scelte può essere completata con un'unica disposizione dei restanti 4 amici sulle 4 sedie rimanenti. Poichè ci sono 4! modi di fare questo secondo passo, per il metodo delle scelte successive il numero totale delle sistemazioni è

$$10 \cdot 4! = 10 \cdot 24 = 240.$$

Soluzione alternativa. Un altro modo di arrivare al totale è quello di pensare alla coppia (Bruno, *Daniele*) come un unico "elemento" e quindi il problema si riconduce a quello di far sedere 5 elementi in 5 posti, cosa che si può fare in 5! modi. Ciascuna di queste sistemazioni va però contata 2 volte: una volta quando Bruno siede a sinistra di Daniele, l'altra quando Bruno siede a destra di Daniele. pertanto il totale è

$$2 \cdot 5! = 2 \cdot 120 = 240.$$

Esercizio 3.11:

1. Ogni ballerina può ballare con ogni ballerino, quindi il totale delle coppie possibili è $11 \cdot 9 = 99$.

2. Le scelte di 5 uomini su 11 sono $\binom{11}{5}$ e le scelte di 5 donne su 9 sono $\binom{9}{5}$. Poiché le scelta di un gruppo di uomini è indipendente da quella di un gruppo di donne il numero totale delle scelte dei 10 ballerini è

$$\binom{11}{5} \cdot \binom{9}{5} = \frac{11!}{5! \cdot 6!} \cdot \frac{9!}{5! \cdot 4!} = 58464$$

3. Complessivamente, lunedì erano presenti 15 studenti e giovedì erano presenti 16 studenti. Detto n il numero degli studenti presenti ad entrambi le lezioni il principio di inclusione-esclusione fornisce la relazione

$$20 = 15 + 16 - n$$

da cui $n = 11$.

Esercizio 3.12:

1. Il "Laver" deve scegliere 4 tennisti fra 8 e 2 tenniste fra 5. Poiché le scelte sono indipendenti il numero totale è

$$\binom{8}{4} \cdot \binom{5}{2} = \frac{8!}{4! \cdot 4!} \cdot \frac{5!}{3! \cdot 2!} = 700.$$

2. Ci sono $4! = 24$ modi di accoppiare i tennisti fra di loro e $2! = 2$ modi per le tenniste. Inoltre ogni squadra può scegliere $4 \cdot 2 = 8$ diverse coppie miste che quindi daranno luogo ad $8^2 = 64$ possibili accoppiamenti per il doppio. Poichè tutte queste scelte sono fra loro indipendenti il totale dei possibili abbinamenti è

$$24 \cdot 2 \cdot 64 = 3072.$$

3. Ci sono $4! = 24$ per ordinare i singolari maschili e $2! = 2$ per ordinare i singolari femminili. Siccome l'unico incontro di doppio verrà giocato per ultimo il totale degli ordinamenti è $24 \cdot 2 \cdot 1 = 48$.

Esercizio 3.13:

1. Poiché le iniziali sono tutte distinte, dobbiamo contare gli ordinamenti di 4 elementi che dunque sono $4! = 24$.

2. Sottolineiamo che nel calcolare questo tipo di scelte stiamo considerando solo le nazionalità delle persone e non gli individui. Per contare il numero

delle scelte possibili di 16 persone in modo che ognuna delle 4 nazionalità sia rappresentata seguiamo la strategia seguente. Come primo passo
scegliamo una persona di ciascuna nazionalità. Questa scelta è unica.

A questo punto completiamo la scelta dei 16 scegliendo in modo arbitrario
le 12 persone: comunque ciò si faccia alla fine tutte e quattro le nazionalità
saranno rappresentate perché di ciò si è occupato il primo passo. Ma
scegliere 12 persone di 4 nazionalità in modo arbitrario è considerare le
combinazioni con ripetizione di ordine $n = 12$ su un insieme con $k = 4$
elementi e quindi il loro numero è

$$\binom{n+k-1}{k-1} = \binom{15}{3} = \frac{15 \cdot 14 \cdot 13}{3 \cdot 2 \cdot 1} = 455.$$

3. Per il sottoprogetto 1 bisogna scegliere 7 persone su 16 e questo si può
   fare in $\binom{16}{7}$ modi. Per il sottoprogetto 2 bisogna scegliere 6 persone tra le
   rimanenti 9 e questo si può fare in $\binom{9}{6}$ modi. Infine le 3 persone rimanenti
   vanno ordinate nelle 3 posizioni rimanenti e questo si può fare in $3!$ modi.

   Poiché ad ogni passo la scelta è indipendente dalle precedenti, per il
   metodo delle scelte consecutive il totale delle possibili scelte di attribuzione
   di compiti è

$$\binom{16}{7} \cdot \binom{9}{6} \cdot 3! = \frac{16!}{7! \cdot 9!} \cdot \frac{9!}{6! \cdot 3!} \cdot 3! = \frac{16!}{7! \cdot 6!} = 5.765.760$$

Esercizio 3.14:

1. Scegliere due colori su 5 si può fare in $\binom{5}{2} = 10$ modi diversi.

2. Con 5 colori a disposizione un mazzo con $\leq 20 = 4 \cdot 5$ rose pu avere ogni
   colore rappresentato 4 volte o meno. Ma se le rose sono ≥ 21 almeno un
   colore deve essere presente almeno 5 volte.

3. Per formare un mazzo in cui ogni colore sia rappresentato iniziamo col
   scegliere una rosa per ogni colore. Fatto ciò, possiamo scegliere le rimanenti 7 rose in modo arbitrario. Quindi il problema equivale a calcolare il
   numero delle combinazioni con ripetizione di $n = 7$ rose con $k = 5$ colori,
   ed esse sono

$$\binom{7+5-1}{5-1} = \binom{11}{4} = \frac{11!}{7! \cdot 4!} = \frac{11 \cdot 10 \cdot 9 \cdot 8}{4 \cdot 3 \cdot 2 \cdot 1} = 330.$$

Esercizio 3.15:

1. Scegliere 2, 3 o 4 essenze tra 8 da miscelare si puøfare in $\binom{8}{2}$, $\binom{8}{3}$ e $\binom{8}{4}$
   modi rispettivamente. Poiché le scelte di quante essenze miscelare sono
   mutualmente esclusive il totale delle possibilità è

$$\binom{8}{2} + \binom{8}{3} + \binom{8}{4} = 28 + 56 + 70 = 154.$$

2. I modi di scegliere 6 boccette di 4 colori anche ripetuti sono $\binom{6+4-1}{4-1} = \binom{9}{3} = 84$.

3. In questo caso basta scegliere 3 colori fra 4 e questo si può fare in $\binom{4}{3} = 4$ modi diversi.

Esercizio 3.16: L'enunciato del problema contiene un'ambiguità che è lasciata al lettore da risolvere: conta solo la suddivisione dei 16 atleti in due gruppi di 8 oppure conta anche in quale precisa semifinale gli atleti vanno collocati? In altre parole: scambiando fra loro i due gruppi di semifinalisti conta come una sola distribuzione o come due? Risolviamo il problema in entrambe le situazioni.

Assumiamo quindi che le **semifinali sono distinte**, abbiamo cioè una semifinale 1 ed una semifinale 2.

1. Per formare la semifinale 1 dobbiamo scegliere 8 dei 16 qualificati. Questo si può fare in
$$\binom{16}{8} = \frac{16!}{8! \cdot 8!} = 12.970$$
modi. Una volta scelti gli 8 primi semifinalisti la scelta dei secondi semifinalisti è obbligata e quindi il totale delle possibili distribuzioni è 12970.

2. Per formare la semifinale 1 prima scegliamo 2 dei 4 qualificati con i tempi migliori: questo si può fare in $\binom{4}{2}$ modi. Poi completiamo la semifinale 1 scegliendo 6 dal gruppo di 12 qualificati meno veloci: questo si può fare in $\binom{12}{6}$ modi. Una volta completata la semifinale 1 la scelta degli 8 partecipanti alla semifinale 2 è obbligata. Quindi il totale delle distribuzioni è
$$\binom{4}{2} \cdot \binom{12}{6} = \frac{4!}{2! \cdot 2!} \cdot \frac{12!}{6! \cdot 6!} = 6 \cdot 924 = 5.544$$

3. Per rispettare la condizione gli atleti europei possono suddividersi tra le due semifinali solo 6+3 o 5+4. Quindi alla semifinale 1 possono partecipare 3, 4, 5 o 6 atleti europei. Queste varie possibilità sono in alternativa e quindi dobbiamo calcolare in quanti modi si possono ottenere ognuna di esse e poi sommare i risultati parziali. Osserviamo che se inseriamo k atleti europei nella semifinale 1, la semifinale va poi completata con $8 - k$ atleti scelti fra i 7 non europei. Quindi abbiamo

   - $\binom{9}{3} \cdot \binom{7}{5}$ modi di formare la semifinale 1 con 3 atleti europei;
   - $\binom{9}{4} \cdot \binom{7}{4}$ modi di formare la semifinale 1 con 4 atleti europei;
   - $\binom{9}{5} \cdot \binom{7}{3}$ modi di formare la semifinale 1 con 5 atleti europei;
   - $\binom{9}{6} \cdot \binom{7}{2}$ modi di formare la semifinale 1 con 6 atleti europei;

In totale (ricordando che $\binom{9}{3} = \binom{9}{6}$, $\binom{7}{5} = \binom{7}{2}$, eccetera:
$$2 \cdot \binom{9}{3} \cdot \binom{7}{5} + 2 \cdot \binom{9}{4} \cdot \binom{7}{4} = 2 \cdot 84 \cdot 21 + 2 \cdot 126 \cdot 35 = 12748$$

Assumiamo invece ora che le **semifinali siano indistinguibili**, cioè guardiamo solo alla suddivisione dei 16 semifinalisti in due gruppi di 8 senza curarci di quale gruppo va nella semifinale 1 e quale nella semifinale 2. Per ogni ripartizione dei 16 in due gruppi di 8 ci sono due possibilità di compilare le semifinale, inserendo uno dei due gruppi di 8 una volta nella semifinale 1 ed una seconda volta nella semifinale 2. Pertanto in questa situazione possiamo semplicemente ripeterei calcoli fatti sopra ma alla fine dividere i risultati per 2. Quindi:

1. Le distribuzioni distinte in due semifinali sono $\frac{1}{2} \cdot \binom{16}{8} = 6.485$

2. Le distribuzioni distinte in due semifinali con i 4 tempi più veloci ripsrtiti $2 + 2$ sono $\frac{1}{2}\binom{4}{2} \cdot \binom{12}{6} = 2.772$

3. Le distribuzioni distinte in due semifinali con non più di 6 europei in una singola semifinale sono $\frac{1}{2}\left(2 \cdot \binom{9}{3} \cdot \binom{7}{5} + 2 \cdot \binom{9}{4}\binom{7}{4}\right) = 6.374$

Esercizio 3.17:

1. ALGORITMO ha 9 lettere di cui 2 O. Per cui gli anagrammi sono $\frac{9!}{2!} = 181.440$.

2. INFORMATICA ha 11 lettere di cui 2 A e 2 I. Per cui gli anagrammi sono $\frac{9!}{2! \cdot 2!} = 9.979.200$

3. TORINO ha 6 lettere di cui 2 O. Per cui gli anagrammi sono $\frac{6!}{2!} = 360$

4. DISPOSIZIONI ha 12 lettere di cui 4 I, 2 O e 2 S. Per cui gli anagrammi sono $\frac{12!}{4! \cdot 2! \cdot 2!} = 4.989.600$.

5. COROLLARIO ha 10 lettere di cui 3 O, 2 L e 2 R. Per cui gli anagrammi sono $\frac{10!}{3! \cdot 2! \cdot 2!} = 151.200$.

Esercizio 3.18: La formula è ovviamente vera per $n = 0, 1$. Dunque supponiamola vera per n e scriviamo

$$(x + y)^{n+1} = (x + y)^n (x + y)^{n+1} =$$
$$x\left(x^n + \binom{n}{1}x^{n-1}y + \binom{n}{2}x^{n-2}y^2 + \cdots\right) +$$
$$y\left(x^n + \binom{n}{1}x^{n-1}y + \binom{n}{2}x^{n-2}y^2 + \cdots\right) =$$
$$\left(x^{n+1} + \binom{n}{1}x^n y + \binom{n}{2}x^{n-1}y^2 + \cdots\right) +$$
$$\left(x^n y + \binom{n}{1}x^{n-1}y^2 + \binom{n}{2}x^{n-2}y^3 + \cdots\right) =$$
$$\sum_{k=0}^{n+1} B_{n+1,k} x^{n+1-k} y^k$$

per opportuni coefficienti $B_{n+1,k}$. Confrontando le espressioni si vede che

$$B_{n+1,k} = \binom{n}{k} + \binom{n}{k-1}$$

e quindi $B_{n+1,k} = \binom{n+1}{k}$ per le formula di Stiefel applicata al caso $n+1$. Dunque la formula per ogni valore di n.

Esercizio 3.19: Per $n = 1$ si ha $\binom{1}{0} + \binom{1}{1} = 1 + 1 = 2$ e quindi la formula è vera. Dunque supponiamola vera per n e scriviamo

$$\sum_{k=0}^{n+1} \binom{n+1}{k} = \sum_{k=0}^{n+1} \left(\binom{n}{k} + \binom{n}{k-1} \right) =$$

$$\sum_{k=0}^{n} \binom{n}{k} + \sum_{k=1}^{n+1} \binom{n}{k-1} = 2 \cdot 2^n = 2^{n+1}$$

dove abbiamo usato la formula di Stiefel (tenere presente anche la nota 3.7.3).

Esercizio 3.20: Applichiamo una prima volta la formula di Stiefel per scrivere

$$\binom{n}{k} = \binom{n-1}{k} + \binom{n-1}{k-1}$$

e poi riapplichiamo una seconda volta la formula di Stiefel ai singoli addendi dell'ultima espressione per ottenere

$$\left(\binom{n-2}{k} + \binom{n-2}{k-1} \right) + \left(\binom{n-2}{k-1} + \binom{n-2}{k-2} \right) =$$

$$\binom{n-2}{k-2} + 2\binom{n-1}{k-1} + \binom{n-2}{k}.$$

I casi $k = 0$, 1 (in cui $k-2$ è negativo) oppure non danno problemi grazie a quanto osservato nella nota 3.7.3). Si può comunque osservare che:

- se $k = 0$ la formula da dimostrare diventa $\binom{n}{0} = 0 + 0 + 1$ ed è vera;
- se $k = 1$ la formula da dimostrare diventa $\binom{n}{1} = 0 + 2 + (n-2)$ ed è vera.

Esercizio 3.21: Iniziamo col supporre n dispari. Ricordando che $\binom{n}{k} = \binom{n}{n-k}$ osserviamo che

$$k \text{ è pari} \Longleftrightarrow n - k \text{ è dispari.}$$

Pertanto per ogni coefficiente binomiale $\binom{n}{k}$ con k pari ce ne è un secondo uguale con "denominatore" dispari. Dunque deve aversi

$$\sum_{k \text{ pari}} \binom{n}{k} = \sum_{k \text{ dispari}} \binom{n}{k}.$$

perché stiamo sommando esattamente gli stessi addendi a sinistra e a destra.

Supponiamo ora n pari. Scriviamo la formula di Newton per $(a+b)^n$ dove peró prendiamo $a = 1$ e $b = -1$. Poiché in questo caso $a + b = 0$ la formula diventa

$$0 = \sum_{k=0}^{n} \binom{n}{k} 1^{n-k} \cdot (-1)^k = \sum_{k=0}^{n} \binom{n}{k} \cdot (-1)^k.$$

Nella sommatoria i coefficienti binomiali $\binom{n}{k}$ entrano con un segno $+$ per k pari e con un segno $-$ per k dispari. Pertanto separandoli otteniamo anche in questo caso l'uguaglianza

$$\sum_{k \text{ pari}} \binom{n}{k} \sum_{k \text{ dispari}} \binom{n}{k}.$$

Capitolo 4: I numeri interi

Esercizio 4.1:

1. $26754 = (-87) \cdot (-307) + 45$.

2. $-29244 = (-102) \cdot 289 + 234$.

3. $781116 = 709 \cdot 1101 + 507$.

Esercizio 4.2: Diamo la soluzione coi passaggi intermedi solo per le prime tre coppie di numeri, le altre si risolvono usando esattamente la stessa procedura.

1.

$$
\begin{aligned}
1156 &= 15 \cdot 75 + 31 \\
75 &= 2 \cdot 31 + 13 \\
31 &= 2 \cdot 13 + 5 \\
13 &= 2 \cdot 5 + 3 \\
5 &= 1 \cdot 3 + 2 \\
3 &= 1 \cdot 2 + \boxed{1} \leftarrow \text{MCD} \\
2 &= 2 \cdot 1 + 0.
\end{aligned}
$$

Dunque $\text{MCD}(1156, 75) = 1$, Per l'identità di Bezout:

$$
\begin{aligned}
1 &= 3 - 2 \\
&= 3 - (5 - 3) = 2 \cdot 3 - 5 \\
&= 2(13 - 2 \cdot 5) - 5 = 2 \cdot 13 - 5 \cdot 5 \\
&= 2 \cdot 13 - 5(31 - 2 \cdot 13) = 12 \cdot 13 - 5 \cdot 31 \\
&= 12(75 - 2 \cdot 31) - 5 \cdot 31 = 12 \cdot 75 - 29 \cdot 31 \\
&= 12 \cdot 75 - 29(1156 - 15 \cdot 75) = \boxed{447 \cdot 75 - 29 \cdot 1156}.
\end{aligned}
$$

2.

$$
\begin{aligned}
1377 &= 1 \cdot 1071 + 306 \\
1071 &= 3 \cdot 306 + \boxed{153} \leftarrow \text{MCD} \\
306 &= 2 \cdot 153 + 0
\end{aligned}
$$

Dunque MCD$(1377, 1071) = 153$, Per l'identità di Bezout:

$$
\begin{aligned}
153 &= 1071 - 3 \cdot 306 \\
&= 1071 - 3(1377 - 1071) = \boxed{4 \cdot 1071 - 3 \cdot 1377}
\end{aligned}
$$

3.

$$
\begin{aligned}
3973 &= 2 \cdot 1853 + 267 \\
1853 &= 6 \cdot 267 + 251 \\
267 &= 1 \cdot 251 + 16 \\
251 &= 15 \cdot 16 + 11 \\
16 &= 1 \cdot 11 + 5 \\
11 &= 2 \cdot 5 + \boxed{1} \leftarrow \text{MCD} \\
5 &= 5 \cdot 1 + 0.
\end{aligned}
$$

Dunque MCD$(3973, 1853) = 1$, Per l'identità di Bezout:

$$
\begin{aligned}
1 &= 11 - 2 \cdot 5 \\
&= 11 - 2(16 - 11) = 3 \cdot 11 - 2 \cdot 16 \\
&= 3(251 - 15 \cdot 16) - 2 \cdot 16 = 3 \cdot 251 - 47 \cdot 16 \\
&= 3 \cdot 251 - 47(267 - 251) = 50 \cdot 251 - 47 \cdot 267 \\
&= 50(1853 - 6 \cdot 267) - 47 \cdot 267 = 50 \cdot 1853 - 347 \cdot 267 \\
&= 50 \cdot 1853 - 347(3973 - 2 \cdot 1853) = \boxed{447 \cdot 75 - 29 \cdot 1156}.
\end{aligned}
$$

4. MCD$(26125, 17043) = 19$, Bezout: $19 = -152 \cdot 26125 + 233 \cdot 17043$.

5. MCD$(40257, 5439) = 21$, Bezout: $21 = -127 \cdot 40257 + 940 \cdot 5439$.

6. MCD$(153664, 24321) = 1$, Bezout: $1 = -6635 \cdot 153664 + 41921 \cdot 24321$.

Esercizio 4.3: L'equazione $aX + bY = n$ è risolubile in $\mathbb{Z} \times \mathbb{Z}$ esattamente quando n è un multiplo di MCD(a, b). Quindi:

1. $8X - 11Y = 6$ è risolubile perché MCD$(8, -11) = 1 \mid 6$.

2. $15X - 6Y = 42$ è risolubile perché MCD$(15, -6) = 3 \mid 42$.

3. $9X - 12Y = 22$ non è risolubile perché MCD$(9, -12) = 3$ non divide 22.

4. $28X + 49Y$ è risolubile perché MCD$(28, 49) = 7 \mid 91$.

Esercizio 4.4:

1. $11001_{[2]} = 1 + 0 \cdot 2 + 0 \cdot 2^2 + 1 \cdot 2^3 + 1 \cdot 2^4 = 25$.

2. $20110_{[3]} = 0 + 1 \cdot 3 + 1 \cdot 3^2 + 0 \cdot 3^3 + 2 \cdot 3^4 = 174$.

3. $13203_{[4]} = 3 + 0 \cdot 4 + 2 \cdot 4^2 + 3 \cdot 4^3 + 1 \cdot 4^4 = 467$.

4. $14403_{[5]} = 3 + 0 \cdot 5 + 4 \cdot 5^2 + 4 \cdot 5^3 + 1 \cdot 5^4 = 1228$.

5. $25034_{[6]} = 4 + 3 \cdot 6 + 0 \cdot 6^2 + 5 \cdot 6^3 + 2 \cdot 6^4 = 3694$.

6. $57704_{[8]} = 4 + 0 \cdot 8 + 7 \cdot 8^2 + 7 \cdot 8^3 + 5 \cdot 8^4 = 24916$.

7. $1BA8_{[12]} = 8 + 10 \cdot 12 + 11 \cdot 12^2 + 1 \cdot 12^3 = 3440$.

8. $E1C45_{[16]} = 5 + 4 \cdot 16 + 12 \cdot 16^2 + 1 \cdot 16^3 + 14 \cdot 16^4 = 924741$.

Esercizio 4.5:

1. 1000111010, 100000101111, 10101011111011.

2. 21100, 2002202, 112200120.

3. 3131, 233131, 10103123.

4. 1151, 7706, 52207.

5. $31B$, $36A1$, 19571.

6. $14B$, $12A5$, $8C4C$.

Esercizio 4.6:

$224 = 2^5 \cdot 7$	$1584 = 2^4 \cdot 3^2 \cdot 11$	$6125 = 5^3 \cdot 7^2$
$11343 = 3 \cdot 19 \cdot 199$	$17901 = 3^4 \cdot 13 \cdot 17$	$37422 = 2 \cdot 3^5 \cdot 7 \cdot 11$
$40033 = 7^2 \cdot 19 \cdot 43$	$69629 = 7^4 \cdot 29$	$81191 = 11^3 \cdot 61$

Esercizio 4.7: Sia p un primo che divide a. Siccome la divisibilità è transitiva p deve dividere bc e non dividendo b, perché a e b non hanno divisori primi comuni, deve dividere c per definizione di numero primo. Ma allora eliminando il fattore p sia da a che da b risulta che a/p divide $b(c/p)$.

Possiamo allora iterare il ragionamento prendendo un divisore primo p' di a/p, eccetera. Questo ogni divisore primo di a divide c e quindi a divide c.

Esercizio 4.8: Che $X = bk$, $Y = -ak$ risolvano l'equazione $aX + bY = 0$ qualunque sia $k \in \mathbb{Z}$ è chiaro. Viceversa, se $(x, y) \in \mathbb{Z}^2$ è una soluzione risulta $ax = -by$ da cui a divide y per l'esercizio 4.7 precedente e per ragioni del tutto simmetriche b divide x. Dunque devono esistere $k, \ell \in \mathbb{Z}$ tali che $x = bk$ e $y = a\ell$. Risostituendo nell'equazione si ottiene $abk = -ab\ell$ da cui segue subito che $\ell = -k$.

Se poi A' e $B' \in \mathbb{Z}$ sono tali che $A'a + B'b = 1$ si ha

$$0 = 1 - 1 = (A'a + B'b) - (Aa + Bb) = (A' - A)a + (B' - B) = 0$$

che rende evidente come $x = A' - A$ e $y = B' - B$ siano soluzione di $aX + bY = 0$. Possiamo allora concludere per quanto ottenuto ella prima parte dell'esercizio.

Capitolo 5: Permutazioni

Esercizio 5.1:

$$\sigma^2 = \begin{pmatrix} 1 & 2 & 3 & 4 & 5 & 6 & 7 \\ 4 & 1 & 3 & 2 & 6 & 7 & 5 \end{pmatrix}, \qquad \sigma\tau = \begin{pmatrix} 1 & 2 & 3 & 4 & 5 & 6 & 7 \\ 7 & 4 & 2 & 5 & 3 & 6 & 1 \end{pmatrix},$$

$$\tau\sigma = \begin{pmatrix} 1 & 2 & 3 & 4 & 5 & 6 & 7 \\ 2 & 6 & 1 & 5 & 4 & 3 & 7 \end{pmatrix}, \qquad \tau^2 = \begin{pmatrix} 1 & 2 & 3 & 4 & 5 & 6 & 7 \\ 3 & 2 & 5 & 7 & 1 & 4 & 6 \end{pmatrix},$$

$$\sigma\tau\sigma = \begin{pmatrix} 1 & 2 & 3 & 4 & 5 & 6 & 7 \\ 4 & 5 & 2 & 7 & 1 & 3 & 6 \end{pmatrix}, \qquad \tau\sigma\tau = \begin{pmatrix} 1 & 2 & 3 & 4 & 5 & 6 & 7 \\ 4 & 6 & 2 & 3 & 1 & 7 & 5 \end{pmatrix},$$

Esercizio 5.1:

$$\alpha = (1\ 3\ 5\ 2\ 8)(4\ 7), \qquad \beta = (1\ 4\ 8\ 7)(2\ 6\ 5\ 3),$$

$$\gamma = (1\ 5)(2\ 3)(4\ 7)(6\ 8), \quad \delta = (1\ 3\ 7)(2\ 6\ 5)(4\ 8).$$

Esercizio 5.3:

1. $\sigma = (1\ 5\ 2\ 4\ 3)$ è un ciclo di lunghezza 5 quindi pari, $\tau = (1\ 3\ 5\ 2)$ è un ciclo di lunghezza 4 quindi dispari. Poi $\sigma\tau = (2\ 5\ 4\ 3)$ e $\tau\sigma = (1\ 2\ 4\ 5)$ sono entrambe cicli di lunghezza 4 quindi permutazioni dispari.

2. $\sigma = (1\ 6\ 5\ 3)(2\ 4)$ ha tipo $(4,2)$ ed è quindi pari, $\tau = (1\ 5\ 2\ 4\ 6)$ è un ciclo di lunghezza 5 dunque pari. Poi $\sigma\tau = (1\ 3)(4\ 5)$ e $\tau\sigma = (2\ 6)(3\ 5)$ hanno entrambe tipo $(2,2)$ quindi permutazioni pari.

3. σ è un ciclo di lunhezza 6 quindi dispari, $\tau = (1\ 5\ 6\ 4)(2\ 3\ 7)$ ha tipo $(4,3)$ quindi dispari. Poi $\sigma\tau = (1\ 3)(4\ 5\ 6\ 7)$ e $\tau\sigma = (1\ 6\ 4\ 2)(5\ 7)$ hanno entrambe tipo $(4,2)$ quindi permutazioni pari.

4. $\sigma = (1\ 4\ 6\ 7\ 2\ 8\ 3\ 9\ 5)$ è un ciclo di lunghezza 9 quindi pari, $(1\ 4\ 7\ 6\ 5\ 3\ 2\ 9)$ è un ciclo di lunghezza 8 quindi dispari. Poi $\sigma\tau = (1\ 6)(2\ 5\ 9\ 4)(3\ 8)$ e $\tau\sigma = (1\ 7\ 9\ 3)(2\ 8)(4\ 5)$ hanno entrambe tipo $(4,2,2)$ quindi permutazioni dispari.

Esercizio 5.4:

1. Sia $\pi = s_1 \circ \cdots \circ s_k$ una scrittura di π come composizione di scambi. Poiché per ogni scambio s si ha $s^{-1} = s$ si ha dalla scrittura precedente che

$$\pi^{-1} = (s_1 \circ \cdots \circ s_k)^{-1} = s_k^{-1} \circ \cdots \circ s_1^{-1} = s_k \circ \cdots \circ s_1.$$

Quindi π e π^{-1} si scrivono utilizzando lo stesso numero di scambi e quindi hanno la stessa parità.

2. Siano $\pi = s_1 \circ \cdots \circ s_k$ e $\sigma = t_1 \circ \cdots \circ s_{k'}$, scritture di π e σ come composizione di scambi. Ragionando come nel punto precedente abbiamo

$$\sigma \circ \pi \circ \sigma = t_1 \circ \cdots \circ t_{k'} \circ s_1 \circ \cdots \circ s_k \circ t_1 \circ \cdots \circ t_{k'}$$

e

$$\sigma \circ \pi \circ \sigma^{-1} = t_1 \circ \cdots \circ t_{k'} \circ s_1 \circ \cdots \circ s_k \circ t_\ell \circ \cdots \circ t_1.$$

Quindi $\sigma \circ \pi \circ \sigma$ e $\sigma \circ \pi \circ \sigma^{-1}$ ammettono entrambe una scrittura come composizione di $k + 2k'$ scambi e quindi basta osservare che i numeri k e $k + 2k'$ sono entrambi pari o entrambi dispari.

Esercizio 5.5: Sia $\pi = s_1 \circ \cdots \circ s_k$ una scrittura di π come composizione di un numero dispari k di scambi. Per ogni $r > 0$ la r-esima potenza di π si scrive

$$\pi^r = \underbrace{(s_1 \circ \cdots \circ s_k) \circ \cdots \circ (s_1 \circ \cdots \circ s_k)}_{r \text{ volte}}$$

e quindi consiste di una composizione di rk scambi. Se vogliamo $r^k = \mathrm{id}$ deve essere r pari perché id è una permutazione pari.

Esercizio 5.6:

1. Tipo $(2, 3, 4)$: pari, periodo mcm$(2, 3, 4) = 12$.
   Tipo $(3, 3, 3)$: pari, periodo mcm$(3, 3, 3) = 3$.

2. Tipo $(3, 7)$: pari, periodo mcm$(3, 7) = 21$.
   Tipo $(2, 2, 2, 3)$: dispari, mcm$(2, 2, 2, 3) = 6$.

3. Tipo $(3, 11)$: pari, periodo mcm$(3, 11) = 33$.
   Tipo $(2, 4, 7)$: pari, periodo mcm$(2, 4, 7) = 28$.
   Tipo $(4, 4, 6)$: dispari, periodo mcm$(4, 4, 6) = 12$.

4. Tipo $(3, 5, 6, 6)$: pari, periodo mcm$(3, 5, 6, 6) = 30$.
   Tipo $(8, 12)$: pari, periodo mcm$(8, 12) = 24$.
   Tipo $(2, 2, 2, 2, 2, 2, 3, 4)$: dispari, periodo mcm$(2, 2, 2, 2, 2, 2, 3, 4) = 12$.

Esercizio 5.6: Iniziamo osservando che a meno di rinominare gli elementi che costituiscono il ciclo c possiamo sempre supporre che $c = (1 \ 2 \ \cdots \ \ell)$. Possiamo allora analizzare caso per caso semplicemente calcolando.

- $\ell = 2$, cioè $c = (1 \ 2)$. Allora $c = c^3$ e $c^2 = c^4 = \mathrm{id}$.

- $\ell = 3$, cioè $c = (1 \ 2 \ 3)$. Allora $c = c^4$, $c^2 = (1 \ 3 \ 2)$ è anch'esso un ciclo di lunghezza 3 e $c^3 = \mathrm{id}$.

- $\ell = 4$, cioè $c = (1 \ 2 \ 3 \ 4)$. Allora $c^2 = (1 \ 3)(2 \ 4)$ ha tipo $(2, 2)$, $c^3 = (1 \ 4 \ 3 \ 2)$ è un ciclo di lunghezza 4 e $c^4 = \mathrm{id}$.

- $\ell = 5$, cioè $c = (1\ 2\ 3\ 4\ 5)$. Allora $c^2 = (1\ 3\ 5\ 2\ 4)$, $c^3 = (1\ 4\ 2\ 5\ 3)$ e $c^4 = (1\ 5\ 4\ 3\ 2)$ sono tutti cicli di lunghezza 5.

- $\ell = 6$, cioè $c = (1\ 2\ 3\ 4\ 5\ 6)$. Allora $c^2 = (1\ 3\ 5)(2\ 4\ 6)$ ha tipo $(3,3)$, $c^3 = (1\ 4)(2\ 5)(3\ 6)$ ha tipo $(2,2,2)$ e $c^4 = (1\ 5\ 3)(2\ 6\ 4)$ ha di nuovo tipo $(3,3)$.

Esercizio 5.8:

1. I cicli di lunghezza 4 in $\mathcal{S}_7$ sono $\frac{1}{4}D_{7,4} = \frac{1}{4}\frac{7!}{3!} = 210$.

2. I cicli di lunghezza 6 in $\mathcal{S}_8$ sono $\frac{1}{6}D_{8,6} = \frac{1}{6}\frac{8!}{2!} = 3360$.

3. I cicli di lunghezza 10 in $\mathcal{S}_{13}$ sono $\frac{1}{10}D_{13,10} = \frac{1}{10}\frac{13!}{3!} = 103783680$.

Esercizio 5.9:

1. Scegliamo prima un ciclo di lunghezza 2 tra 6 elementi e poi un ciclo di lunghezza 3 tra i 4 elementi rimanenti. Le scelte possibili sono

$$\frac{1}{2}\frac{6!}{4!} \cdot \frac{1}{3}\frac{4!}{1!} = 5! = 120.$$

2. Scegliamo prima un ciclo di lunghezza 2 tra 8 elementi, poi un ciclo di lunghezza 2 tra i 6 elementi rimanenti ed infine costruiamo un ciclo dai 4 elementi rimanenti. Poiché però ci sono 2 cicli di lunghezza uguale il numero totale di scelte è

$$\frac{1}{2} \cdot \frac{1}{2}\frac{8!}{6!} \cdot \frac{1}{2}\frac{6!}{4!} \cdot \frac{1}{4}\frac{4!}{0!} = \frac{1}{32}8! = 1260$$

3. Scegliamo prima un ciclo di lunghezza 3 tra 9 elementi e poi un altro ciclo di lunghezza 3 tra i 6 elementi rimanenti. Poiché pero ci sono 2 cicli da scegliere di lunghezza uguale il numero totale di scelte è

$$\frac{1}{2} \cdot \frac{1}{3}\frac{9!}{6!} \cdot \frac{1}{3}\frac{6!}{3!} = \frac{8!}{2 \cdot 3!} = 3360.$$

4. Scegliamo prima un ciclo di lunghezza 2 tra 12 elementi, poi un ciclo di lunghezza 4 tra gli 10 elementi rimanenti ed infine un ciclo di lunghezza 5 tra i 6 elementi rimanenti. Non essendoci lunghezze ripetute il numero totale di scelte è

$$\frac{1}{2}\frac{12!}{10!} \cdot \frac{1}{4}\frac{10!}{6!} \cdot \frac{1}{5}\frac{6!}{1!} = \frac{1}{40}12! = 11975040.$$

5. Scegliamo prima un ciclo di lunghezza 3 tra 14 elementi, poi un altro ciclo di lunghezza 3 tra glii 11 elementi rimanenti, poi un ciclo di lunghezza 4 tra 8 elementi rimanenti e finalmente usiamo gli ultimi 4 elementi per formare un altro ciclo di lunghezza 4. Poiché pero ci sono 2 cicli da scegliere di lunghezza uguale a 3 e altri due cicli di lunghezza uguale a 4 il numero totale di scelte è

$$\left(\frac{1}{2}\right)^2 \frac{1}{3}\frac{14!}{11!} \cdot \frac{1}{3}\frac{11!}{8!} \cdot \frac{1}{4}\frac{8!}{4!} \cdot \frac{1}{4}\frac{4!}{0!} = \frac{14!}{2^2 \cdot 3^2 \cdot 4^2} = 151351200.$$

Esercizio 5.10:

1. Poniamo $c = (n_1 \; n_2 \; ... \; n_\ell)$. Allora vale la formula

$$\sigma c \sigma^{-1} = (\sigma(n_1) \; \sigma(n_2) \; ... \; \sigma(n_\ell))$$

che rende evidente quanto si chiede di dimostrare. Per verificare la correttezza della formula calcoliamo i due membri dell'uguaglianza per $t \in I_n$. Se $t = \sigma(n_i)$ per un qualche $i = 1, ..., \ell$ si ha

$$\sigma c \sigma^{-1}(t) = \sigma c \sigma^{-1}(\sigma(n_i)) = \sigma c(\sigma^{-1}\sigma(n_i)) = \sigma c(n_i) = \sigma(n_{i+1})$$

a sinistra e $\sigma(n_i)$ è trasformato in $si(n_{i+1})$ anche col ciclo di destra. Se $t = \sigma(k)$ per qualche $k \notin \{n_1, ..., n_\ell\}$ si ha

$$\sigma c \sigma^{-1}(t) = \sigma c \sigma^{-1}(\sigma(k)) = \sigma c(\sigma^{-1}\sigma(k)) = \sigma c(k) = \sigma(k) = t$$

a sinistra e anche il ciclo di destra non sposta t. La formula è così verificata

2. Scriviamo $\pi = c_1 \cdots c_k$ come prodotto di cicli disgiunti e osserviamo che

$$\sigma \pi \sigma^{-1} = \sigma c_1 \cdots c_k \sigma^{-1} = \sigma c_1 \sigma^{-1} \sigma c_2 \sigma^{-1} \cdots \sigma c_k \sigma^{-1}.$$

Per il punto precedente l'ultima espressione è uguale a $c_1' \cdots c_k'$ dove ogni c_i' è un ciclo della stessa lunghezza di c_i. Dunque le due permutazioni π e $\sigma \pi \sigma^{-1}$ hanno lo stesso tipo.

Esercizio 5.11: Se $\pi(k) = k$ il numero k non compare nei cicli disgiunti della decomposizione di π. Pertanto stiamo cercando tipi $(n_1, ..., n_k)$ tali che $n_1 + \cdots + n_k = 7$ (e non semplicemente ≤ 7). Quindi i tipi richiesti sono

$$(7), \quad (5,2), \quad (4,3), \quad (3,2,2).$$

Esercizio 5.12: Per risolvere l'esercizio è necessario elencare tutte le partizioni di n e contarle. Diamo solo la risposta finale:

$$p(6) = 11, \qquad p(7) = 15, \qquad p(8) = 22.$$

Capitolo 6: Gruppi

Esercizio 6.1:

1. Per verificare la proprietà associativa osserviamo che le espressioni

$$((a,b) * (c,d)) * (e,f) = (ac + 3bd, ad + bc) * (e,f) =$$
$$(ace + 3bde + 3(ad + be)f, acf + ade + bce + 3bdf)$$

e

$$(a,b) * ((c,d)) * (e,f) = (a,b) * (ce + 3df, de + cf) =$$
$$(ace + 3(ad + be)f + 3bde, acf + ade + bce + 3bdf)$$

coincidono. La proprietà commutativa è chiara dall'espressione che definisce l'operazione $*$ ed infine la coppia $(1,0)$ è neutra in quanto

$$(a,b) * (1,0) = (a \cdot 1 + 3b \cdot 0, a \cdot 0 + b \cdot 1) = (a,b)$$

per ogni $(a,b) \in \mathbb{Q} \times \mathbb{Q}$.

2. Dato $(a,b) \in \mathbb{Q} \times \mathbb{Q}$ poniamo $\Delta = a^2 - 3b^2$. Osserviamo che se $(a,b) \neq 0$ allora $\Delta \neq 0$ (perché $\sqrt{3} \notin \mathbb{Q}$). Calcolando

$$(a,b) * (a/\Delta, -b/\Delta) = (a^2/\Delta - 3b^2/\Delta, -ab/\Delta + ab/\Delta) = (1,0)$$

si vede che abbiamo determinato l'inverso di (a,b).

3. Per concludere che $\mathbb{Q} \times \mathbb{Q} \setminus \{(0,0)\}$ è un gruppo basta verificare che è chiuso rispetto all'operazione $*$. D'altra parte se fosse

$$(a,b) * (c,d) = (0,0)$$

con $(a,b) \neq (0,0)$ moltiplicando entrambi i termini per l'inverso di (a,b) si ottiene $(c,d) = (0,0)$ e quindi il prodotto di elementi in $\mathbb{Q} \times \mathbb{Q} \setminus \{(0,0)\}$ è ancora in $\mathbb{Q} \times \mathbb{Q} \setminus \{(0,0)\}$.

Esercizio 6.2: Dire che

$$(g_1, g_2)(g_1', g_2') = (g_1 g_1', g_2 g_2') = (g_1', g_2')(g_1, g_2) = (g_1' g_1, g_2' g_2)$$

per ogni $g_1, g_1' \in G_1$ e per ogni $g_2, g_2' \in G_2$ (cioè $G_1 \times G_2$ è commutativo) sequivale a dire che $g_1 g_1' = g_1' g_1$ e $g_2 g_2' = g_2' g_2$ (cioè G_1 e G_2 sono entrambi commutativi).

Esercizio 6.3:

1. Date due coppie $(a, 2a)$ e $(b, 2b)$ in A si ha

$$(a, 2a) + (b, 2b) = (a + b, 2a + 2b) = (a + b, 2(a + b))$$

che è ancora una coppia in A, quindi A è chiuso rispetto all'operazione. Inoltre l'elemento neutro $(0, 0) \in A$ e se $(a, 2a) \in A$ si ha $-(a, 2a) = (-a, 2(-a)) \in A$ cosicché A contiene gli opposti dei suoi elementi. Dunque A è un sottogruppo.

2. B non è chiuso rispetto all'operazione. Ad esempio $(1, 1) \in B$ perché $1^2 = 1$ ma

$$(1, 1) + (1, 1) = (2, 2) \notin B$$

perché $2^2 = 4 \neq 2$.

3. C non è un sottogruppo perché, per esempio, $(0, 0) \notin C$.

Esercizio 6.4:

1. A non è un sottogruppo. Ad esempio perché id $\notin A$.

2. B è un sottogruppo. Un modo di rendersene conto è notare che B è l'insieme di tutte le permutazioni dell'insieme $\{1, 2, 3, 4, 5, 7\}$ e l'insieme di tutte le permutazioni di un insieme forma un gruppo.

3. C non è un sottogruppo. Una ragione è che C non è chiuso rispetto alla composizione. Infatti gli scambi $(1\ 2)$ e $(2\ 3)$ sono in C ma la composizione $\pi = (1\ 2)(2\ 3) = (1\ 2\ 3) \notin C$ in quanto $\pi^2 = (1\ 3\ 2) \neq$ id.

Esercizio 6.5:

1. A è un sottogruppo. Infatti se (g, g) e $(h, h) \in A$ si ha

$$(g, g)(h, h) = (gh, gh) \in A,$$

ovvero A è chiuso rispetto al prodotto. Inoltre $e_{G \times G} = (e_G, e_G) \in A$ e dato $(g, g) \in A$ anche $(g, g)^{-1} = (g^{-1}, g^{-1}) \in A$.

2. B non è un sottogruppo. Una ragione è che B non è chiuso rispetto al prodotto. Infatti se (g, g^{-1}) e $(h, h^{-1}) \in B$ non è detto che il prodotto

$$(g, g^{-1})(h, h^{-1}) = (gh, g^{-1}h^{-1})$$

sia in B in quanto in generale $g^{-1}h^{-1} \neq (gh)^{-1}$.

3. C è un sottogruppo. Infatti se (g, e_G) e $(h, e_G) \in C$ si ha

$$(g, e_G)(h, e_G) = (gh, e_G) \in C,$$

ovvero C è chiuso rispetto al prodotto. Inoltre $e_{G \times G} = (e_G, e_G) \in C$ e dato $(g, e_G) \in C$ anche $(g, e_G)^{-1} = (g^{-1}, e_G) \in C$.

Nel caso in cui G è abeliano anche B è un sottogruppo perché in questo caso $g^{-1}h^{-1} = (gh)^{-1}$ e le altre proprietà di sottogruppo risultano verificate.

Esercizio 6.6:

1. Ogni $\pi \in H_k$ può essere pensata come una permutazione dell'insieme $J_k = I_{n+1} \setminus \{k\}$. Viceversa una permutazione σ dell'insieme J_k può essere pensata come una permutazione di I_{n+1} tale che $\sigma(k) = k$, cioè come un elemento di H_k.

   Dunque H_k è l'insieme delle permutazioni dell'insieme J_k e quindi H_k è certamente un gruppo, quindi un sottogruppo di $\mathcal{S}_{n+1}$, ed è isomorfo a $\mathcal{S}_n$ perché $|J_k| = n$.

2. Dal punto precedente sappiamo che ciascun sottogruppo $H_k < \mathcal{S}_{n+1}$ è isomorfo a $\mathcal{S}_n$. Se $k \neq \ell$ dobbiamo avere $H_k \neq H_\ell$ in quanto, ad esempio H_ℓ contiene permutazioni π tali che $\pi(k) \neq k$.

   Dunque i sottogruppi $H_1, ..., H_{n+1}$ sono i sottogruppi cercati.

3. Sia $\pi \in H_1 \cap \cdots \cap H_{n+1}$. Allora per ogni $k = 1, ..., n+1$ si ha $\pi \in H_k$, ovvero $\pi(k) = k$ e quindi $\pi = \text{id}$. Dunque

$$H_1 \cap \cdots \cap H_{n+1} = \{\text{id}\}.$$

Esercizio 6.7: Applicando la legge di cancellazione a

$$x^2 = x * x = x$$

si ha immediatamente $x = e_G$.

Esercizio 6.8: Se (h_1, h_2) e (h'_1, h'_2) sono due elementi in $H_1 \times H_2$ si ha

$$(h_1, h_2) * (h'_1, h'_2) = (h_1 h'_1, h_2 h'_2) \in H_1 \times H_2$$

perché $H_1 < G_1$ e $H_2 < G_2$. Dunque $H_1 \times H_2$ è chiuso rispetto al prodotto componente per componente.

Indicato con e_i, $i = 1, 2$, l'elemento neutro di G_i si ha $(e_1, e_2) \in H_1 \times H_2$ in quanto $e_i \in H_i < G_i$. D'altra parte è chiaro che (e_1, e_2) è l'elemento neutro di $G_1 \times G_2$.

Infine dato $(h_1, h_2) \in H_1 \times H_2$ si verifica subito che $(h_1, h_2)^{-1} = (h_1^{-1}, h_2^{-1}) \in H_1 \times H_2$ di nuovo perché $H_1 < G_1$ e $H_2 < G_2$ contengono gli inversi dei loro elementi.

Questo termina la verifica che $H_1 \times H_2$ è un sottogruppo.

Esercizio 6.9: La dimostrazione procede identica alla dimostrazione della proprietà analoga per l'intersezione di due gruppi una volta che si rammenta che dire $h, h', ... \in \bigcap_{i \in \mathcal{I}} H_i$ equivale a dire che $h, h', ... \in H_i$ per ogni $i \in \mathcal{I}$.

Esercizio 6.10: Accenniamo rapidamente:

1. C'è una biezione $H \to Hg$ per ogni laterale destro. Basta considerare la funzione $f : H \to Hg$ definita da $f(x) = xg$ e procedere come per i laterali sinistri.

2. Si ha $Hg_1 = Hg_2$ se e soltanto se $g_2 g_1^{-1} \in H$. Come per i laterali sinistri questo fatto si ottiene in due passi: prima si dimostra che $H = Hx$ se e soltanto se $x \in H$ e poi ci si riduce a questo caso moltiplicando l'uguaglianza $Hg_1 = Hg_2$ a destra per g_1^{-1}.

3. I laterali destri formano una partizione di G. Si procede nel modo del tutto analogo osservando dapprima che $g \in Hg$ e che quindi i laterali destri formano un ricoprimento. Poi si dimostra che due laterali con un elemento comune devono coincidere esattamente con la stessa argomentazione in cui peró gli elementi sono moltiplicati nell'ordine opposto.

Esercizio 6.11: Elenchiamo solo i laterali sinistri, per i destri la procedura sar analoga. Procediamo come segue: iniziamo elencando gli elementi di H (che è esso stesso il laterale sinistro $H\mathrm{id}$) e nei passi successivi elenchiamo gli elementi in Hg per un g arbitrario non elencato fino a quel punto calcolando esplicitamente i prodotti hg al variare di $h \in H$.

- $H = \{\mathrm{id}, (1\ 3\ 2\ 4), (1\ 2)(3\ 4), (1\ 4\ 2\ 3)\}$;

- $H(1\ 2) = \{(1\ 2), (1\ 4)(2\ 3), (3\ 4), (1\ 3)(2\ 4)\}$;

- $H(1\ 3) = \{(1\ 3), (1\ 2\ 4), (1\ 4\ 3\ 2), (2\ 3\ 4)\}$;

- $H(1\ 4) = \{(1\ 4), (2\ 4\ 3), (1\ 3\ 4\ 2), (1\ 2\ 3)\}$;

- $H(2\ 3) = \{(2\ 3), (1\ 3\ 4), (1\ 2\ 4\ 3), (1\ 4\ 2)\}$;

- $H(2\ 4) = \{(2\ 4), (1\ 3\ 2), (1\ 2\ 3\ 4), (1\ 4\ 3)\}$.

Esercizio 6.12: Se fosse un omomorfismo dovrebbe valere $\phi(x+y) = \phi(x)+\phi(y)$ per ogni $x, y \in R$. Ma basta prendere $x = y = 1$ per avere

$$\phi(1 + 1) = 2^n \neq 2 = 1^n + 1^n = \phi(1) + \phi(1) \qquad \forall n \geq 2.$$

Esercizio 6.13: Poiché la moltiplicazione in $\mathbb{R}$ è commutativa si ha

$$\phi(xy) = (xy)^n = x^n y^n = \phi(x)\phi(y)$$

per ogni $x, y \in \mathbb{R}^\times$. Dunque ϕ è un omomorfismo e

$$\ker(\phi) = \{x \in \mathbb{R}^\times \text{ tali che } \phi(x) = x^n = 1\} = \begin{cases} \{1, -1\} & \text{se } n \text{ è pari,} \\ \{1\} & \text{se } n \text{ è dispari.} \end{cases}$$

Esercizio 6.14:

1. Non è un omomorfismo perché, ad esempio, $f((0,0)) = -1 \neq 0$.

2. Non è un omomorfismo perch, ad esempio, $f((1,0)) = 1$ ma $f(2(1,0)) = 4 \neq 2 = 2 \cdot 1$.

3. È un omomorfismo in quanto

$$f((m + m', n + n')) = 3(m + m') - 2(n + n') = f((m,n)) + f((n + n'))$$

   per ogni m, m', n, $n' \in \mathbb{Z}$. È suriettivo perché per ogni $k \in \mathbb{Z}$ si ha $f((-k, -2k)) = k$ e non è iniettivo in quanto $(2,3) \in \ker(f)$.

Esercizio 6.15:

1. Non è un omomorfismo perché, ad esempio $f(0) = (1, -1) \neq (0,0)$.

2. È un omomorfismo in quanto

$$f(m + n) = (3(m + n), 0) = f(m) + f(n) \qquad \forall m, n \in \mathbb{Z}.$$

   È iniettivo in quanto $n = 0$ è l'unico valore per cui $f(0) = (0,0)$ e non è suriettivo in quanto nell'immagine di f ci sono solo coppie con seconda componente uguale a 0.

3. Non è un omomorfismo perché, ad esempio $f(0) = (1,0) \neq (0,0)$.

4. È un omomomorfismo in quanto iniettivo ma non suriettivo.

$$f(m + n) = (2(m + n), -(m + n)) = f(m) + f(n) \qquad \forall m, n \in \mathbb{Z}.$$

   È iniettivo perché si ha $f(n) = (0,0)$ solo per $n = 0$ e non è suriettivo perché, ad esempio, $(1,0) \notin \mathrm{im}(f)$.

Esercizio 6.16:

1. La funzione segno è sicuramente suriettiva perché vale 1 sui numeri positivi e vale -1 sui numeri negativi. Ricordando la proprietà $|xy| = |x| \cdot |y|$ del valore assoluto si ha

$$s(xy) = \frac{xy}{|xy|} = \frac{x}{|x|} \cdot \frac{y}{|y|} = s(x) \cdot s(y)$$

   per ogni $x, y \in \mathbb{R}^{\times}$, dimostrando così che la funzione segno è un omomorfismo.

2. Il fatto che f sia un omomorfismo è anche qui una conseguenza della proprietà $|xy| = |x| \cdot |y|$ del valore assoluto. La suriettività segue immediatamente dall'osservazione che per $r > 0$ si ha

$$s(\pm r) = (r, \pm 1).$$

Infine l'iniettività segue dal fatto che

$$\ker(f) = \{r \in \mathbb{R}^\times \text{ tali che } |r| = 1 \text{ e } s(r) = 1\} = \{1\}.$$

Esercizio 6.17:

1. In $(G, \circ)$ vale la proprietà associativa in quanto

$$(x \circ y) \circ z = (y * x) \circ z = z * (y * x) =$$
$$(z * y) * x = x \circ (z * y) = z \circ (y \circ z)$$

per ogni x, y, $z \in G$ poiché la proprietà associativa vale nel gruppo $(G, *)$.

Inoltre si verifica subito che e_G è neutro per entrambe le operazioni e l'inverso g^{-1} per l'operazione $*$ è inverso anche per l'operazione $\circ$.

2. La funzione ι è sicuramente una biezione dell'insieme G in sè. Per vedere che è un omomorfismo osserviamo che per ogni x, $y \in G$ si ha

$$\iota(x * y) = (x * y)^{-1} = y^{-1} * x^{-1} = x^{-1} \circ y^{-1} = \iota(x) \circ \iota(y).$$

Esercizio 6.18: La funzione ϕ è un omomorfismo perché

$$\phi(xy) = (\phi_1(xy), \phi_2(xy)) = (\phi_1(x)\phi_1(y), \phi_2(x)\phi_2(y)) = \phi(x)\phi(y)$$

per ogni x, $y \in G$.

- Se ϕ_1 e ϕ_2 sono iniettivi anche ϕ lo è perché

$$\ker(\phi) = \{g \in G \mid \phi_1(g) = e_{H_1} \text{ e } \phi_2(g) = e_{H_2}\} =$$
$$\ker(\phi_1) \cap \ker(\phi_2) = \{e_G\}$$

- Anche se ϕ_1 e ϕ_2 sono suriettivi non è detto che ϕ lo sia. Ad esempio se $H_1 = H_2 = G$ e $\phi_1 = \phi_2 = \mathrm{id}_G$ l'immagine è il sottoinsieme

$$\Delta = \{(g, g) \in G \times G \text{ tali che } g \in G\}$$

che è un sottoinsieme proprio di $G \times G$.

Esercizio 6.19:

1. $\{0\} \times \{\pm 1\}$.

2. $\{\pm 1\} \times \{\pm 1\}$.

3. $\{\pm 1\} \times \mathcal{S}_3$.

Esercizio 6.20:

1. Un multiplo non nullo del numero razionale $q\frac{a}{b}$ è della forma $nq = n\frac{a}{b}$ con $n \in \mathbb{Z}$, $n \neq 0$. Ma allora le uniche semplificazioni possono aversi se n e b hanno divisori interi comuni. In tal caso il denominatore b è sostituito da un divisore.

2. Sia $q = \frac{a}{b}$ e sia p un numero primo che non divide b. Allora per quanto detto nel punto precedente la frazione $\frac{1}{p}$ non è un multiplo intero di q, cioè $\frac{1}{p} \notin \langle q \rangle$.

   Poiché questo è vero qualunque sia q, il gruppo $\mathbb{Q}$ non può essere ciclico.

Esercizio 6.21:
Poiché $\mathbb{Z}$ è ciclico un omomorfismo $f : \mathbb{Z} \to G$ è completamente determinato dall'immagine $f(1) \in G$.

Viceversa, dato un elemento $g \in G$ possiamo definire un omomorfismo $f : \mathbb{Z} \to G$ ponendo

$$f(n) = g^n, \qquad \forall n \in \mathbb{Z}.$$

Dunque ci sono tanti omomorfismi $\mathbb{Z} \to G$ quanti sono gli elementi di G.

Capitolo 7: Aritmetica modulare

Esercizio 7.1:

1. Siccome $[k]_8 = [\ell]_8$ significa che $k - \ell = 8r$ con $r \in \mathbb{Z}$ (8 divide $k - \ell$), allora $3k - 3\ell = 24r = 12(2r)$, cioè $[3k]_{12} = [3\ell]_{12}$ e quindi f_1 è ben definita.

   Poiché $f_1([k]_8 + [\ell]_8) = f_1([k + \ell]_8) = [3(k + \ell)]_{12} = [3k]_{12} + [3\ell]_{12} = f_1([3k]_8) + f_1([3\ell]_8)$ la funzione f_1 è un omomorfismo e

   $$\ker(f_1) = \{[k]_8 \text{ tali che } [3k]_{12} = [0]_{12}\} = \{[0]_8, [4]_8\}.$$

2. Si ha, ad esempio, $[1]_{14} = [15]_{14}$ ma $[5 \cdot 1]_{15} = [5]_{15} \neq [5 \cdot 15]_{15} = [0]_{15}$ e quindi f_2 non è ben definita.

3. Si ha, ad esempio, $[10]_{30} = [40]_{30}$ ma $[10^2]_{36} = [100]_{36} \neq [40^2]_{36} = [1600]_{36}$ e quindi f_3 non è ben definita.

4. Siccome $[k]_{12} = [\ell]_{12}$ significa che $k - \ell = 12r$ con $r \in \mathbb{Z}$ (12 divide $k - \ell$), allora $4k - 4\ell = 48r = 16(3r)$, cioè $[4k]_{16} = [4\ell]_{16}$ e quindi f_4 è ben definita.

Poiché $f_4([k]_{12} + [\ell]_{12}) = f_1([k + \ell]_{12}) = [4(k + \ell)]_{16} = [4k]_{16} + [4\ell]_{16} = f_4([4k]_{12}) + f_4([4\ell]_{16})$ la funzione f_4 è un omomorfismo e

$$\ker(f_4) = \{[k]_{12} \text{ tali che } [4k]_{16} = [0]_{16}\} = \{[0]_{12}, [4]_{12}, [8]_{12}\}.$$

5. Siccome $[k]_{21} = [\ell]_{21}$ significa che $k - \ell = 21r$ con $r \in \mathbb{Z}$ (21 divide $k - \ell$), allora $(2k + 3) - (2\ell + 3) = 42r$, cioè $[2k + 3]_{42} = [2\ell + 3]_{42}$ e quindi f_5 è ben definita.

Però f_5 non è un omomorfismo in quanto, ad esempio, $f_5([0]_{21}) = [3]_{42} \neq [0]_{42}$.

6. Si ha, ad esempio, $[0]_{14} = [14]_{14}$ ma $[3 \cdot 0 - 1]_{10} = [-1]_{10} \neq [3 \cdot 14 - 1]_{10} = [51]_{10}$ e quindi f_6 non è ben definita.

7. Siccome $[k]_9 = [\ell]_9$ significa che $k - \ell = 9r$ con $r \in \mathbb{Z}$ (9 divide $k - \ell$), allora da $k = \ell + 9r$ otteniamo

$$2k^3 = 2(\ell + 9r)^3 = 2\ell^3 + 2 \cdot 3^3\ell^2 r + 2 \cdot 3^5\ell r^2 + 2 \cdot 3^6 r^3.$$

Da questa espressione risulta che $54 = 2 \cdot 3^3$ divide $2k^3 - 2\ell^3$ e quindi f_7 è ben definita.

Però f_7 non è un omomorfismo. Ad esempio $[3]_9 = [1]_9 + [2]_9$ e $f_7([3]_9) = [2 \cdot 3^3]_{54} = [0]_{54}$ mentre $f_7([1]_9) + f_7([2]_9) = [2 \cdot 1^3]_{54} + [2 \cdot 2^3]_{54} = [2]_{54} + [16]_{54} = [18]_{54}$.

Esercizio 7.2:

1. Siccome $[k]_{10} = [\ell]_{10}$ significa che $k - \ell = 10r$ con $r \in \mathbb{Z}$ (10 divide $k - \ell$), allora $3k - 3\ell = 30r = 6(5r)$, cioè $[3k]_6 = [3\ell]_6$ e quindi f_1 è ben definita.

Poiché $f_1([k]_{10} + [\ell]_{10}) = f_1([k + \ell]_{10}) = [3(k + \ell)]_6 = [3k]_6 + [3\ell]_6 = f_1([3k]_{10}) + f_1([3\ell]_{10})$ la funzione f_1 è un omomorfismo e

$$\ker(f_1) = \{[k]_{10} \text{ tali che } [3k]_6 = [0]_6\} = \{[0]_{10}, [2]_{10}, [4]_{10}, [6]_{10}, [8]_{10}\}.$$

2. Siccome $[k]_{42} = [\ell]_{42}$ significa che $k - \ell = 42r$ con $r \in \mathbb{Z}$ (42 divide $k - \ell$), allora $6k - 6\ell = 6 \cdot 42r = 36(7r)$, cioè $[6k]_{36} = [6\ell]_{36}$ e quindi f_2 è ben definita.

Poiché $f_2([k]_{42} + [\ell]_{42}) = f_2([k + \ell]_{42}) = [6(k + \ell)]_{36} = [6k]_{36} + [6\ell]_{36} = f_2([6k]_{36}) + f_2([6\ell]_{36})$ la funzione f_2 è un omomorfismo e

$$\ker(f_2) = \{[k]_{42} \text{ tali che } [6k]_{36} = [0]_{36}\} = \{[6m]_{42}\}_{m=0,1,\ldots,6}.$$

3. Siccome $[k]_{80} = [\ell]_{80}$ significa che $k - \ell = 80r$ con $r \in \mathbb{Z}$ (80 divide $k - \ell$), allora $5k - 5\ell = 5 \cdot 80r = 50(8r)$, cioè $[5k]_{50} = [5\ell]_{50}$ e quindi f_3 è ben definita.

Poiché $f_3([k]_{80} + [\ell]_{80}) = f_3([k + \ell]_{80}) = [5(k + \ell)]_{50} = [5k]_{50} + [5\ell]_{50} = f_3([5k]_{50}) + f_3([5\ell]_{50})$ la funzione f_3 è un omomorfismo e

$$\ker(f_3) = \{[k]_{80} \text{ tali che } [5k]_{50} = [0]_{50}\} = \{[10m]_{42}\}_{m=0,1,\dots,7}.$$

Esercizio 7.3:

1. L'uguaglianza di classi $[k]_{10} = [\ell]_{10}$ significa che $k = \ell + 10r$ con $r \in \mathbb{Z}$ (10 divide $k - \ell$). Allora $2k = 2\ell + 20r$ e l'uguaglianza $\pi^{2k} = \pi^{2\ell}\pi^{20r}$ risulta vera perché π ha periodo 4 e 4 divide 20. Dunque f è ben definita ed è un omomorfismo per la legge delle potenze.

2. L'uguaglianza di classi $[k]_{16} = [\ell]_{16}$ significa che $k = \ell + 16r$ con $r \in \mathbb{Z}$ (16 divide $k - \ell$). Allora $5k = 5\ell + 80r$ e l'uguaglianza $\pi^{5k} = \pi^{5\ell}\pi^{80r}$ risulta falsa in generale perché π ha periodo 6 e 6 non divide $80r$ (ad esempio se $r = 1$). Dunque f non è ben definita.

3. L'uguaglianza di classi $[k]_{20} = [\ell]_{20}$ significa che $k = \ell + 20r$ con $r \in \mathbb{Z}$ (20 divide $k - \ell$). Allora $9k = 9\ell + 180r$ e l'uguaglianza $\pi^{9k} = \pi^{9\ell}\pi^{180r}$ risulta vera perché π ha periodo 12 e 12 divide 180. Dunque f è ben definita ed è un omomorfismo per la legge delle potenze.

4. L'uguaglianza di classi $[k]_{22} = [\ell]_{22}$ significa che $k = \ell + 22r$ con $r \in \mathbb{Z}$ (22 divide $k - \ell$). Allora $3k = 3\ell + 66r$ e l'uguaglianza $\pi^{3k} = \pi^{3\ell}\pi^{66r}$ risulta falsa in generale perché π ha periodo 10 e 10 non divide $66r$ (ad esempio se $r = 1$). Dunque f non è ben definita.

Esercizio 7.4: Le classi $[6]_9$, $[8]_{10}$, $[6]_{14}$, $[9]_{15}$, $[9]_{21}$, $[15]_{24}$, $[18]_{30}$, $[10]_{36}$, $[35]_{42}$, $[10]_{95}$ sono non invertibili perché tutte della forma $[k]_N$ con $\mathrm{MCD}(k, N) > 1$. Le altre sono tutte invertibili e le loro inverse sono come segue.

- $[4]_9^{-1} = [7]_9$ dall'identità $7 \cdot 4 - 3 \cdot 9 = 1$;

- $[2]_{11}^{-1} = [6]_1$ dall'identità $6 \cdot 2 - 1 \cdot 11 = 1$;

- $[7]_{10}^{-1} = [3]_{10}$ dall'identità $3 \cdot 7 - 2 \cdot 10 = 1$;

- $[7]_{12}^{-1} = [7]_{12}$ dall'identità $7 \cdot 7 - 4 \cdot 12 = 1$;

- $[7]_{15}^{-1} = [13]_{15}$ dall'identità $13 \cdot 7 - 6 \cdot 15 = 1$;

- $[9]_{20}^{-1} = [9]_{20}$ dall'identità $9 \cdot 9 - 4 \cdot 20 = 1$;

- $[7]_{22}^{-1} = [19]_{22}$ dall'identità $19 \cdot 7 - 6 \cdot 22 = 1$;

- $[10]_{23}^{-1} = [7]_{23}$ dall'identità $7 \cdot 10 - 3 \cdot 23 = 1$;

- $[5]_{24}^{-1} = [5]_{24}$ dall'identità $5 \cdot 5 - 1 \cdot 24 = 1$;

- $[9]_{29}^{-1} = [13]_{29}$ dall'identità $13 \cdot 9 - 4 \cdot 29 = 1$;

- $[19]_{30}^{-1} = [19]_{30}$ dall'identità $19 \cdot 19 - 12 \cdot 30 = 1$;

- $[11]_{32}^{-1} = [3]_{32}$ dall'identità $3 \cdot 11 - 1 \cdot 32 = 1$;

- $[3]_{34}^{-1} = [23]_{34}$ dall'identità $3 \cdot 23 - 2 \cdot 34 = 1$;

- $[13]_{36}^{-1} = [25]_{36}$ dall'identità $25 \cdot 13 - 9 \cdot 36 = 1$;

- $[23]_{40}^{-1} = [7]_{40}$ dall'identità $7 \cdot 23 - 4 \cdot 40 = 1$;

- $[17]_{55}^{-1} = [13]_{55}$ dall'identità $13 \cdot 17 - 4 \cdot 55 = 1$;

- $[39]_{80}^{-1} = [39]_{36}$ dall'identità $39 \cdot 39 - 19 \cdot 80 = 1$;

- $[71]_{100}^{-1} = [31]_{100}$ dall'identità $31 \cdot 71 - 22 \cdot 100 = 1$.

Esercizio 7.5: Se N è pari si ha

$$(N \pm 1)^2 = N^2 \pm 2N + 1 \equiv 1 \bmod 2N$$

perché $2N$ divide N^2. Se invece N è dispari le classi $[N \pm 1]_{2N}$ non sono invertibili perché 2 divide sia $N \pm 1$ che $2N$.

Esercizio 7.6: Basta prendere come N un qualunque multiplo positivo $N = kn$, con $k \neq 0, \pm 1$. Ad esempio, se $n \geq 2$ si ha

$$[2]_{2n} \cdot [n]_{2n} = [2n]_{2n} = [0]_{2n}$$

ma $[2]_{2n}$ e $[n]_{2n}$ sono entrambe diverse da $[0]_{2n}$.

Esercizio 7.7: Si ha ad esempio:

$$\mathbb{Z}_7^\times = \langle \bar{3} \rangle, \qquad \mathbb{Z}_9^\times = \langle \bar{2} \rangle, \qquad \mathbb{Z}_{11}^\times = \langle \bar{2} \rangle, \qquad \mathbb{Z}_{17}^\times = \langle \bar{3} \rangle.$$

Verifichiamo in dettaglio solo l'ultimo caso, gli altri essendo del tutto simili. Iniziamo osservando che $|\mathbb{Z}_{17}^\times| = \varphi(17) = 16$ e che quindi un elemento qualunque può essere solo 1, 2, 4, 8 o 16 per il teorema di Lagrange e quindi basta calcolare le potenze per tali esponenti. Si ha

$$\bar{3}^2 = \bar{9}, \quad \bar{3}^4 = (\bar{3}^2)^2 = \bar{9}^2 = \overline{13}, \quad \bar{3}^8 = (\bar{3}^4)^2 = \overline{13}^2 = \overline{16}.$$

Quindi il periodo di $\bar{3}$ deve essere per forza 16 non essendoci altre possibilità rimaste.

Esercizio 7.8:

1. $\mathbb{Z}_8^\times = \{\bar{1}, \bar{3}, \bar{5}, \bar{7}\}$ ha ordine 4. Però

$$\bar{3}^2 = \bar{5}^2 = \bar{7}^2 = \bar{1}$$

e quindi non ci sono classi di periodo 4.

2. $\mathbb{Z}_{15}^\times = \{\bar{1}, \bar{2}, \bar{4}, \bar{7}, \bar{8}, \bar{11}, \bar{13}, \bar{14}\}$ ha ordine 8. Però

$$\bar{2}^4 = \bar{7}^4 = \bar{8}^4 = \bar{13}^4 = \bar{1} \quad \text{e} \quad \bar{4}^2 = \bar{11}^2 = \bar{14}^2 = \bar{1}$$

e quindi non ci sono classi di periodo 8.

3. $\mathbb{Z}_{24}^\times = \{\bar{1}, \bar{5}, \bar{7}, \bar{11}, \bar{13}, \bar{17}, \bar{19}, \bar{23}\}$ ha ordine 8. Però si ha

$$\bar{k}^2 = \bar{1}, \qquad \forall \bar{k} \in \mathbb{Z}_{24}^\times$$

e quindi non ci sono elementi di periodo 8.

Esercizio 7.9: I valori sono

$\varphi(124) = 60$	$\varphi(245) = 168$	$\varphi(300) = 80$
$\varphi(320) = 128$	$\varphi(408) = 128$	$\varphi(667) = 616$
$\varphi(820) = 320$	$\varphi(837) = 540$	$\varphi(1350) = 360$
$\varphi(1375) = 1000$	$\varphi(3969) = 2268$	

Forniamo i dettagli di qualche esempio in modo da coprire una casistica ampia.

- $\varphi(320) = \varphi(2^6 \cdot 5) = \varphi(2^6) \cdot \varphi(5) = 2^5(2-1) \cdot (5-1) = 32 \cdot 4 = 128$.

- $\varphi(667) = \varphi(23 \cdot 29) = \varphi(23) \cdot \varphi(29) = (23-1)(29-1) = 616$.

- $\varphi(837) = \varphi(3^3 \cdot 31) = \varphi(3^3) \cdot \varphi(31) = 3^2(3-1) \cdot (31-1) = 18 \cdot 30 = 540$.

- $\varphi(1350) = \varphi(2 \cdot 3^3 \cdot 5^2) = \varphi(2) \cdot \varphi(3^3) \cdot \varphi(5^2) = (2-1) \cdot 3^2(3-1) \cdot 5(5-1) = 1 \cdot 18 \cdot 20 = 360$.

Esercizio 7.10: Elenchiamo solo quelli che sono ciclici indicando un generatore come richiesto.

- $\mathbb{Z}_6 \times \mathbb{Z}_{11} = \langle([1]_6, [2]_{11})\rangle$.

- $\mathbb{Z}_8 \times \mathbb{Z}_{15} = \langle([3]_8, [2]_{15})\rangle$.

- $\mathbb{Z}_{12} \times \mathbb{Z}_{35} = \langle([5]_{12}, [1]_{35})\rangle$.

- $\mathbb{Z}_{49} \times \mathbb{Z}_{99} = \langle([3]_{49}, [7]_{99})\rangle$.

Esercizio 7.11: Discutiamo solo alcune delle congruenze date in modo da esaurire la casistica.

- $6X \equiv 7 \bmod 12$. Siccome MCD$(6, 12) = 6$ non divide 7 la congruenza non ha soluzioni.

- $2X \equiv 10 \bmod 15$. Siccome MCD$(2, 15) = 1$ e $[2]_{15}^{-1} = [8]_{15}$ l'unica soluzione della congruenza è $X = 8 \cdot 10 = 5 \bmod 15$.

- $15X \equiv 5 \bmod 25$. Siccome MCD$(15, 25) = 5$ divide 5 la congruenza assegnata equivale a $3X \equiv 1 \bmod 5$ che ha come unica soluzione $X = 2 \bmod 5$ e quindi le soluzioni dellla congruenza originale sono

$$X = 2, 7, 12, 17, 22 \bmod 25.$$

- $12X \equiv 16 \bmod 64$. Sicome MCD$(12, 64) = 4$ divide 16 la congruenza assegnata equivale a $3X \equiv 4 \bmod 16$ che ha come unica soluzione $X = 11 \cdot 4 = 12 \bmod 16$ e quindi le soluzioni della congruenza originale sono

$$X = 12, 28, 44, 60 \bmod 64.$$

Esercizio 7.12: Analizziamo solo il numero $N = 74100761224335$, per gli altri si procede esattamente allo stesso modo.

- La cifra finale è 5 quindi il numero è divisibile per 5 ma non per 2.

- Si ha $7+4+1+0+0+7+6+1+2+2+4+3+3+5 = 45$ che è divisibile per 3 e quindi N è divisibile per 3.

- Si ha $7-4+1-0+0-7+6-1+2-2+4-3+3-5 = 7$ che non è divisibile per 11 e quindi N non è divisibile per 11.

Esercizio 7.13: Ricordiamo che calcolare la cifra finale di un numero vuol dire calcolare la sua classe resto modulo 10. Svolgiamo il conto in dettaglio in due casi. Usiamo sempre il fatto che $\varphi(10) = 4$ per applicare il teorema di Eulero

- Poiché $755042 = 188760 \cdot 4 + 2$ e per il teorema di Eulero $[3]_{10}^4 = [1]_{10}$ abbiamo $[3^{755042}]_{10} = [3]_{10}^{755042} = [3]_{10}^2 = [9]_{10}$.

- $[3^{905041} + 7^{448065}]_{10} = [0]_{10}$.

- $[13^{899243} - 3^{577097}]_{10} = [4]_{10}$.

- Poiché $299047 = 74761 \cdot 4 + 3$ e per il teorema di Eulero $[7]_{10}^4 = [1]_{10}$ abbiamo $[7^{299047}]_{10} = [7]_{10}^{299047} = [7]_{10}^3 = [3]_{10}$.

  Non è però possibile applicare il teorema di Eulero alle potenze di 4 ma in questo caso possiamo osservare che $[4]_{10}^2 = [6]_{10}$ e $[4]_{10}^3 = [4]_{10}$ per cui $[4]_{10}^n = [4]_{10}$ se n è dispari e $= [6]_{10}$ se n è pari. Mettendo insieme i due calcoli

  $$[7^{299047} - 4^{377001}]_{10} = [7]_{10}^{299047} - [4]_{10}^{377001} = [3]_{10} - [4]_{10} = [9]_{10}.$$

Esercizio 7.14: Ricordiamo che calcolare la cifra finale di un numero vuol dire calcolare la sua classe resto modulo 100. Svolgiamo il calcolo in dettaglio in due casi. Usiamo sempre il fatto che $\varphi(100) = 40$ per applicare il teorema di Eulero

- $[17^{894283}]_{100} = [13]_{100}$.

- Poiché $437241 = 10931 \cdot 40 + 1$ e $722602 = 18065 \cdot 40 + 2$ otteniamo per il teorema di Eulero $[11^{437241}]_{100} = [11]_{100}^{437241} = [11]_{100}$ e $[29^{722602}]_{100} = [29]_{100}^{722602} = [29]_{100}^{2} = [41]_{100}$. Dunque

$$[11^{437241} + 29^{722602}]_{100} = [11]_{100} + [41]_{100} = [52]_{100}.$$

- Poiché $MCD(35, 100) = 5 \neq 1$ il teorema di Eulero non si applica alle potenze di 35. Allora scriviamo $35^{396689} = 5^{396689} \cdot 7^{396689}$ e trattiamo separatamente i due fattori.

Poiché $396689 = 9917 \cdot 40 + 9$ dal teorema di Eulero otteniamo $[7^{396689}]_{100} = [7]_{100}^{396689} = [7]_{100}^{9} = [7]_{100}$ (l'ultima uguaglianza segue subito se si osserva che un calcolo esplicito fornisce $[7]_{100}^{4} = [1]_{100}$).

Per l'altro fattore osserviamo che siccome $[5]_{100}^{3} = [5]_{100}^{2} = [25]_{100}$ si ha $[5]_{100}^{n} = [25]_{100}$ per ogni $n \geq 2$. Dunque

$$[35^{396689}]_{100} = [7]_{100} \cdot [25]_{100} = [75]_{100}.$$

- $[41^{488936} - 37^{472288}]_{100} = [20]_{100}$.

Esercizio 7.15: Svolgiamo il calcolo in due casi che esauriscono la casistica.

- $[3^{207859}]_5 = [2]_5$.

- Per calcolare $[7^{240974}]_{11} = [7]_{11}^{240974}$ possiamo applicare direttamente il teorema di Eulero giacché $MCD(7, 11) = 1$. Poiché $\varphi(11) = 10$ si ha $[7]_{11}^{10} = [1]_{10}$ e dunque

$$[7^{240974}]_{11} = [7]_{11}^{240974} = [7]_{11}^{4} = [3]_{11}$$

in quanto $240974 = 24097 \cdot 10 + 4$.

- Per calcolare $[15^{96603}]_{24} = [15]_{24}^{96603}$ non possiamo applicare direttamente il teirema di Eulero in quanto $MCD(15, 24) = 3 \neq 1$. Allora scriviamo $[15]_{24}^{96603} = [3]_{24}^{96603} \cdot [5]_{24}^{96603}$ e trattiamo separatamente i due fattori.

Per calcolare le potenze di $[5]_{24}$ possiamo applicare il teorema di Eulero, ma in realtà è immediato osservare che $[5]_{24}^{2} = [1]_{24}$ e quindi si ottiene subito $[5]_{24}^{n} = [1]_{24}$ se n è pari e $[5]_{24}^{n} = [5]_{24}$ se n è dispari.

Per quanto riguarda le potenze di $[3]_{24}$ si calcola immediatamente $[3]_{24}^{2} = [9]_{24}$ e $[3]_{24}^{3} = [3]_{24}$ da cui si ottiene $[3]_{24}^{n} = [9]_{24}$ se $n \geq 2$ è pari e $[3]_{24}^{n} = [3]_{24}$ se n è dispari. In definitiva

$$[15^{96603}]_{24} = [15]_{24}^{96603} = [3]_{24}^{96603} \cdot [5]_{24}^{96603} = [3]_{24} \cdot [5]_{24} = [15]_{24}.$$

- $[9^{391203} + 13^{286341}]_{25} = [17]_{25}$.

Indice Analitico

Printed by Amazon Italia Logistica S.r.l.
Torrazza Piemonte (TO), Italy

51614747R00132